建筑识图与构造

主编 支秀兰 邹爱华

主审 何石岩

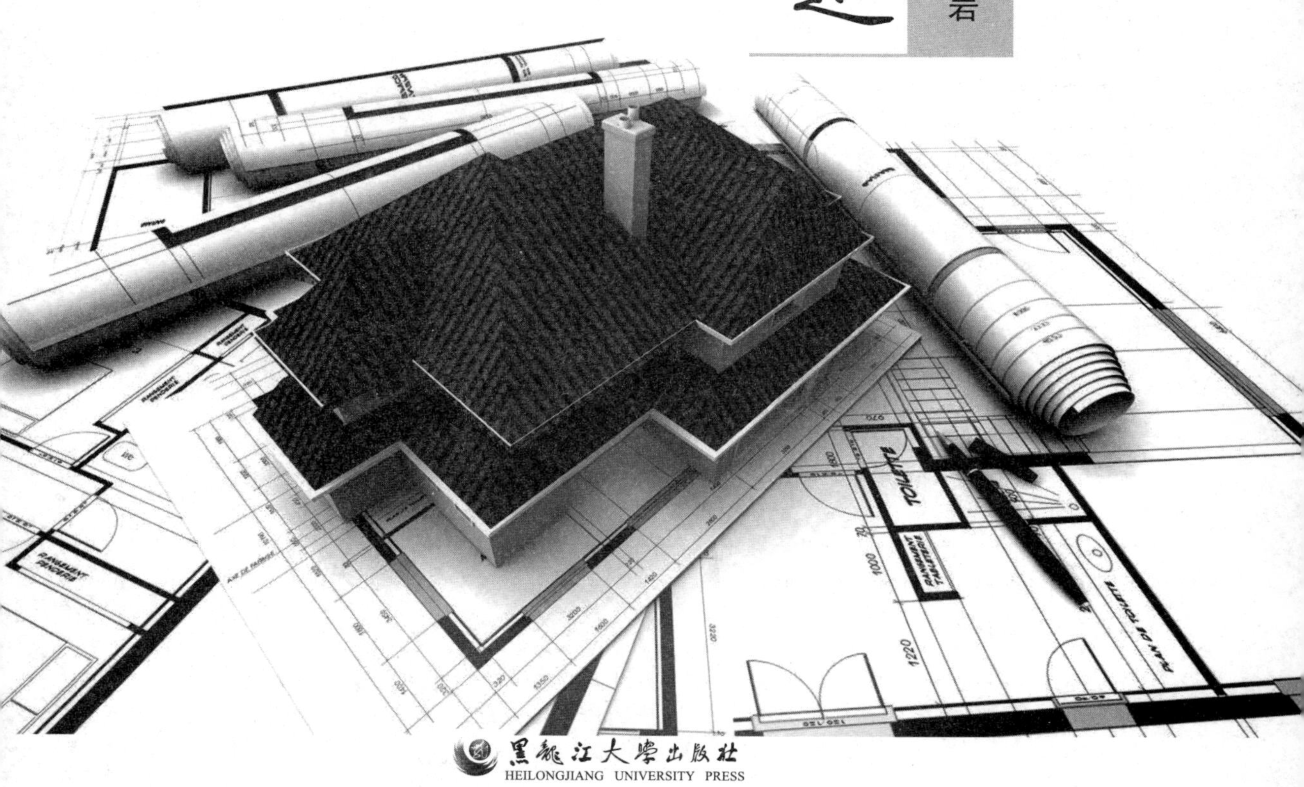

黑龍江大學出版社
HEILONGJIANG UNIVERSITY PRESS

图书在版编目(CIP)数据

建筑识图与构造 / 支秀兰，邹爱华主编. -- 哈尔滨
：黑龙江大学出版社，2013.9（2021.8重印）
ISBN 978-7-81129-651-8

Ⅰ. ①建… Ⅱ. ①支… ②邹… Ⅲ. ①建筑制图-识
别②建筑构造 Ⅳ. ①TU2

中国版本图书馆 CIP 数据核字(2013)第 186703 号

建筑识图与构造
JIANZHU SHITU YU GOUZAO
支秀兰　邹爱华　主编

责任编辑　张永生　高　媛
出版发行　黑龙江大学出版社
地　　址　哈尔滨市南岗区学府三道街36号
印　　刷　三河市春园印刷有限公司
开　　本　787毫米×1092毫米　1/16
印　　张　17.75
字　　数　389千
版　　次　2013年9月第1版
印　　次　2022年1月第2次印刷
书　　号　ISBN 978-7-81129-651-8
定　　价　68.00元

前　言

本书由两大部分内容组成,共分十二章。第一部分为建筑识图内容,分为四章,主要以我国现行的《建筑制图标准》为基础,结合工程实例,系统地介绍了建筑工程图的成图原理及识图方法。其内容包括建筑制图的基本知识与建筑施工图的识读等。第二部分为建筑构造内容,分为八章,以现行的行业规范为基础,结合工程实例,以民用建筑为主线介绍了建筑物的构造。其内容包括民用建筑构造概论、基础与地下室、墙体、楼板与地坪层、屋顶、楼梯与电梯、变形缝、建筑防火构造措施等。

本书为物业管理专业本科学生学习建筑图样和建筑构造相关知识的教学用书,也可作为建筑类工程管理人员及相关工程技术人员的参考用书,具有较强的实用性。

本书由佳木斯大学支秀兰、邹爱华任主编,佳木斯大学嵇艳玲、李俊任副主编,佳木斯大学何石岩任主审。全书编写具体分工如下:第一章、第八章、第九章、第十章由邹爱华编写,第二章、第三章、第四章、第五章、第六章由李俊编写,第七章、第十一章由嵇艳玲编写,第十二章由支秀兰编写。由于时间仓促,加之水平有限,本书有不当之处在所难免,热忱希望读者批评指正。

目　录

第一章　制图的基本规定

技术图样是工程师的语言，为了便于交流和指导生产，就必须制定大家都能遵守的技术标准。对于不同的行业、不同的领域可能有不同的标准与规范。例如建筑行业有建筑行业的制图标准，机械行业有机械行业的制图标准等。自从1949年中华人民共和国中央人民政府批准发布国家标准《工程制图》以来，截止到1998年底我国已制定了国家标准18 784项，行业标准28 000多项，地方标准7 000多项，企业标准60万项。基本形成了以国家标准为主体，行业标准、地方标准和企业标准相互协调配套的标准体系。标准化的应用从传统的工农业产品向高新技术、信息技术、环境保护和管理、产品安全、卫生和服务等领域发展，一批关系国计民生的重要产品标准不断完善，为国民经济现代化建设提供了有力的技术支持。

第一节　建筑房屋制图统一标准

为使建筑制图规则达到统一规格，图面简洁清晰，便于进行技术交流，满足设计、施工、管理等要求，中华人民共和国住房和城乡建设部会同有关部门于2010年8月18日颁布了重新修订的国家标准《房屋建筑制图统一标准》GB/T 50001—2010，该标准自2011年3月1日起实行。

本节主要介绍有关图纸幅面、比例、线型、图例、字体以及尺寸标注等一些规定。学习和工作时，人人都必须树立标准化的概念，严格遵守，认真执行国家标准。

一、图纸幅面

图纸幅面是指图纸宽度与长度组成的图面。设计所有的图纸幅面及图框尺寸，均应符合表1－1的规定，表中尺寸是裁边后的尺寸。从表1－1中可知，A2号图纸幅面是A0号图纸幅面的对裁，A3号图纸幅面是A1号图纸幅面的对裁，余者类推。表1－1中代号的意义见图1－1、图1－2。

表 1-1 图纸幅面及图框尺寸 (mm)

尺寸代号	幅面代号				
	A0	A1	A2	A3	A4
$b \times l$	841×1189	594×841	420×594	297×420	210×297
c	10			5	
a	25				

图纸幅面通常有两种形式：横式和立式。以长边为水平边的称为横式幅面(图 1-1)；以短边为水平边的称为立式幅面(图 1-2)。

无论图样是否装订，均应在图幅内画出图框，图框线用粗实线绘制，与图纸幅面线的间距 a 和 c 应符合表 1-1 的规定，见图 1-1 和图 1-2。

为了复制或缩微摄影的方便，图纸幅面的一个边上应附有一段准确的米制尺度，四个边上均附有对中标志，米制尺度的总长应为 100 mm，分格应为 10 mm。对中标志应画在图纸内框各边的中点处，线宽 0.35 mm，应伸入内框边，在框外为 5 mm。对中标志线段的长度，在 l 和 b 范围中取，如图 1-1 和图 1-2 所示。

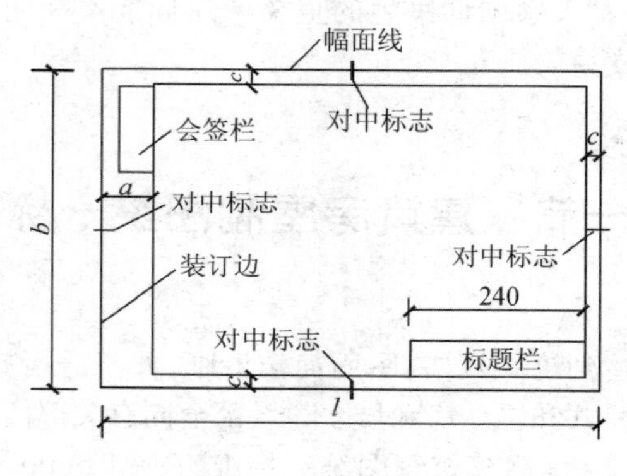

图 1-1 横式幅面

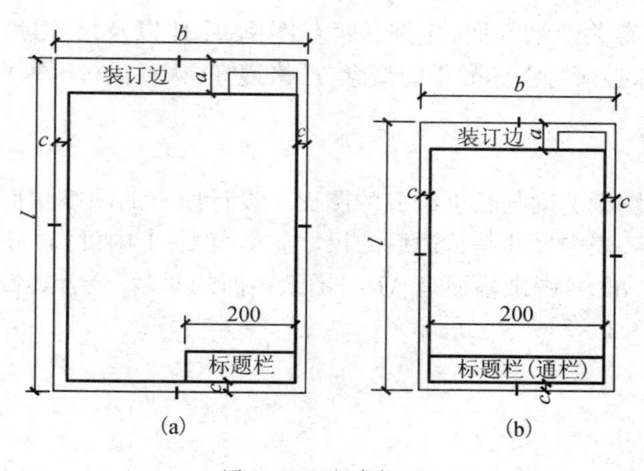

图 1-2 立式幅面

绘制图样时,应优先采用表1-1中规定的图纸幅面尺寸,必要时可沿着长边加长(短边不得加长),但应符合表1-2的规定。

表1-2 图纸长边加长尺寸

(mm)

幅面代号	长边尺寸	长边加长后尺寸									
A0	1 189	1 486	1 635	1 783	1 932	2 080	2 230	2 378			
A1	841	1 051	1 261	1 471	1 682	1 892	2 102				
A2	594	743	891	1 041	1 189	1 338	1 486	1 635	1 783	1 932	2 080
A3	420	630	841	1 051	1 261	1 471	1 682	1 892			

注:有特殊需要的图纸,可采用 $b \times l$ 为841 mm×891 mm与1 189 mm×1 261 mm的幅面

二、图标与会签栏

在每一张图纸的右下角都必须有一个标题栏,即图标,如图1-1和图1-2所示。图标用于填写设计单位名称、注册师签章、项目经理、修改记录及工程名称区等项目,如图1-3所示。

涉外工程的标题栏内,各项主要内容的中文下方应附有译文,设计单位的上方或左方,应加"中华人民共和国"字样。在计算机制图文件中,当使用电子签名与认证时,应符合《中华人民共和国电子签名法》的规定。

会签栏是指工程图样上由各工种负责人填写其所代表的专业、实名、日期等的一个表格,如图1-4所示。

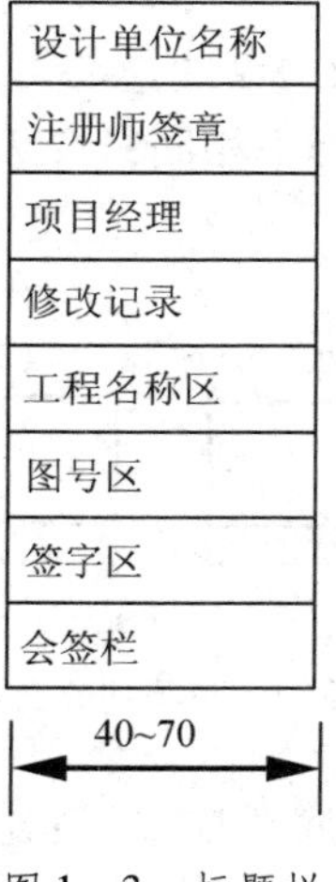

图1-3 标题栏

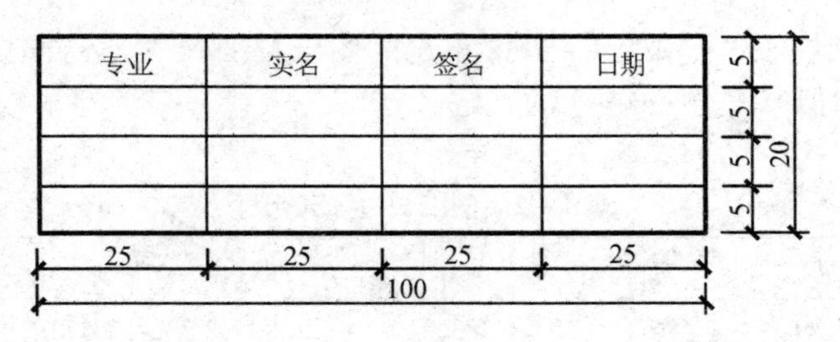

图 1－4　会签栏

需要会签的图样，要在图样的规定位置画出会签栏，如图 1－1 及图 1－2 所示。制图作业中可不设会签栏。

图纸的图框线、标题栏外框线、分格线的宽度应符合表 1－3 的规定。

表 1－3　图框线、标题栏线的宽度　（mm）

幅面代号	图框线	标题栏外框线	标题栏分格线、会签栏线
A0、A1	1.4	0.7	0.35
A2、A3、A4	1.0	0.7	0.35

三、比例

图样的比例，应为图形与实物相对应的线性尺寸之比。比例的大小是指比值的大小，如 1∶50 大于 1∶100。

比例应以阿拉伯数字表示，如 1∶1、1∶2、1∶3 等。图 1－5 是对同一形体用三种比例画出的图形，其中 1∶1 表示图形和实物大小相同；1∶2 和 1∶3 分别表示图形是实物的 1/2 和 1/3。

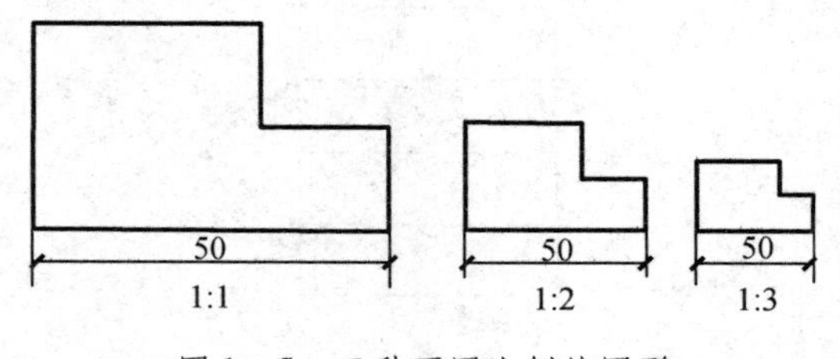

图 1－5　三种不同比例的图形

比例宜注写在图名的右侧，字的底线应取平；比例的字高应比图名的字高小一号或二号，见图 1－6。

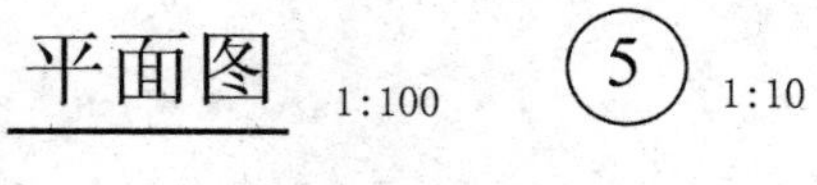

平面图 1:100　　⑤ 1:10

图 1－6　比例的注写

绘图所用的比例,应根据图样的用途与被绘对象的复杂程度,从表1-4中选用,并应优先选用表中的常用比例。

表1-4　绘图所用比例

常用比例	1:1,1:2,1:5,1:10,1:20,1:50,1:100,1:150,1:200,1:500,1:1 000,1:2 000
可用比例	1:3,1:4,1:6,1:15,1:25,1:30,1:40,1:60,1:80, 1:250,1:300,1:400,1:600,1:5 000,1:10 000,1:20 000,1:50 000,1:100 000,1:200 000

一般情况下,一个图样应尽量选用一种比例。根据专业制图的需要,同一图样也可选用两种比例。

四、图线

(一)线宽与线型

图线的宽度 b,宜从1.4 mm、1.0 mm、0.7 mm、0.5 mm、0.35 mm、0.25 mm、0.18 mm、0.13 mm线宽系列中选取。图线宽度不应小于0.1 mm。每个图样,应根据复杂程度与比例大小,先选定基本线宽 b,再选用表1-5中相应的线宽组。

表1-5　线宽组　(单位:mm)

线宽	线宽组			
b	1.4	1.0	0.7	0.5
$0.7b$	1.0	0.7	0.5	0.35
$0.5b$	0.7	0.5	0.35	0.25
$0.25b$	0.35	0.25	0.18	0.13

注:1. 需要缩微的图纸,不宜采用0.18 mm及更细的线宽;
2. 同一张图纸内,各不同线宽中的细线,可统一采用较细的线宽组的细线

工程建设制图应选用表1-6所示的图线。

表1-6　图线

名称		线型	线宽(mm)	一般用途
实线	粗	—————— 01	b	主要可见轮廓线
	中	—————— 02	$0.5b$	可见轮廓线
	细	—————— 03	$0.25b$	可见轮廓线、图例线

续表

名称		线型	线宽(mm)	一般用途
虚线	粗	04	b	见各有关专业制图标准
	中	05	0.5b	不可见轮廓线
	细	06	0.25b	不可见轮廓线、图例线
单点长画线	粗	07	b	见各有关专业制图标准
	中	08	0.5b	见各有关专业制图标准
	细	09	0.25b	中心线、对称线等
双点长画线	粗	10	b	见各有关专业制图标准
	中	11	0.5b	见各有关专业制图标准
	细	12	0.25b	假想轮廓线、成型前原始轮廓线
折断线		13	0.25b	断开界线
波浪线		14	0.25b	断开界线

在同一张图纸内,相同比例的各图样,应选用相同的线宽组。图纸的图框线和标题栏线可采用表 1-7 中的线宽。

表 1-7 线宽 (mm)

幅面代号	图框线	标题栏外框线	标题栏分格线
A0、A1	b	0.5b	0.25b
A2、A3、A4	b	0.7b	0.35b

(二)图线的画法及注意事项

1. 各种图线的画法见表 1-6。

2. 相互平行的图例线,其净间隙或线中间隙不宜小于 0.2 mm。

3. 虚线、单点长画线或双点长画线的线段长度和间隔,宜各自相等。

4. 单点长画线或双点长画线,当在较小的图形中绘制有困难时,可用实线代替。

5. 单点长画线或双点长画线的两端,不应是点。点画线与点画线交接或点画线与其他图线交接时,应是线段交接。

6. 虚线与虚线交接或虚线与其他图线交接时,应是线段交接。虚线为实线的延长线时,不得与实线相接,如图 1-7 所示。

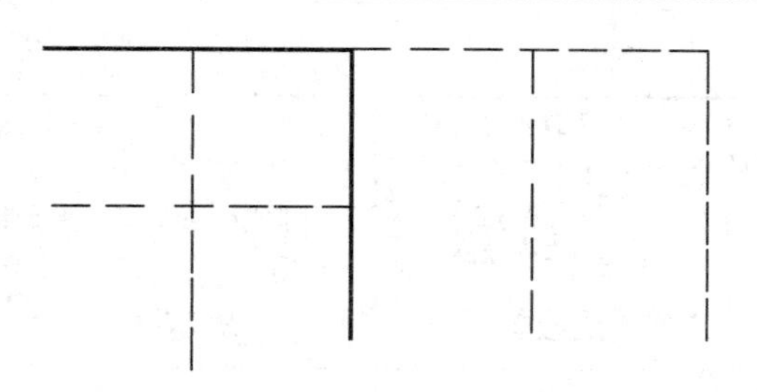

图 1－7　图线交接的画法

7. 图线不得与文字、数字或符号重叠、混淆，不可避免时，应首先保证文字的清晰。

五、常用建筑材料图例

在工程图样中，建筑材料的名称除了要用文字说明外，还需画出建筑材料图例，表 1－8是从《房屋建筑制图统一标准》中摘出的几种常用建筑材料图例，其余的可查阅《房屋建筑制图统一标准》GB/T 50001—2010。

表 1－8　常用建筑材料图例

序号	名称	图例	备注
1	自然土壤		包括各种自然土壤
2	夯实土壤		
3	砂、灰土		靠近轮廓线绘较密的点
4	砂砾石、碎砖三合土		
5	石材		
6	毛石		
7	普通砖		包括实心砖、多孔砖、砌块等砌体；断面较窄不易绘出图例线时，可涂红
8	混凝土		1. 本图例指能承重的混凝土及钢筋混凝土 2. 包括各种强度等级、骨料、含添加剂的混凝土 3. 在剖面图上画出钢筋时，不画图例线 4. 断面图形小，不易画出图例线时，可涂黑
9	钢筋混凝土		
10	多孔材料		包括水泥珍珠岩、沥青珍珠岩、泡沫混凝土、非承重加气混凝土、软木、蛭石制品等

续表

序号	名称	图例	备注
11	木材		1. 上图为横断面,从左向右依次为垫木、木砖或木龙骨 2. 下图为纵断面
12	胶合板		应注明为几层胶合板
13	金属		1. 包括各种金属 2. 图形小时,可涂黑

注:序号 1、2、5、7、9、10、11、12 图例中的斜线、短斜线、交叉斜线等均为 45°

国家标准只是规定了图例的画法,对其尺度比例不进行具体规定,使用时应根据图样的大小而定,并注意图例线应间隔均匀、疏密适度,做到图例正确、表示清楚。在使用标准所列图例中未包括的建筑材料时,可自编图例,但自编的图例不得与标准中的图例重复,且应在图样的适当位置画出该材料的图例,并加以说明。

六、字体

图样上所需书写的文字、数字或符号等,均应笔画清晰、字体端正、排列整齐;标点符号应清楚正确。各种文字的大小要选择适当,文字的字高应从下列系列中选用:2.5 mm、3.5 mm、5 mm、7 mm、10 mm、14 mm、20 mm。

如需书写更大的字,其高度应按比值递增。

图样上面的汉字,应采用长仿宋体或黑体,其高度与宽度的关系,应符合表 1－9 的规定。

表 1－9　长仿宋体字高与字宽关系　(单位:mm)

字高	20	14	10	7	5	3.5
字宽	14	10	7	5	3.5	2.5

汉字的书写必须遵守中华人民共和国国务院公布的《汉字简化方案》和有关规定。

图样及说明中的拉丁字母、阿拉伯数字与罗马数字,宜采用单线简体或 Roman 字体。拉丁字母、阿拉伯数字与罗马数字的书写规则,应符合表 1－10 的规定。

表 1－10　拉丁字母、阿拉伯数字与罗马数字的书写规则

书写格式	字体	窄字体
大写字母高度	h	h
小写字母高度(上下均无延伸)	7/10 h	10/14 h
小写字母伸出的头部或尾部	3/10 h	4/14 h
笔画宽度	1/10 h	1/14 h
字母间距	2/10 h	2/14 h
上下行基准线的最小间距	15/10 h	21/14 h
词间距	6/10 h	6/14 h

拉丁字母、阿拉伯数字与罗马数字,如需写成斜体字,其斜度应是从字的底线逆时针向上倾斜 75°。斜体字的高度和宽度应与相应的直体字相等。拉丁字母、阿拉伯数字与罗马数字的字高,不应小于 2.5 mm。数量的数值注写,应采用正体阿拉伯数字。各种计量单位凡前面有量值的,均应按照国家颁布的单位符号注写。单位符号应采用正体字母。分数、百分数和比例数的注写,应采用阿拉伯数字和数学符号。当注写的数字小于 1 时,应写出各位的“0”,小数点应采用圆点,齐基准线书写。长仿宋汉字、拉丁字母、阿拉伯数字与罗马数字示例应符合国家现行标准《技术制图——字体》GB/T 14691—93 的有关规定。

七、尺寸标注

图样中除了要画出建筑物的形状外,还必须认真细致、准确无误地标注尺寸,以此作为施工的依据。

(一)标注尺寸的四要素

图样上的尺寸,应包括尺寸界线、尺寸线、尺寸起止符号和尺寸数字四个要素,见图 1－8。

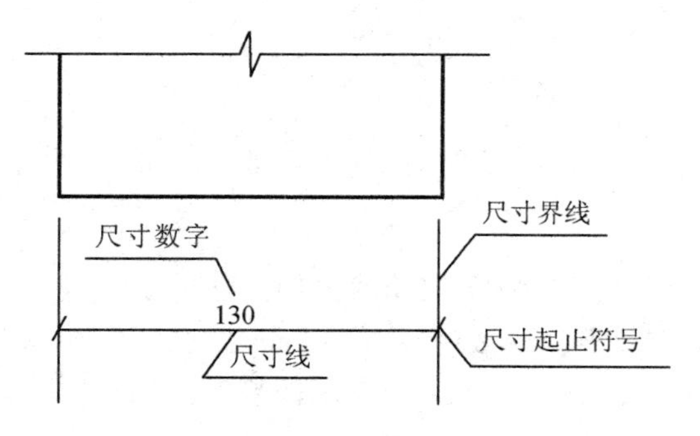

图 1－8　尺寸组成四要素

1. 尺寸界线

尺寸界线要用细实线绘制，一般应与被注长度垂直，其一端应离开图样轮廓线不小于2 mm，另一端宜超出尺寸线2 ~ 3 mm。必要时，图样轮廓线可以用作尺寸界线，如图1－9所示。

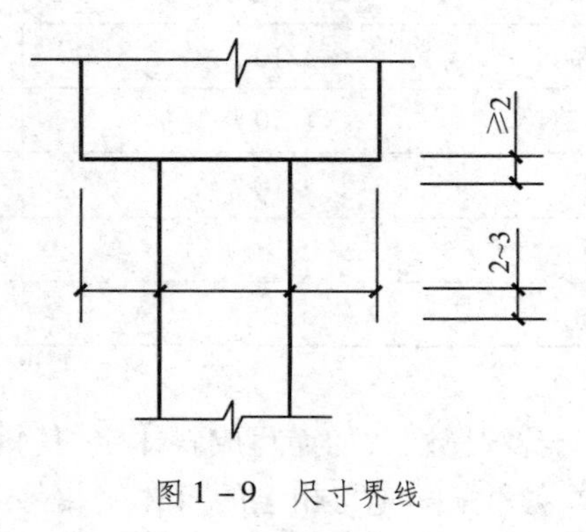

图1－9　尺寸界线

2. 尺寸线

尺寸线也用细实线绘制，应与被注长度平行。图样本身的任何图线均不得用作尺寸线。

3. 尺寸起止符号

尺寸起止符号一般应用中粗斜短线绘制，其倾斜方向应与尺寸界线成顺时针45°角，长度宜为2 ~ 3 mm。半径、直径、角度与弧长的尺寸起止符号，宜用箭头表示。箭头画法如图1－10所示。

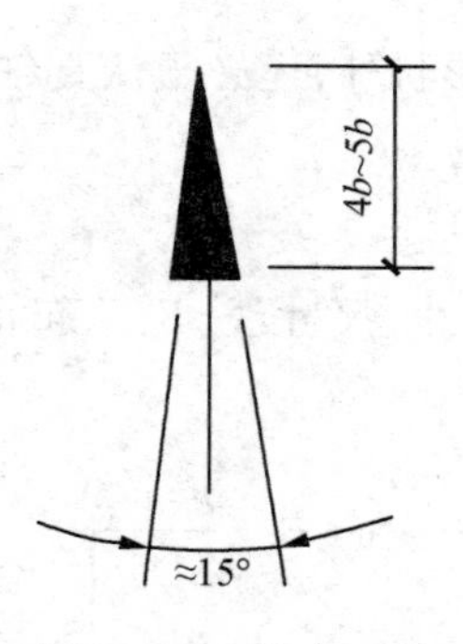

图1－10　箭头画法

4. 尺寸数字

图样上的尺寸应以尺寸数字为准，不得从图上直接量取。图样上的尺寸单位，除标高及总平面以米(m)为单位外，其他均必须以毫米(mm)为单位，图中尺寸后面不写单位。

尺寸数字的方向，应按图1－11(a)中所示的规定注写，若尺寸数字在30°斜线区内，宜按图1－11(b)中所示形式注写。

尺寸数字应依据其方向注写在靠近尺寸线的上方中部，如没有足够的注写位置，最外边的尺寸数字可注写在尺寸界线的外侧,中间相邻的尺寸数字可错开注写,也可引出注写,如图 1-12 所示。

尺寸数字不得被图线穿过,不可避免时,应将尺寸数字处的图线断开,如图 1-11(a)所示。

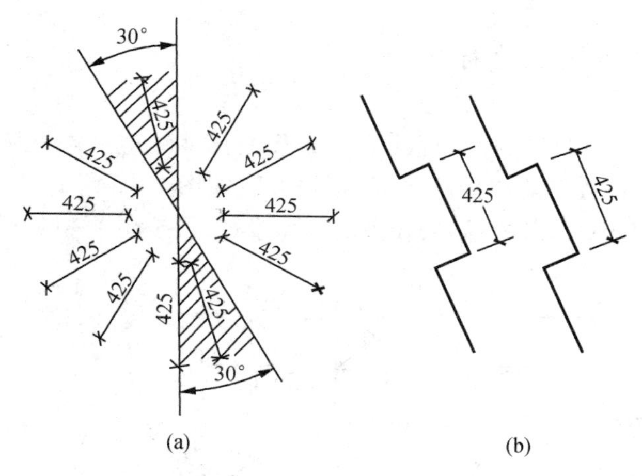

图 1-11　尺寸数字的注写方向

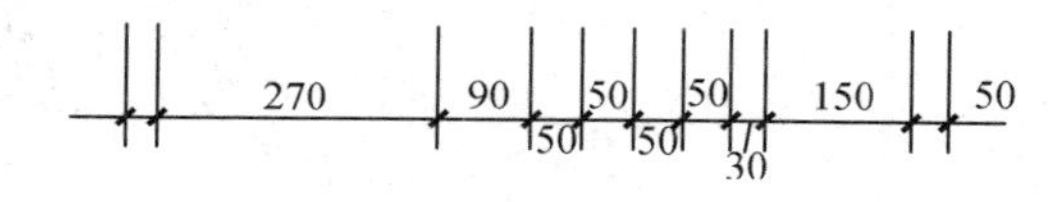

图 1-12　尺寸数字的注写位置

(二)尺寸的排列与布置

如图 1-13 所示,尺寸的排列与布置应注意以下几点:

1. 尺寸宜标注在图样轮廓线以外,不宜与图线、文字及符号等相交。

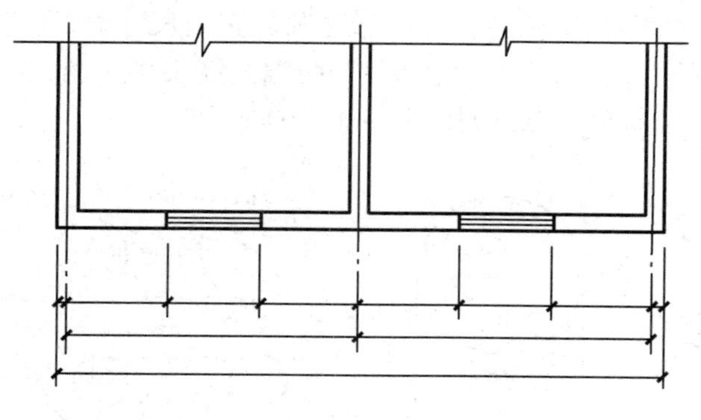

图 1-13　尺寸的排列与布置

2. 互相平行的尺寸线,应从被注写的图样轮廓线由近向远整齐排列,较小尺寸应离轮廓线较近,较大尺寸应离轮廓线较远。

3. 图样轮廓线以外的尺寸界线,距图样最外轮廓线之间的距离,不宜小于 10 mm。平行排列的尺寸线间的距离宜为 7 ~ 10 mm,并应保持一致。

4. 总尺寸的尺寸界线应靠近所指部位,中间的分尺寸的尺寸界线可稍短,但其长度应相等。

(三)半径、直径的尺寸标注

1. 半径尺寸

半圆及小于半圆的圆弧,要标注半径。半径的尺寸线应一端从圆心开始,另一端画箭头指向圆弧。半径数字前应加注半径符号"R",如图 1 - 14(a)所示。较小的圆弧半径,可按图 1 - 14(b)所示形式标注;较大的圆弧半径,可按图 1 - 14(c)所示形式标注。

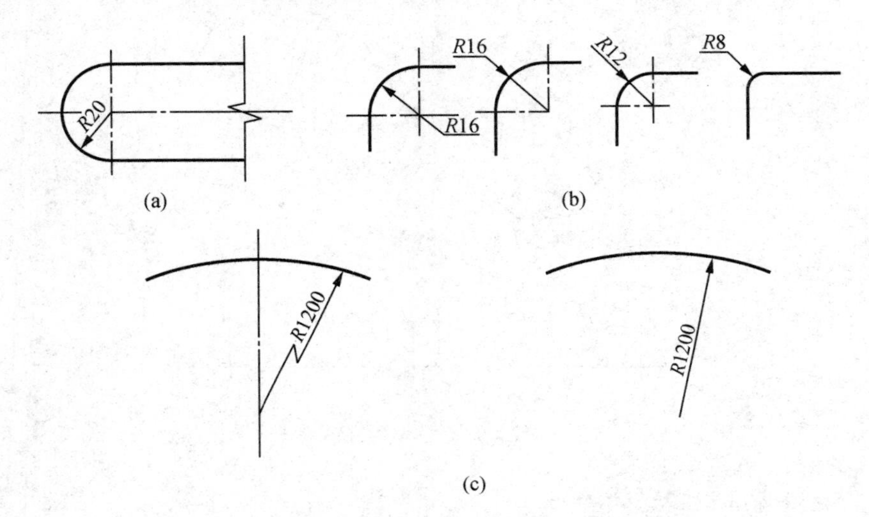

图 1 - 14 半径的尺寸标注

2. 直径尺寸

圆及大于半圆的圆弧,应标注直径。标注圆的直径尺寸时,在直径数字前加注符号"ϕ"。在圆内标注的直径尺寸线应通过圆心,两端画箭头指至圆弧,如图 1 - 15(a)。较小的圆的直径尺寸,可标注在圆外,如图 1 - 15(b)所示。

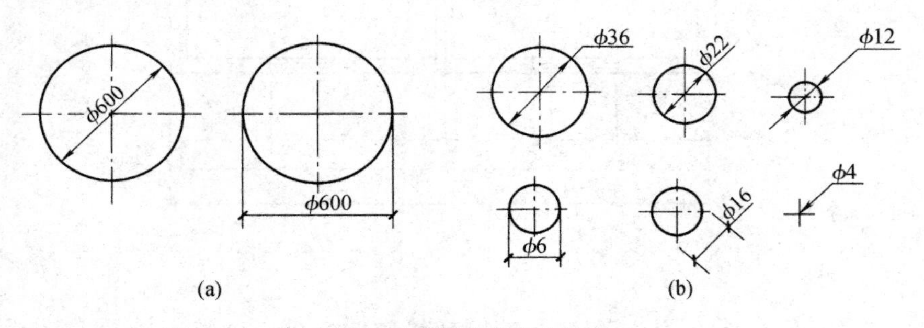

图 1 - 15 直径的尺寸标注

(四)坡度、角度的尺寸标注

1. 坡度尺寸

标注坡度时,在坡度数字下应加注坡度符号。坡度符号为单面箭头,一般应指向下坡方向,如图1-16(a)、(b)所示。

坡度也可以直角三角形的形式标注,如图1-16(c)所示。

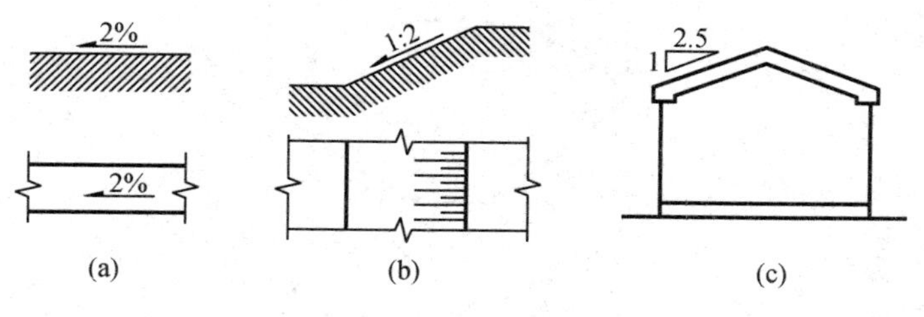

图1-16　坡度的尺寸标注

2. 角度尺寸

角度的尺寸线应以圆弧表示,圆弧的圆心应是该角的顶点,角的两个边为尺寸界线。起止符号应以箭头表示,如没有足够位置画箭头,可以用圆点代替,角度数字应沿尺寸线方向注写,如图1-17所示。

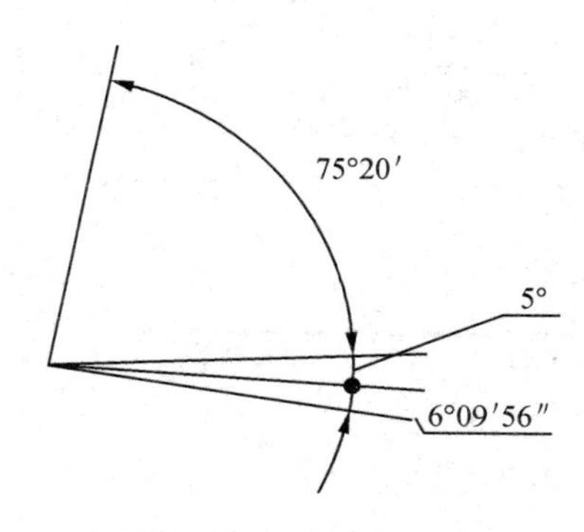

图1-17　角度标注方法

(五)弧长、弦长的尺寸标注

1. 弧长尺寸

标注圆弧的弧长时,尺寸线应以与该圆弧同心的圆弧线表示,尺寸界线应指向圆心,起止符号应以箭头表示,弧长数字上方应加注圆弧符号"⌒",如图1-18所示。

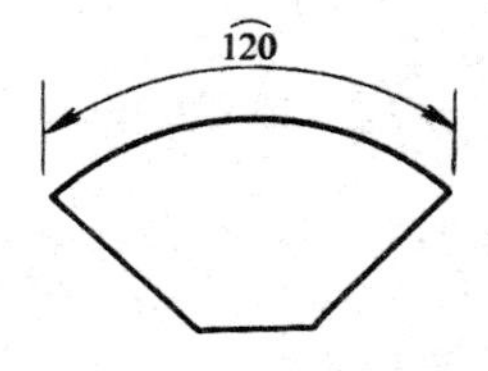

图1-18　弧长标注方法

2. 弦长尺寸

标注圆弧的弦长时，尺寸线应以平行于该弦的直线表示，尺寸界线应垂直于该弦，起止符号应以中粗斜短线表示，如图1－19所示。

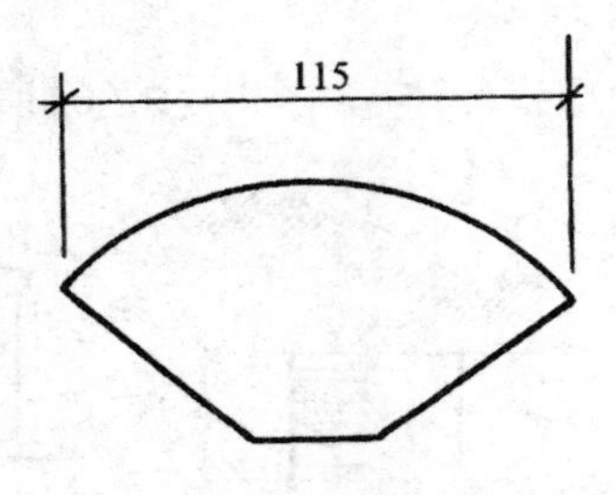

图1－19 弦长标注方法

(六)尺寸的简化标注

1. 单线图尺寸

杆件或管线的长度，在单线图(桁架简图、钢筋简图、管线简图)上，可直接将尺寸数字沿杆件或管线的一侧注写，如图1－20所示。

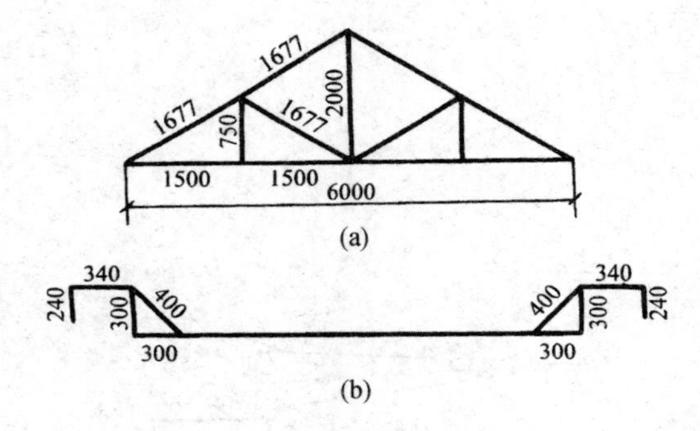

图1－20 单线图尺寸标注方法

2. 连排等长尺寸

连续排列的等长尺寸可用“个数×等长尺寸＝总长”的形式标注，如图1－21所示。

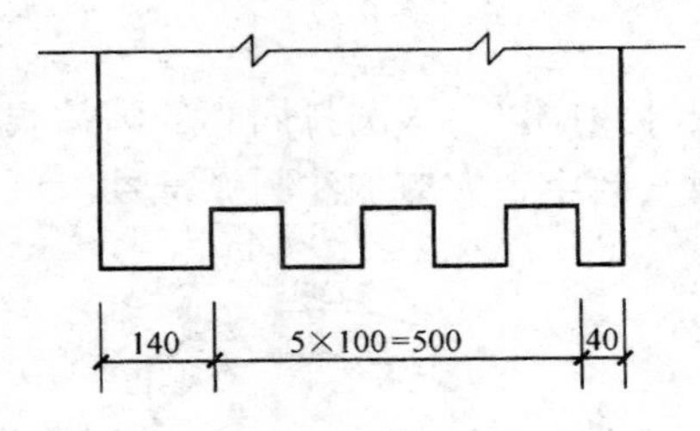

图1－21 等长尺寸简化标注方法

3. **对称构件尺寸**

对称构(配)件采用对称省略画法时,该对称构(配)件的尺寸线应略超过对称符号,仅在尺寸线的一端画尺寸起止符号,尺寸数字应按整体全尺寸注写,其注写位置宜与对称符号对齐,如图1－22所示。

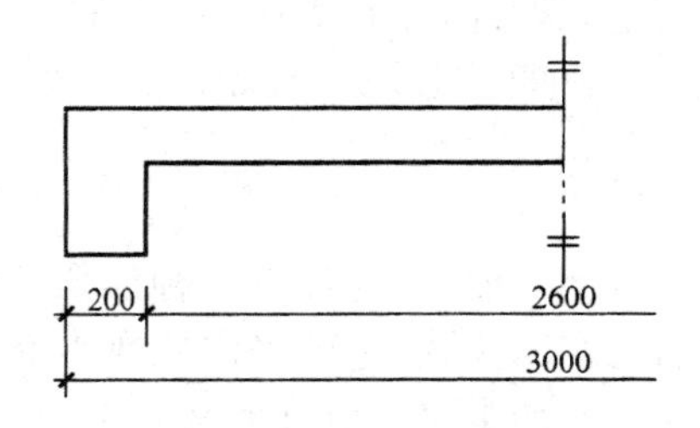

图1－22　对称构件尺寸标注方法

4. **相同要素尺寸**

构(配)件内的构造要素(如孔、槽等)如果相同,可仅标注其中一个要素的尺寸,并注出个数,如图1－23所示。

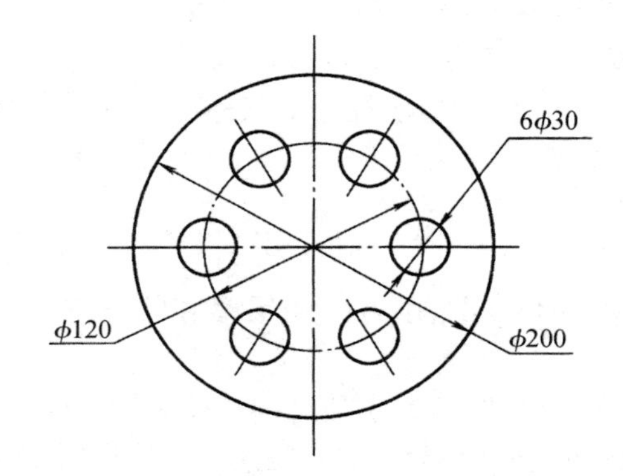

图1－23　相同要素尺寸标注方法

八、手工绘图工具及绘图的方法

(一)绘图工具

一般的绘图工具有:图板、丁字尺、三角板、比例尺、曲线板和绘图仪器等。

1. **图板**

图板是供铺放图纸用的长方形案板。图板有0号(900 mm×1 200 mm)、1号(600 mm×900 mm)和2号(400 mm×600 mm)等几种不同规格,可根据需要选定。图板四周镶有木制边框,左边为工作边,应注意保持平直,否则用丁字尺画出的平行线就不准确。

2. **丁字尺**

丁字尺主要是用来画水平线的,它由尺头和尺身组成,两者结合处必须牢固。尺头的内侧是滑动边,与尺身的工作边成90°角,尺身带有刻度。

3. 三角板

一副三角板中有一块是等腰直角三角板(45°),另一块是特殊角的直角三角板(两锐角为30°、60°)。两块板配合使用,可画出已知直线的平行线和垂直线,还可以画出15°倍角线。

4. 铅笔

绘图铅笔以铅芯的软硬程度分类,标号B、2B……6B的铅芯表示软铅芯,其数字越大表示铅芯越软;标号H、2H……6H的铅芯表示硬铅芯,其数字越大表示铅芯越硬;标号HB表示铅芯不软不硬,属于中等。

5. 圆规及分规

圆规是用于画圆和圆弧的专用仪器,其附件有三种插腿——铅芯插腿、直线笔插腿、钢针插腿,分别可用来画铅笔线圆、墨线圆,也可当作分规使用。

分规是用来量取线段和等分线的工具。分规两腿均装有钢针,两针尖伸出应一样齐作图才能准确。用分规量取尺寸时,注意不应将针尖扎入尺面。

6. 其他绘图工具

除上述工具外,尚需要比例尺、曲线板、绘图笔、小刀、橡皮、擦图片、量角器、掸灰屑用小刷和胶带纸等。还有一些工具和仪器,如几何模板、绘图机等,可以提高绘图速度和质量。只要认真练习,这些工具均不难掌握。

(二)绘图的一般方法与步骤

为提高图面质量和绘图速度,除必须熟悉制图标准、正确使用绘图工具和仪器外,还要掌握正确的绘图方法和步骤。

1. 绘铅笔图

绘图前的准备工作:

(1)准备必要的绘图工具和仪器;削好所用铅笔和圆规中的铅芯;把手洗净,将工具和仪器擦拭干净。

(2)确定要绘制的图样以后,按其大小和比例选择图纸幅面。

(3)用橡皮检查图纸的正反面(易起毛的是反面),然后把图纸铺在图板左方,并使图纸下边线与图板下边缘之间留有约一个丁字尺尺身的宽度,放正后用胶带纸将图纸固定。

2. 绘制底稿

(1)布图。根据所绘制图样的内容和比例,估计每个图形(包括尺寸标注和文字说明)的大小,然后布置图面。务必使图形分布合理、匀称、美观。

(2)根据所绘制图样的内容,确定画图的先后次序,妥善安排,做到心中有数。

(3)用削尖的H(或2H)铅笔轻绘底稿。绘底稿线的一般顺序是:先画图形的对称线、中心线,然后画图形的主要轮廓线,最后再画细部。

3. 加深图线

底稿完成经检查无误后,擦去多余的作图线,方可按线型规定进行加深。加深底线的一般顺序是:

(1)加深细实线、单点长画线、折断线、波浪线及尺寸线、尺寸界线等细的图线;

(2)加深曲线或圆弧,先画粗实线,后画虚线;

(3)从上向下依次加深所有水平方向的粗实线;

(4)从左向右依次加深所有垂直方向的粗实线;
(5)从左上方或右上方向下依次加深所有倾斜的粗实线;
(6)加深中实线、虚线,顺序与加深粗实线相同;
(7)画出材料图例。

4. 写工程字

填写尺寸数字、材料说明、技术说明和标题栏等。

(三)绘墨线图

墨线图通常是用鸭嘴笔或绘图笔在硫酸纸上用专用的碳素墨水绘制而成的,其绘制程序与绘制铅笔加深图样的程序相同。原则是先主后次,先难后易,先画圆弧后画直线。画图中如果要修改墨水,需待墨水干后在图纸下垫上玻璃板(或三角板、丁字尺等),用锋利薄刀片轻轻地将墨迹刮掉,再用橡皮擦去污垢,然后即可重新上墨。

第二节　三面正投影图的形成

一、投影的概念

(一)投影法

当阳光或灯光照射到物体时,就会在地面或墙壁上出现物体的影子,这是日常生活中常见的投影现象。人们利用这一自然现象,经科学分析和研究,找出一种能够在平面上正确、完整、清楚地反映空间物体形状和大小的方法,称为投影法。投影法是假定一束光线沿一定方向能够透过物体向选定的面投射,并在该面上得到图形的方法。假定的光线称为投影线,把承受投影的平面称为投影面。把投影线、投影面和物体称为形成投影的三要素,如图 1-24 所示。

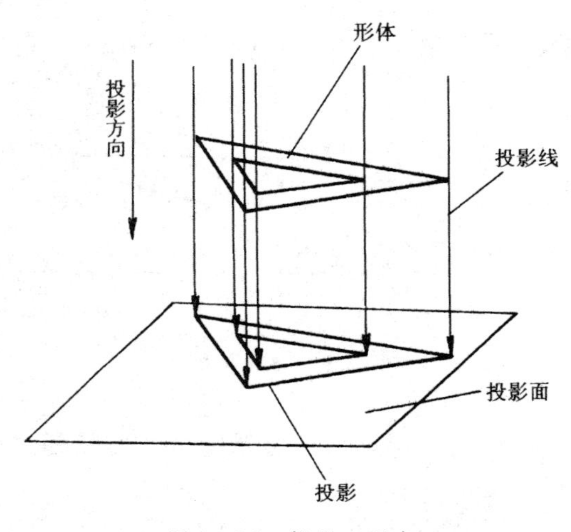

图 1-24　投影三要素

（二）投影法的分类

根据投影线形式的不同，一般把投影法分为中心投影法和平行投影法。

1. 中心投影法

由一点发出的放射状的投影线作出投影的方法，即为中心投影法，如图 1－25 所示。中心投影法的特点是投影线相交于一点，投影（图形）随光源的方向和与形体的距离的变化而变化。光源距形体越近，形体投影越大，它不反映形体的真实大小。中心投影法作图比较复杂，度量性差，因此机械图样中较少采用。但它具有较强的立体感，故在绘制建筑物外形图中经常使用。

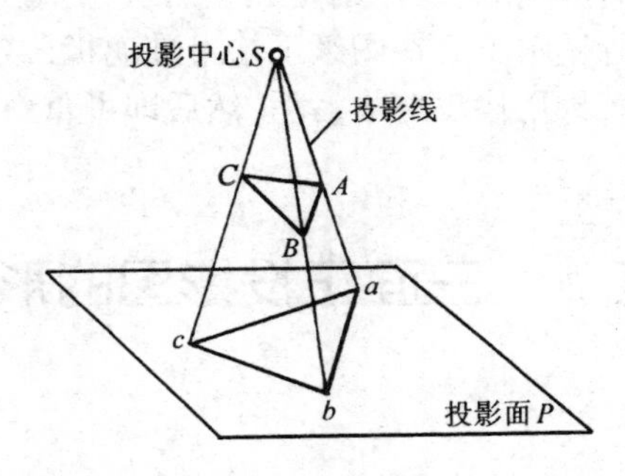

图 1－25　中心投影

2. 平行投影法

光源在无限远处，投影线相互平行，投影大小与形体到光源的距离无关，这种方法称为平行投影法。平行投影法的特点是投影线平行，物体的位置发生变化，投影不变化，并能反映物体真实的形状和大小。在平行投影法中，如果投影方向垂直于投影面，那么所作的平行投影为正投影，见图 1－26（a），如果投影方向倾斜于投影面，那么所作出的平行投影为斜投影，见图 1－26（b）。

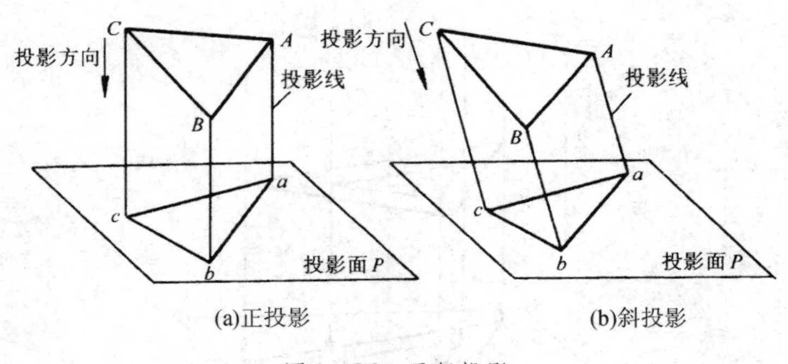

(a)正投影　　(b)斜投影

图 1－26　平行投影

由于正投影法所得到的正投影能真实地反映物体的形状和大小，且该法度量性好，作图简便，因此，机械图样是按正投影法绘制的。

本节主要讲述正投影，除特别说明外，以后把正投影简称为投影。

二、三面正投影

根据有关标准和规定，用正投影法绘制出的物体的图形称为视图。一个视图一般不能确定物体的空间形状。为了完整地表示物体的形状，常采用从几个不同方向进行投射的多面正投影的表示方法。要想用正投影确定空间内的唯一物体，只用一个投影面是不行的，必须建立多面投影体系，我们一般用三个互相垂直的投影面来建立一个三面正投影体系，如图 1－27 所示。

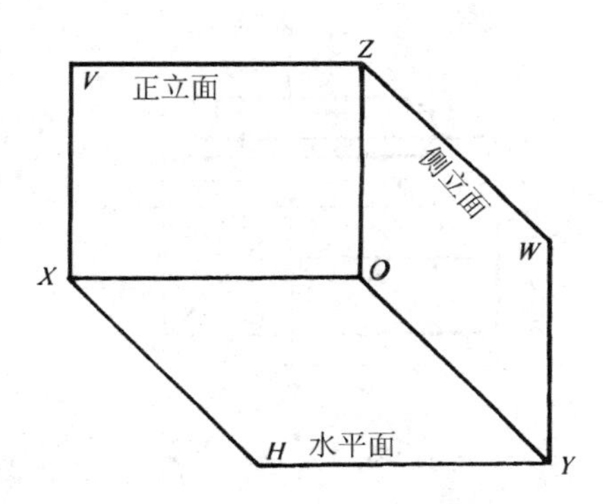

图 1－27　三面投影体系

其中把水平位置的平面叫作水平投影面或水平面，用字母 H 表示；把正对位置的平面叫作正立投影面或正立面，用字母 V 表示；把与 H、V 面均垂直的平面叫作侧立投影面或侧立面，用字母 W 表示。三个投影面相交于三个投影轴 OX、OY、OZ，三个投影轴相交于一点 O，称为原点。把一形体置于三面投影体系中，并把形体在 V 面上的投影称为正面投影或 V 面投影；在 H 面上的投影称为水平投影或 H 面投影；在 W 面上的投影称为侧面投影或 W 面投影，如图 1－28 所示。

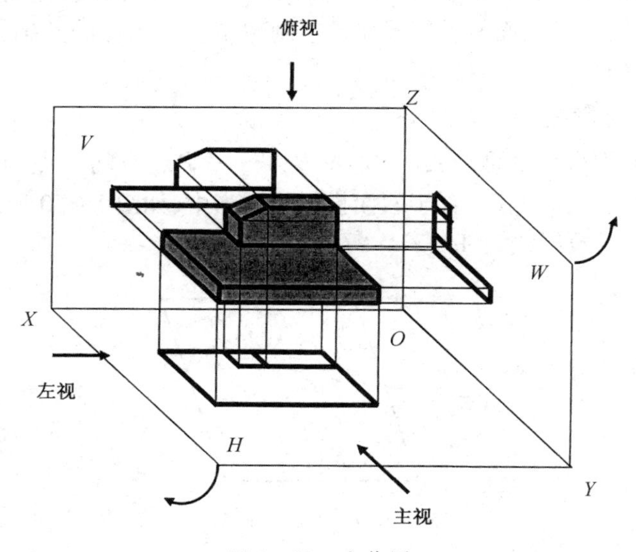

图 1－28　立体图

三面投影体系中的形体虽然能全面地反映不同侧面的形状，但如果要在一个平面上将其完整地反映出来，就需要把三个投影面展开。我们假想 V 面不动，H 面绕 OX 轴向下转 90°，W 面绕 OZ 轴向后转 90°，这样就可以把形体的 V 面投影、H 面投影、W 面投影在一个平面上表示出来，如图 1－29 所示。

在图 1－29 中，可以看出，V 面投影反映形体的长和高；H 面投影反映形体的长和宽；W 面投影反映形体的宽和高。

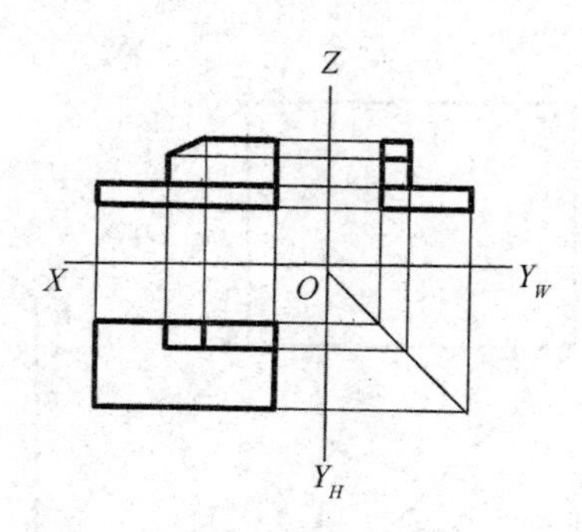

图 1－29　三面投影图

在三个投影图之间存在如下关系：V 面投影和 H 面投影反映“长对正”；V 面投影和 W 面投影反映“高平齐”；H 面投影和 W 投影反映“宽相等”。

简单地说，“长对正，高平齐，宽相等”是三面投影图的投影特性，也可简称为“三等”特性。

三、点、直线、平面的三面正投影

建筑形体一般由多个平面组成，而各平面又相交于多条棱线，各棱线又相交于多个顶点，可见，研究空间点、线、面的投影规律是绘制建筑工程图样的基础，而点的投影又是线、面、体投影的基础。

（一）点的正投影规律

空间的点，我们用大写字母来表示，如 A、B、C……确定空间一点的位置至少需要两个投影。我们假设把空间一点 A 置于两面投影体系当中，如图 1－30 所示。那么，A 点在 V 面上的正投影为 a'，投影线为 Aa'。

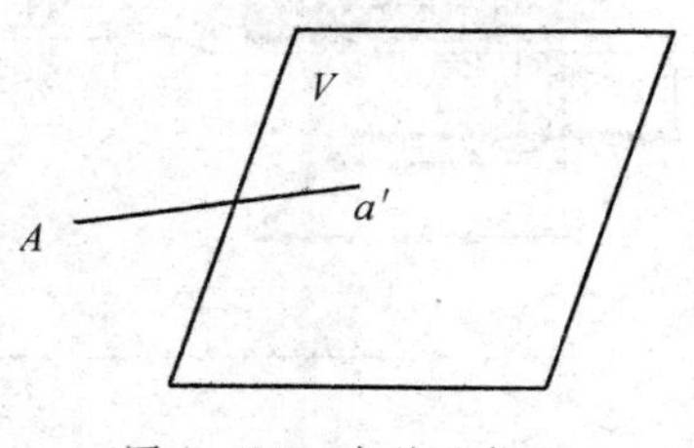

图 1－30　点的正投影

下面,我们再看一下点在三个投影面中的投影特点。如图 1－31(a)所示,分别作出点 A 在 H 面、V 面和 W 面的投影 a、a'、a'',再展开图 1－31a,得到图 1－31(b),图 1－31(b)简化为 1－31(c)。

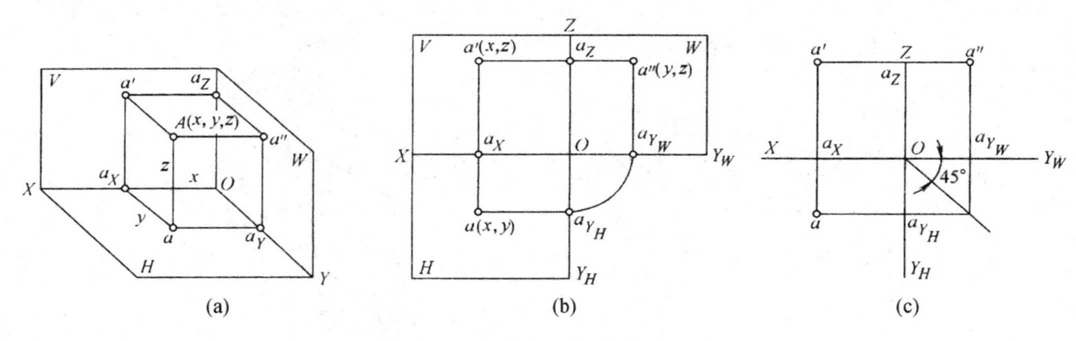

图 1－31　点的三面投影

经过分析,可总结出点的投影规律:

1. 点的投影连线垂直于投影轴。

2. 点的坐标反映投影点到投影轴的距离及到投影面的距离。

(二)直线的正投影规律

直线按与投影面的相对位置,可分为一般位置直线、投影面平行线和投影面垂直线。倾斜于三个投影面的直线称为一般位置直线;平行于某一投影面的直线称为投影面平行线;垂直于某一投影面的直线称为投影面垂直线。下面分别介绍一下这三类直线的投影特性。

1. 一般位置直线

一般位置直线倾斜于三个投影面,与三个投影面都有倾斜角,我们分别以 α、β、γ 表示。一般位置直线在三个投影面上的投影都是倾斜于投影轴的斜线,且长度缩短,与投影轴的夹角也不能反映空间直线对投影面的倾角,如图 1－32 所示。

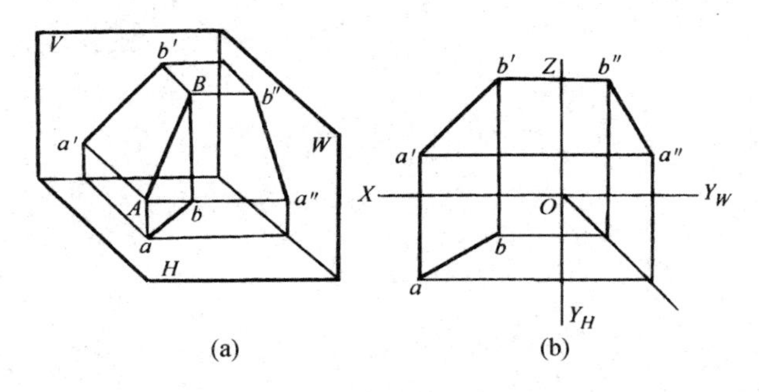

图 1－32　直线的投影

2. 投影面平行线

投影面平行线是平行于某一个投影面的直线,同时,该直线倾斜于其余两个投影面。投影面平行线可分为水平线、正平线和侧平线。

水平线是平行于水平投影面的直线；正平线是平行于正立投影面的直线；侧平线是平行于侧立投影面的直线。在投影图上，如果有一个投影平行于投影轴，而另有一个投影倾斜，那么，这一空间直线一定是投影面的平行线。

侧平线的投影特性如图1－33(a)所示，水平线的投影特性如图1－33(b)所示，正平线的投影特性如图1－33(c)所示。

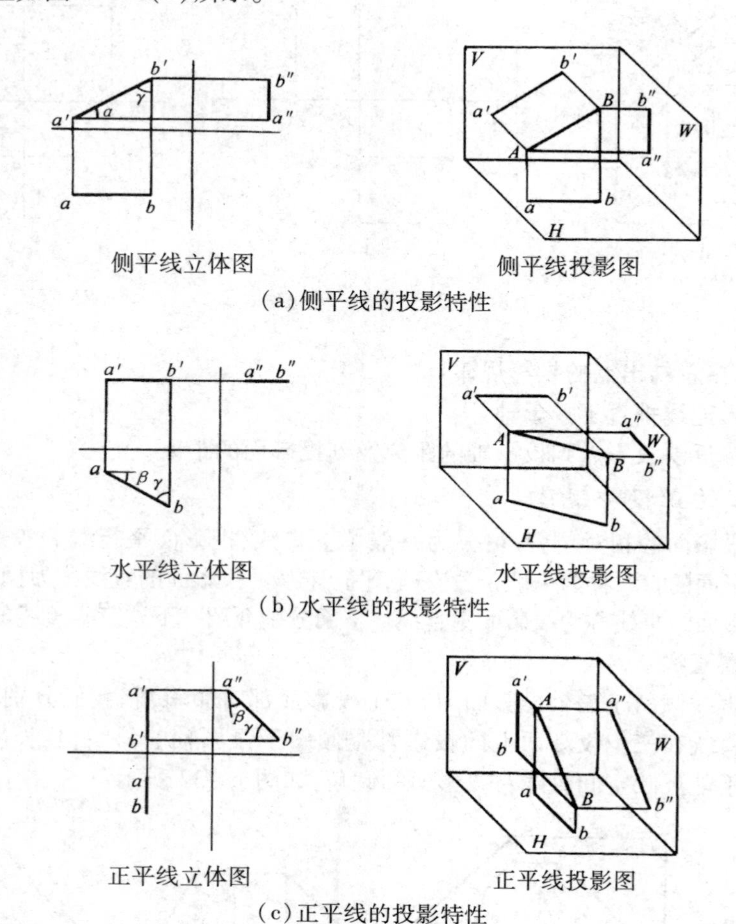

侧平线立体图　侧平线投影图

(a)侧平线的投影特性

水平线立体图　水平线投影图

(b)水平线的投影特性

正平线立体图　正平线投影图

(c)正平线的投影特性

图1－33　投影面平行线的投影特性

3. 投影面垂直线

投影面垂直线是垂直于某一投影面的直线，同时，该直线也平行于另外两个投影面。投影面垂直线可分为：正垂线、铅垂线和侧垂线。

正垂线是垂直于正立投影面的直线；铅垂线是垂直于水平投影面的直线；侧垂线是垂直于侧立投影面的直线。在投影面上，只要有一直线的投影积聚为一点，那么，它一定为投影面的垂直线，并垂直于积聚投影所在的投影面。

侧垂线的投影特性如图1－34(a)所示，铅垂线的投影特性如图1－34(b)所示，正垂线的投影特性如图 1－34(c)所示。

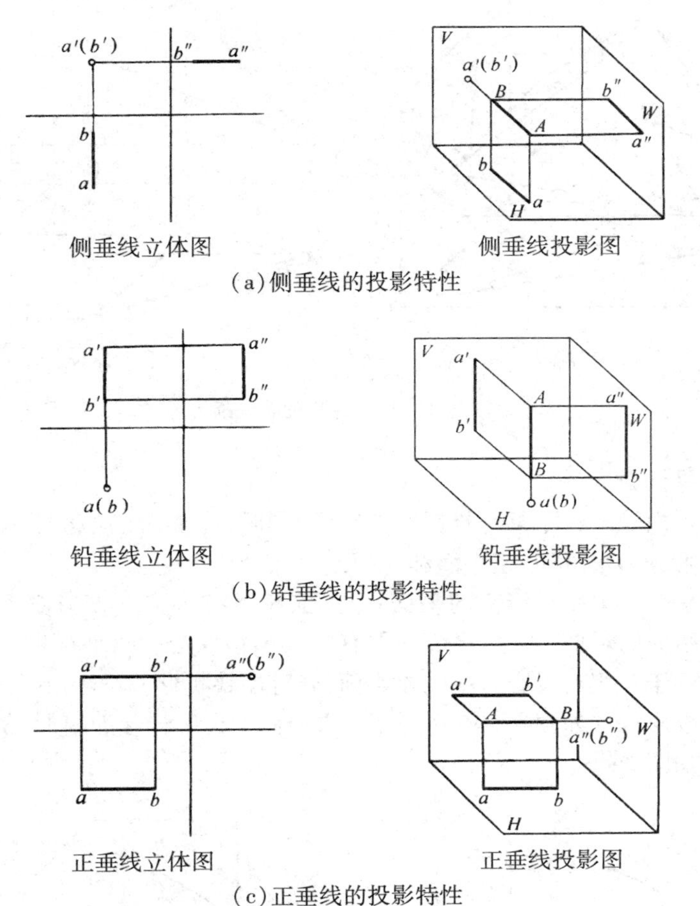

(a)侧垂线的投影特性

(b)铅垂线的投影特性

(c)正垂线的投影特性

图 1－34　投影面垂直线的投影特性

4. 直线上的点

直线上的点的投影,必落在该直线的同面投影上,并且点在直线上所分割的比例在其投影上保持不变。投影面垂直线上的点,必落在该投影面垂直线的积聚投影上。

(三)平面的正投影规律

平面按其与投影面的相对位置可分为一般位置平面、投影面平行面和投影面垂直面。倾斜于三个投影面的平面称为一般位置平面;平行于某一投影面的平面称为投影面平行面;垂直于某一投影面的平面称为投影面垂直面。下面分别介绍一下这三类平面的投影特性。

1. 一般位置平面

一般位置平面对三个投影面都倾斜,三个投影都是小于实形的类似形,如图 1－35 所示。

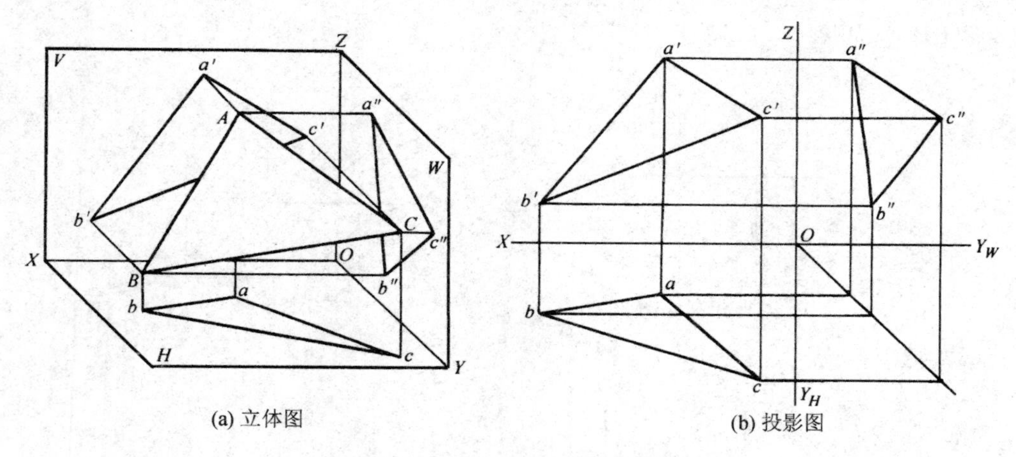

(a) 立体图　　(b) 投影图

图 1－35　一般位置平面

2. 投影面平行面

投影面平行面是平行于某一投影面的平面，同时，该平面也垂直于另外两个投影面。投影面平行面可分为水平面、正平面和侧平面。

水平面是平行于水平投影面的平面；正平面是平行于正立投影面的平面；侧平面是平行于侧立投影面的平面。一个平面只要有一投影积聚为一条平行于投影轴的直线，那么该平面就平行于非积聚投影所在的投影面，并且反映实形。

侧平面的投影特性如图 1－36(a)所示，水平面的投影特性如图 1－36(b)所示，正平面的投影特性如图 1－36(c)所示。

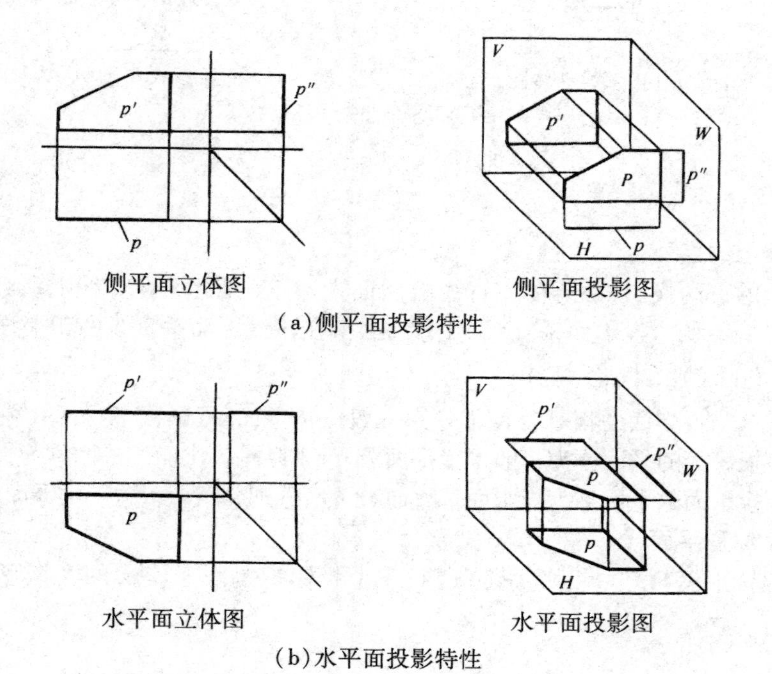

侧平面立体图　　侧平面投影图

(a)侧平面投影特性

水平面立体图　　水平面投影图

(b)水平面投影特性

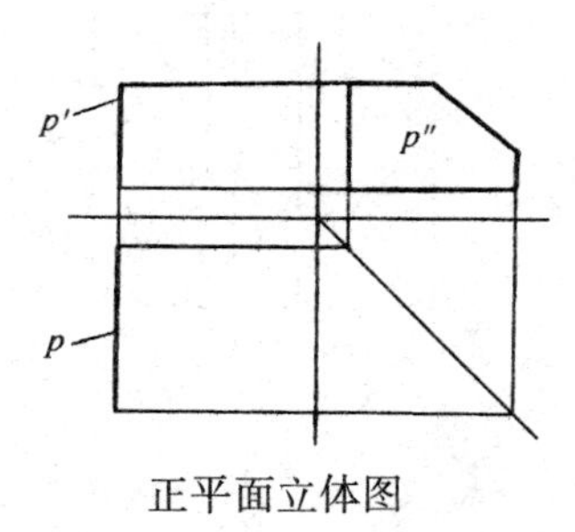

正平面立体图

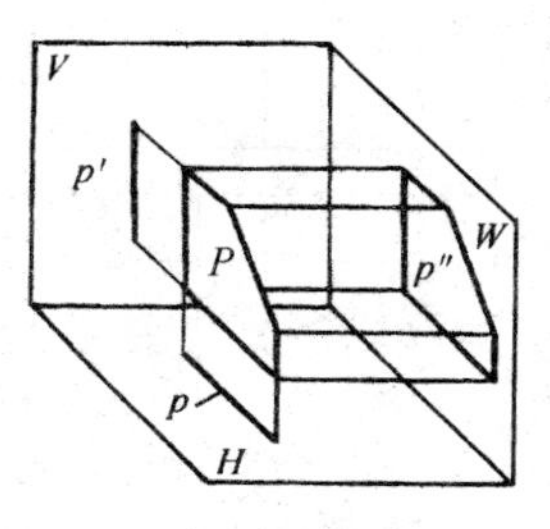

正平面投影图

（c）正平面投影特性

图 1－36　投影面平行面的投影特性

3. 投影面垂直面

投影面垂直面是垂直于某一投影面的平面，该平面倾斜于其余两个投影面。投影面垂直面可分为：铅垂面、正垂面和侧垂面。

铅垂面是垂直于水平投影面的平面；正垂面是垂直于正立投影面的平面；侧垂面是垂直于侧立投影面的平面。一个平面只要有一个投影积聚为一倾斜线，那么，这个平面一定垂直于积聚投影所在的投影面。

侧垂面的投影特性如图 1－37（a）所示，铅垂面的投影特性如图 1－37（b）所示，正垂面的投影特性如图 1－37（c）所示。

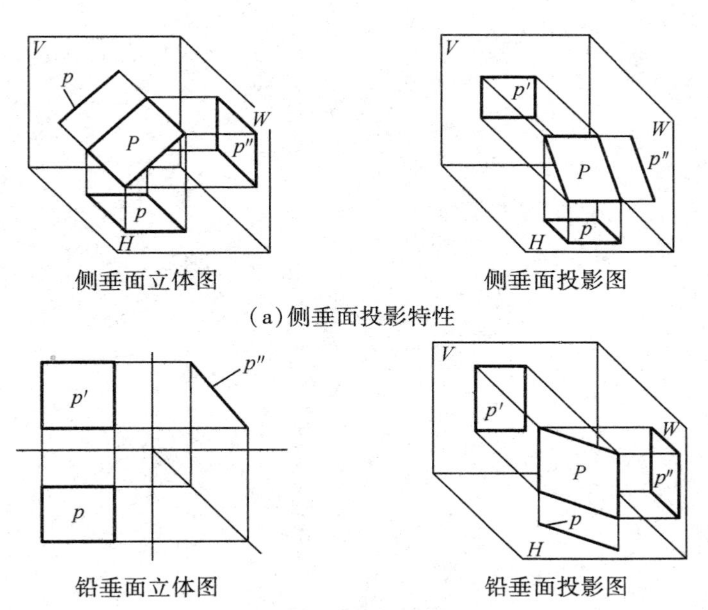

侧垂面立体图　侧垂面投影图

（a）侧垂面投影特性

铅垂面立体图　铅垂面投影图

（b）铅垂面投影特性

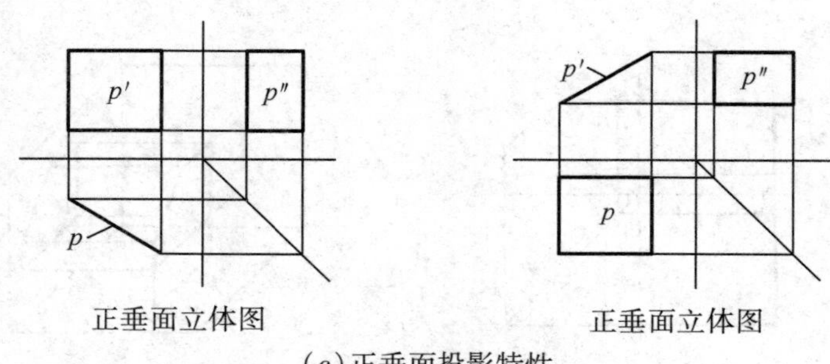

(c)正垂面投影特性

图1－37 投影面垂直面的投影特性

思考题

1. 图纸有几种幅面尺寸？A2图幅是A3图幅的几倍？A3图幅是A4图幅的几倍？有何规律？

2. 什么是比例？试解释比例“1:2”的含义。在图样上标注的尺寸与画图的比例有无关系？

3. 图样上的尺寸标注包括什么？解释尺寸“ϕ2”、“R12”的含义。

4. 点、直线、平面的投影规律有哪些？

5. 投影是如何分类的？各类投影有哪些特点？三面正投影是如何形成的？

第二章　建筑施工图

建筑施工图是用于指导施工的一套图纸，它一般由设计部门的专业人员进行设计绘图。建筑施工图主要反映一个工程的总体布局，展现建筑物的外部形状、内部布置情况以及建筑构造、装修、材料、施工要求等，用来作为施工定位放线、内外装饰的依据，同时也是绘制结构施工图和设备施工图的依据。建筑施工图包括设备说明和建筑总平面图、建筑平面图、立面图、剖面图等基本图纸以及墙身剖面图、楼梯、门窗、台阶、散水、浴厕等的详图及材料做法、说明等。

第一节　建筑物的基本组成和作用

一、民用建筑的组成和作用

一般民用建筑是由基础、墙和柱、楼地层、楼梯、屋顶和门窗等基本构件组成的，如图2－1所示。它们所处的位置不同，作用也不同。

（一）基础

基础是位于建筑物最下部的承重构件，作用是承受建筑物的全部荷载并将这些荷载传给地基。因此，作为基础，必须具有足够的强度，并能抵御地下各种有害因素的侵蚀。

（二）墙和柱

墙是建筑物的围护构件，有时也是承重构件。作为围护构件，外墙起着抵御自然界各种因素对室内侵袭的作用；内墙起着分隔建筑物内部空间，避免各空间之间相互干扰的作用。作为承重构件，承受屋顶、楼板、楼梯等构件传来的荷载，并将这些荷载传给基础。因此，根据墙体功能的不同，要求墙体应具有足够的强度、稳定性、保温、隔热、隔声、防水、防火等功能以及耐久性和经济性。

为了扩大空间，提高空间的灵活性，满足结构需要，有时用柱子代替墙体作为建筑物的竖向承重构件，因此，柱应具有足够的强度和稳定性。

（三）楼地层

楼地层是楼板层和地坪层的合称。

楼板层是建筑物的水平承重构件，承受家具、设备、人体等荷载及自重，并将这些荷载传给墙或柱，同时对墙体起着水平支撑的作用。按房间层将整幢建筑物沿水平方向分为若干部分。作为楼板层，要求其具有足够的强度、刚度和稳定性，还应具有隔声、防水等功能。

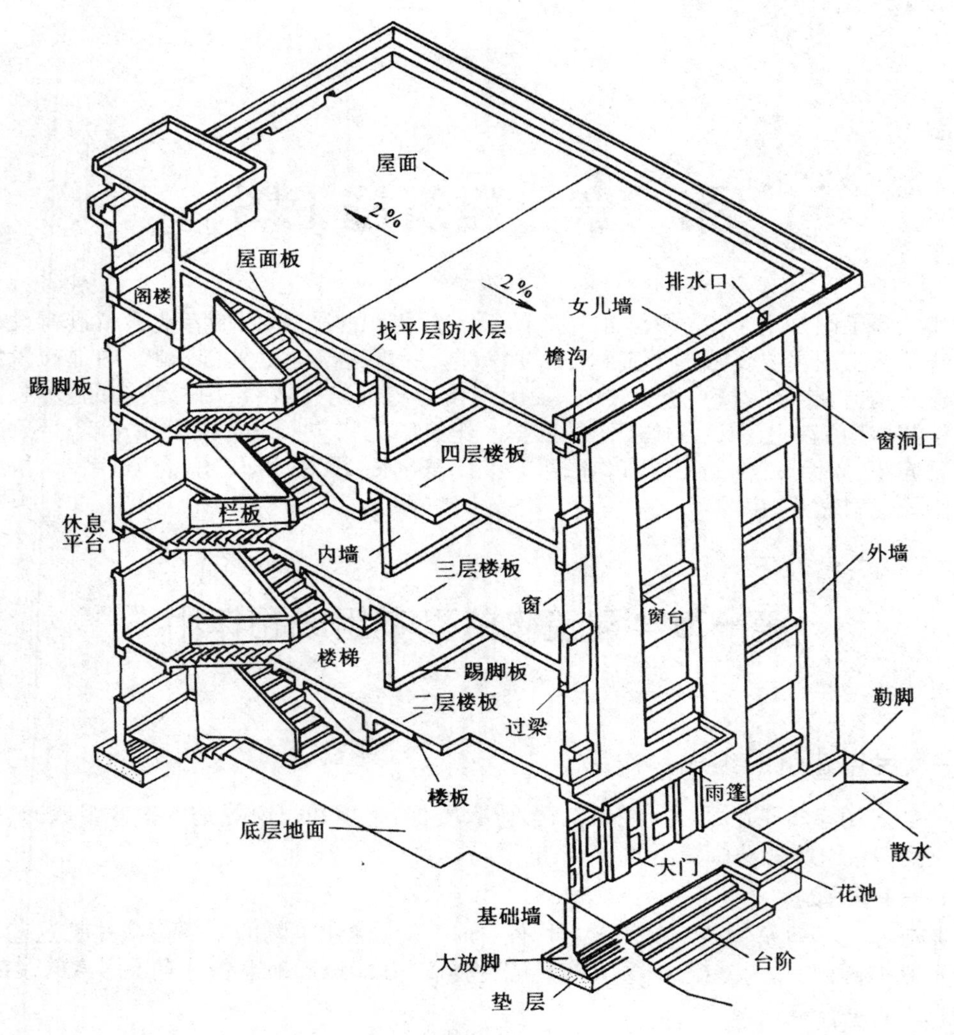

图 2－1　民用建筑的组成

地坪层是底层房间与土层相接触的部分，承受底层房间的荷载。要求其具有防潮、防水、保温等功能。

（四）楼梯

楼梯是建筑物的垂直交通设施，平时供人们上下楼层使用；在遇到火灾、地震等紧急情况时，供人们紧急疏散、运送物品使用。因此，要求楼梯具有足够的强度、通行能力和防火、防滑等功能。

在高层建筑中，除设置楼梯外，还应设有电梯。

（五）屋顶

屋顶是建筑物顶部的围护构件和承重构件。作为围护构件，它抵御着自然界中的雨、雪及太阳辐射等对建筑物顶层房间的影响；作为承重构件，它承受着建筑物顶部的荷载，并将这些荷载传给墙或柱。因此,屋顶应具有足够的强度、刚度以及防水、保温、隔热等性能。

(六)门窗

门主要起交通出入、分隔和联系内外空间的作用。窗主要起采光和通风的作用,同时也起分隔和围护作用。门和窗均为非承重构件。根据建筑物所处环境,门窗应具有保温、隔热、隔声等功能。

建筑物除具上述基本组成构件以外,还有许多其他构配件和设施,如:阳台、雨篷、台阶、烟道、垃圾井等。

二、单层工业厂房的组成和作用

单层工业厂房的结构支承方式基本上可分为承重墙结构与骨架结构两类。当厂房跨度、高度、吊车荷载较小及地震烈度较低时,采用承重墙结构;当厂房跨度、高度、吊车荷载较大及地震烈度较高时,广泛采用钢筋混凝土骨架结构。骨架结构由柱基础、柱子、梁、屋架等组成,以承受各种荷载,这时,墙体在厂房中只起围护或分隔作用。这种体系由两大部分组成,即承重构件和围护构件,如图 2-2 所示。

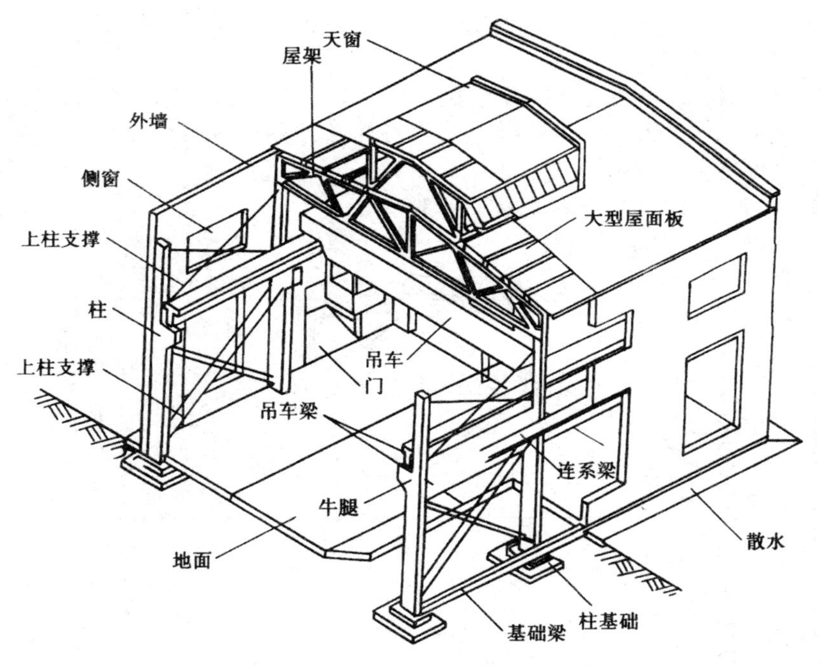

图 2-2 单层工业厂房的组成

(一)承重构件

1. 柱

排架柱是厂房结构的主要承重构件,承受屋架、吊车梁、支撑、连系梁和外墙传来的荷载,并把这些荷载传给基础。

单层工业厂房的山墙面积大,所受风荷载也大,故在山墙中部设抗风柱,使墙面受到的风荷载一部分由抗风柱上端通过屋顶系统传到厂房纵向骨架上去,一部分由抗风柱直接传至基础。

2. 基础

基础承受柱子和基础梁传来的荷载,并将这些荷载传给地基。

3. 屋架

屋架是屋盖结构的主要承重构件,承受屋面板、天窗等屋盖上的荷载,再传给柱子。

4. 屋面板

屋面板铺设在屋架、檩条或天窗架上,直接承受板上的各类荷载(包括屋面板自重、雪荷载、积灰荷载、施工检修荷载等),并将荷载传给屋架。

5. 吊车梁

吊车梁设置在柱子的牛腿上,其上装有吊车轨道,吊车沿着轨道行驶。吊车梁承受吊车的自重和起重以及运行中的荷载(包括吊车的起重量、吊车启动或刹车时所产生的纵向、横向刹车力及冲击荷载等),并将这些荷载传给柱子。

6. 连系梁

连系梁是厂房纵向柱列的水平连系构件,用以增加厂房的纵向刚度,承受风荷载或上部墙体的荷载,并将荷载传给纵向柱列。

7. 基础梁

基础梁承受上部墙体的重量,并把这些荷载传给基础。

8. 支撑系统构件

支撑系统构件的作用是加强结构的空间整体刚度和稳定性。它主要传递水平风荷载及吊车产生的水平刹车力。支撑构件设置在屋架之间的称为屋盖结构支撑系统,设置在纵向柱列之间的称为柱间支撑系统。

图2-3为各承重构件主要荷载的传递。

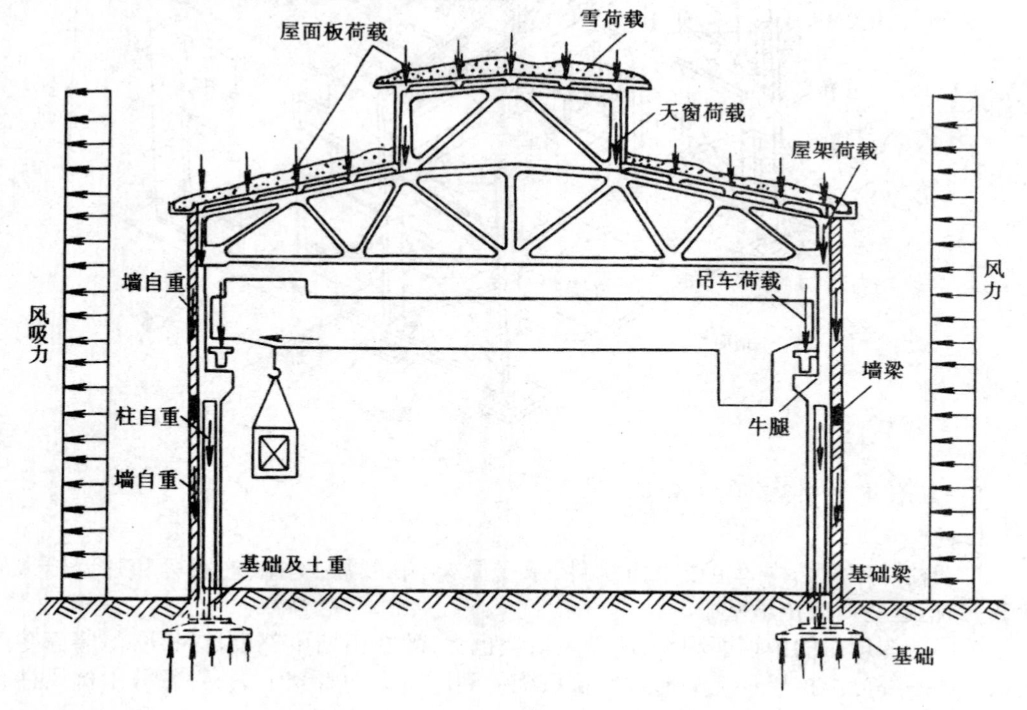

图2-3　单层工业厂房承重结构主要荷载图

（二）围护构件

1. 屋面

屋面是厂房围护构件的主要部分，受自然条件的直接影响，故必须处理好屋面的防水、排水、保温、隔热等方面的问题。

2. 外墙

厂房外墙通常采用自承重墙形式，除承受自重及风荷载外，主要起防风、防雨、保温、隔热、遮阳等作用。

3. 门窗

门主要起交通作用，窗主要起采光和通风的作用。

4. 地面

地面需满足生产使用要求，能提供良好的劳动条件。

（三）其他构件

1. 吊车梯

当在吊车上设有驾驶室时，应设置供吊车驾驶员上下使用的梯子。

2. 隔断

为满足生产使用以及便于生产管理、分隔空间所设置的。

3. 走道板

为工人检修吊车和轨道所设置的。

4. 屋面检修梯

为检修屋面的人员和消防人员设置的梯子。

此外，还有平台、作业梯、扶手、栏杆等。

第二节　建筑施工图的内容

建筑施工图根据其内容与作用可分为：总平面图、建筑平面图、建筑剖面图、建筑立面图及节点、门窗、楼梯详图等。

一、首页图

首页图包括图样目录、设计说明、门窗表、装修表以及有关的技术经济指标等。

（一）图样目录

图样目录是了解建筑设计整体情况的目录，从中可以明确图样数量及出图大小和工程号等。图样目录一般均以表格形式列出，如表 2－1 所示。

表 2－1　建筑施工图目录

序号	编号	图名	图幅	张数	备注

（二）设计说明

设计说明因工程性质、规模和内容而有很大的不同。比较复杂的工程，其设计说明往往包含很多项目。主要有：

1. 本施工图的依据

（1）批准的设计任务书、合同文号及内容；

（2）工程所在地区的自然条件，建筑场地的工程地质条件；

（3）水、暖、电、煤气等的供应情况以及交通道路条件；

（4）规划要求以及人防、防震的依据；

（5）民用建筑要提出详细的使用要求，工业建筑要提供完整的工艺图。

2. 工程设计的规模与范围

（1）规模、项目组成的内容；

（2）承担设计的范围与分工。

3. 设计指导思想

（1）国家有关法律、政策及规定；

（2）采用新技术、设备、材料和结构情况；

（3）环保、消防、用地、防震措施。

4. 技术经济指标

技术经济指标一般以表格形式列出，如表 2－2 所示。

表 2－2　技术经济指标

序号	名称	单位	数量	备注
1	用地面积	m^2		
2	建筑物占地面积	m^2		
3	构筑物占地面积	m^2		
4	露天专用堆场面积	m^2		
5	体育用地面积	m^2		
6	道路广场及停车场面积	m^2		

续表

序号	名称	单位	数量	备注
7	绿化面积	m^2		
8	总建筑面积	m^2		
9	建筑系数	%		
10	建筑容积率	%		
11	绿化系数	%		
12	单位综合指标			如:医院为 m^2/床,学校为 m^2/生

5. 门窗表

建筑物的门窗情况也以表格形式列出,如表2－3所示。

表2－3　门窗表

类别	设计编号	洞口尺寸(mm)		樘数	材料及类型	备注
门						
窗						

6. 室内装修表

室内装修部分除用文字说明外,也可以用表格形式表达,如表2－4所示。

表2－4　室内装修表

部位	楼、地面	踢脚板	墙裙	内墙面	天棚	备注
门厅						
走廊						

二、总平面图

建筑总平面图表明新建房屋所在基地范围内的总体布局。它是在建设基地的地形图上,把原有的、新建的和拟建的建筑物、构筑物以及道路、绿化等按与地形图同样比例绘制出来的平面图。一般来说,总平面图中所表达的内容主要有如下若干项。

(1)图名、比例;

(2)用图例表明的拟建建筑物、原有建筑物的总体布置,即表明各建筑物或构筑物的位置,道路、广场、绿地等的布置情况以及建筑物的层数等;

(3)建筑物、构筑物的定位及坐标;

(4)建筑物、构筑物的名称及编号;

(5)指北针、风玫瑰图;

(6)说明:设计依据、高程系统、坐标网与测量坐标网以及尺寸单位和补充图例等的相互关系。

三、建筑平面图

建筑平面图(简称"平面图")是假想用水平的剖切平面把整栋房屋在窗台上方剖开,移去上面部分后的正投影图。主要表示建筑物的平面形状、各部分的布置和组织关系,以及门窗位置、墙及柱的布置、建筑构配件的位置和大小。它是施工图中最基本的图样之一。多层建筑各层平面不同时要画出每一层的平面图,当各层平面完全相同时,则只需画出一个共同的平面图,也称标准层平面图。图上要按制图标准要求画出该层布置和各部分尺寸,图的比例一般为1:100,单元住宅可用1:50,厂房可用1:200。图中被剖切的墙轮廓线用粗实线画出,未被剖切的可见线用细实线画出。某小区住宅楼的建筑平面图如图2-4所示。

(一)定位轴线及编号

定位轴线是用来确定房屋墙、柱及其他承重构件平面位置的线,如确定开间或柱距、进深或跨度的轴线。建筑平面图在建筑物的主要承重构件的位置上均应给出它们的定位轴线,并按顺序编好序号。

在平面图中,纵向和横向轴线构成轴线网(图2-5),定位轴线用细点画线表示。纵向轴线自上而下用大写拉丁字母A、B、C编号,其中I、O、Z不使用;横向轴线由左至右用阿拉伯数字①、②、③……顺序编号。

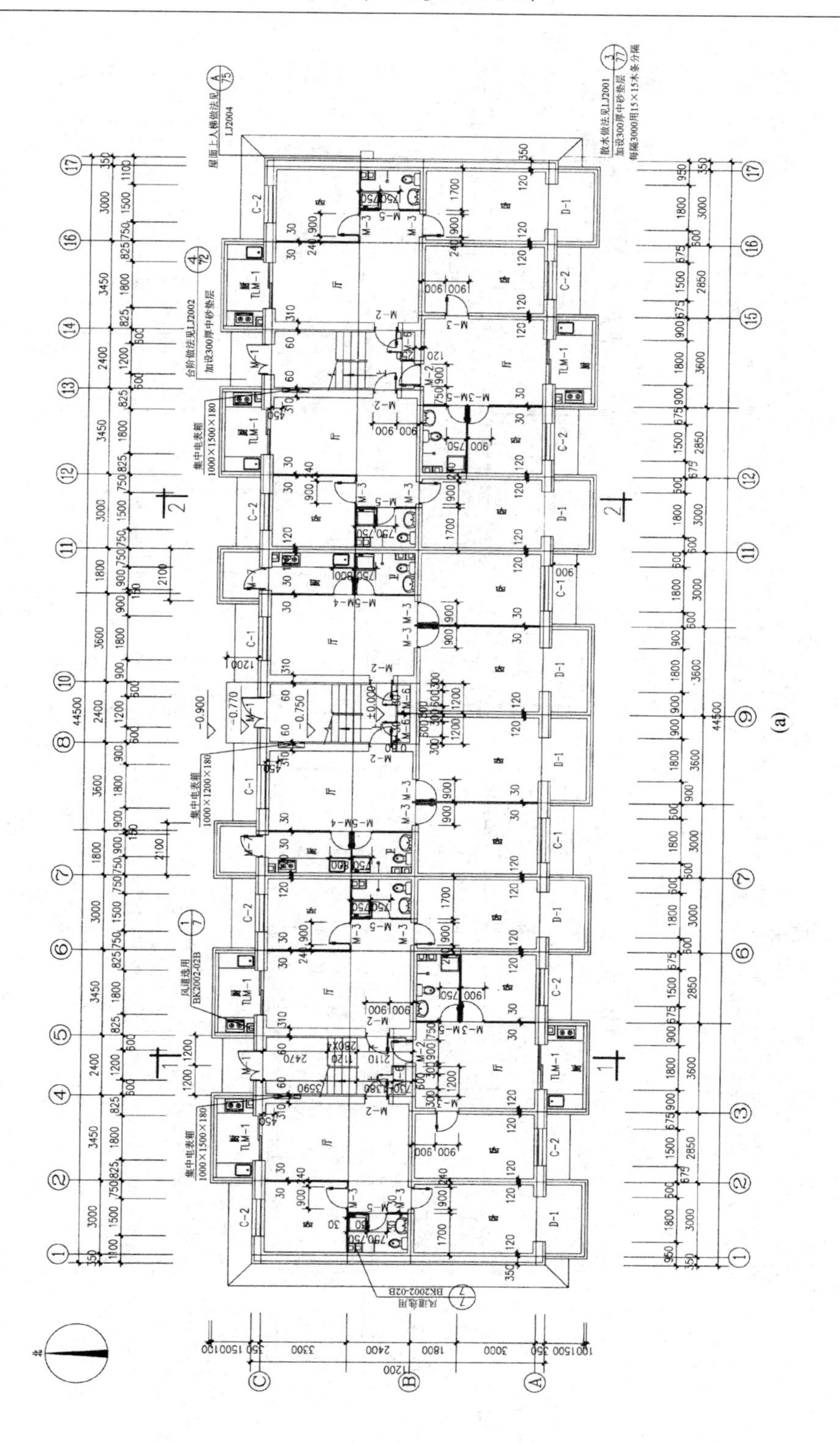

(a)

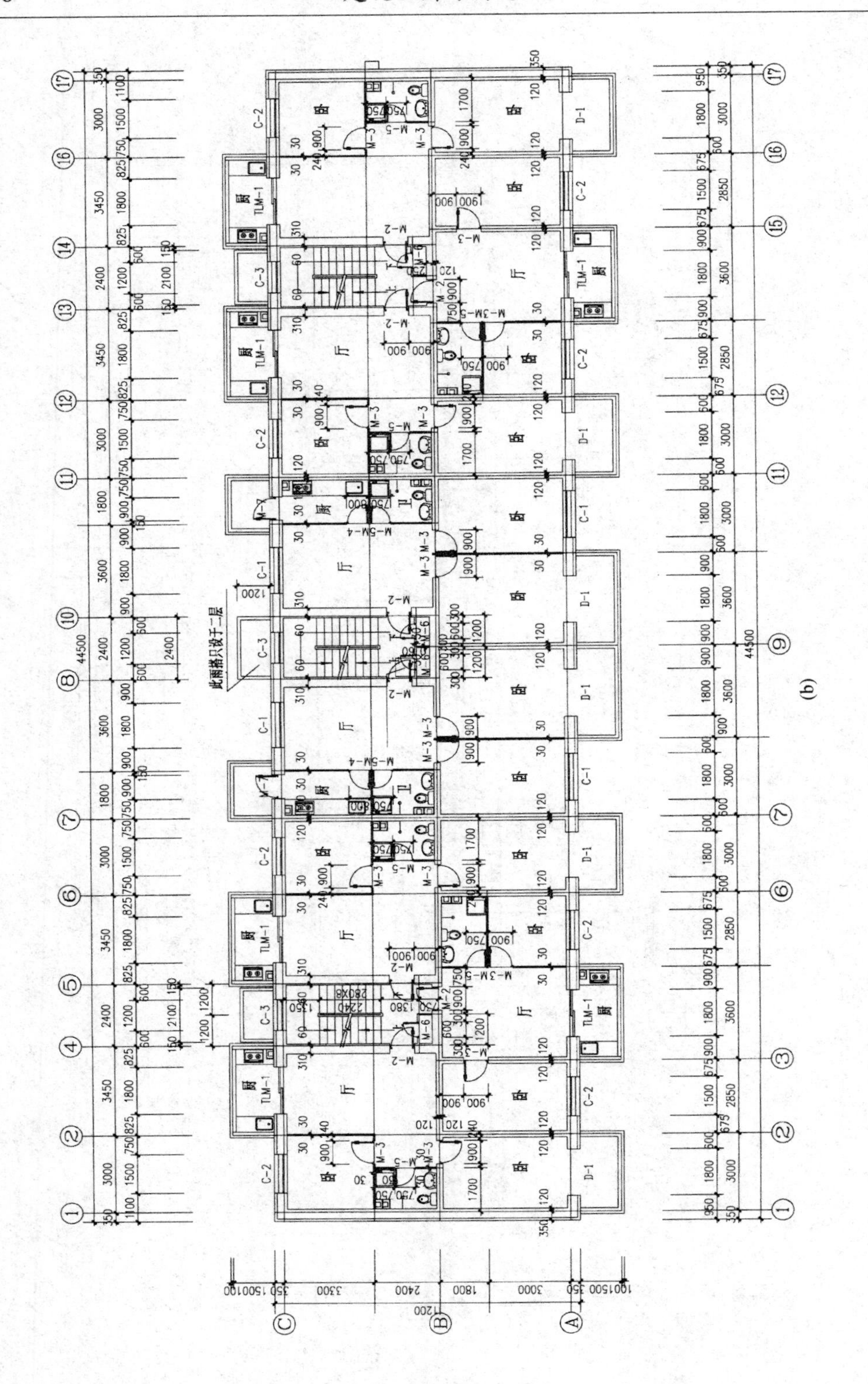

(b)

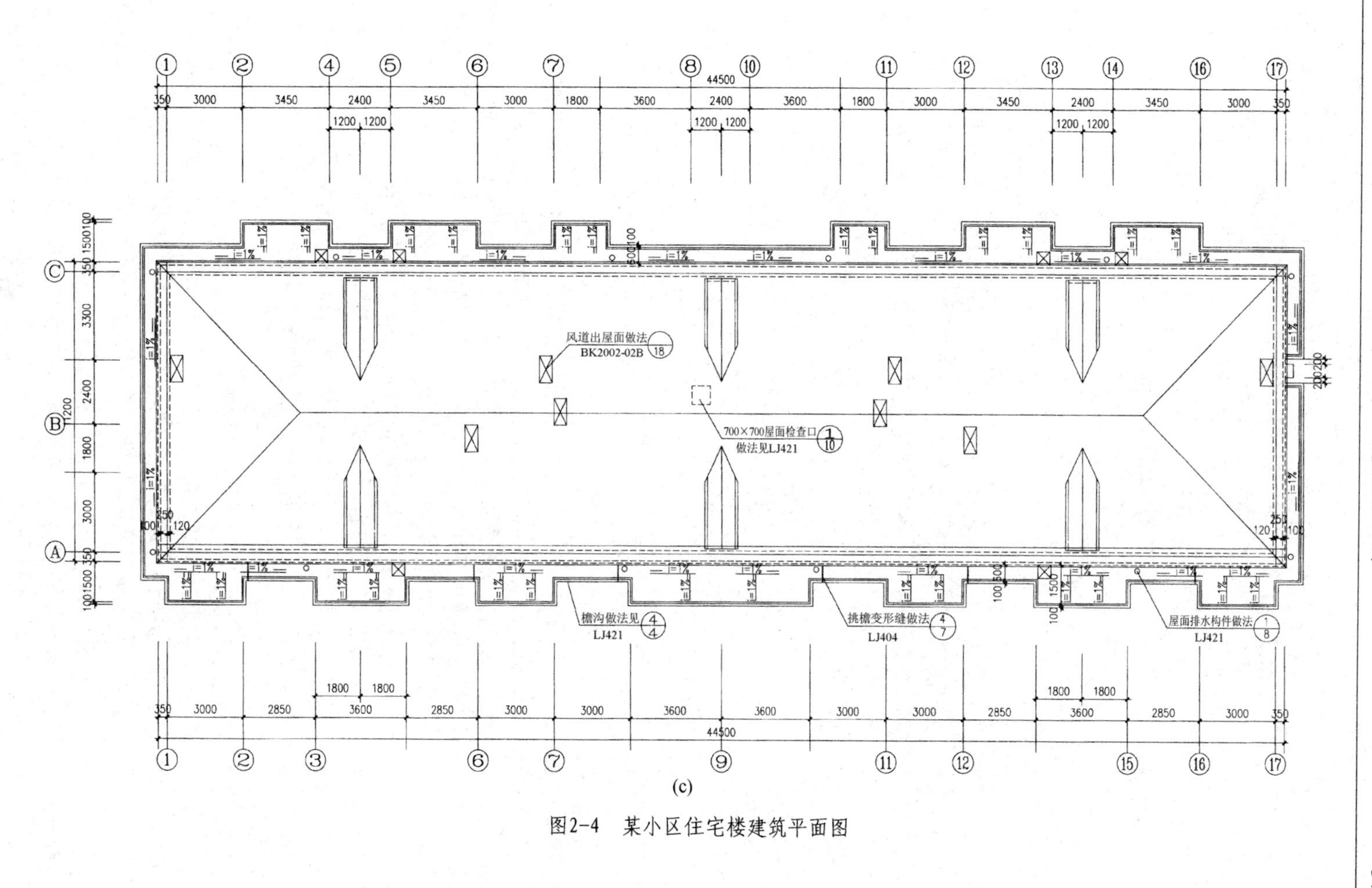

(c)

图2-4　某小区住宅楼建筑平面图

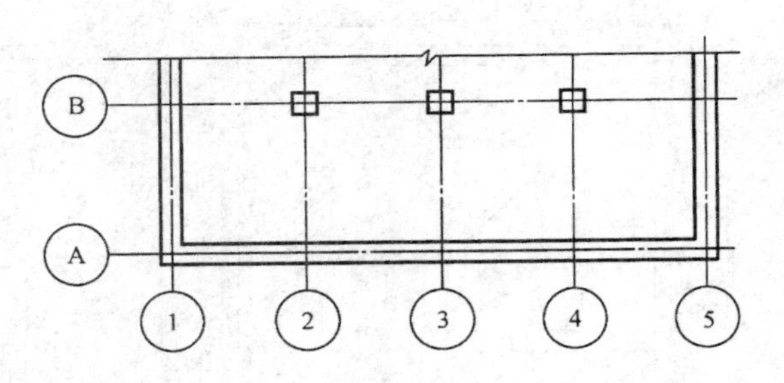

图 2－5 定位轴线

次要构件的位置，可用附加定位轴线表示。附加定位轴线号用分数标注，分母表示前一轴线的编号，分子表示附加轴线的编号。附加轴线的编号按阿拉伯数字顺序编号。图 2－6的附加轴线分别表示③轴之后的第 1 根附加轴线、B 轴之后的第 3 根附加轴线。

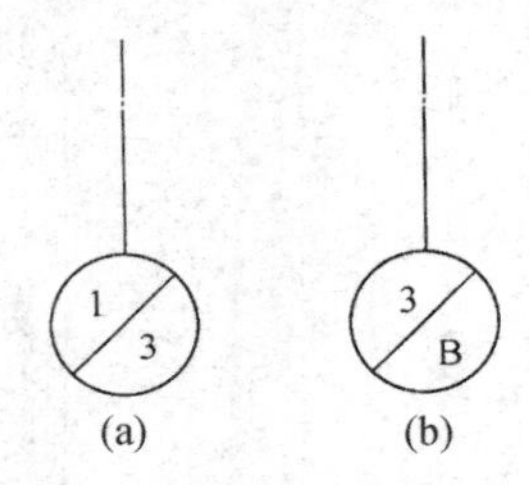

图 2－6 附加轴线

（二）建筑物的尺寸及标高

在建筑平面图中，用轴线和尺寸线表示各部分的长、宽和准确位置。平面图的外部尺寸一般分为三个层次：最外面一层是外包尺寸，表示建筑物的总长度和总宽度；中间一层是轴线间距，表示开间和进深；最里面一层是细部尺寸，表示门窗洞口、窗间墙、墙体等的详细尺寸。平面图内还标有内部尺寸，表明室内的门窗洞、孔洞、墙体及固定设备的大小和位置。首层平面图还需要标注室外台阶、花池和散水等局部尺寸。

另外，在各层平面图上还要标注楼地面标高，楼地面标高表示各层楼地面距离相对标高零点（即正负零）的高度差，一般首层地面标高为 ±0.000，单位一律为 m，不必注出单位。建筑标高包含了装饰面的厚度，比如在楼板结构层上面要做砂浆垫层、贴地砖，建筑标高就包含地砖和垫层的厚度，结构标高仅表示到混凝土楼板上表面的厚度。

（三）门窗编号

门窗需在平面图上标出其位置、开启方向、单、双层及代号等，门用 M 表示，窗用 C 表示，并采用阿拉伯数字编号，如 M1、M2、M3……，C1、C2、C3……，同一编号代表同一类型的门或窗。当采用标准图绘制门窗时，应注写标准图集编号及图号。一般情况下，在本页图纸上或前面图纸上附有一个门窗表，表明门窗的编号、名称、洞口尺寸及数量。

（四）剖切符号及索引标志

剖面图和详图中要标注出剖切符号、剖切位置与投影方向、编号、索引号。在详图中，为了详细表明房间里的一些设备如厨房、卫生间中的设备，要专门给出 1:50 的大样图。另外，一些详图则由索引标志给出其所在的图样编号。

四、建筑立面图

建筑立面图(简称"立面图")是平行于建筑物各方向外墙面的正投影图。它主要表现建筑的外貌,并表明立面装饰和屋面、门窗、阳台、雨篷、台阶等的形式、位置以及各主要部位标高。

根据建筑形体的复杂程度,建筑立面图的数量也有所不同,其一般分为正立面图、背立面图和侧立面图。反映主要出入口或房屋外貌主要特征的立面图,称为正立面图,其余的立面图相应地被称为背立面图和侧立面图。通常也按房屋的朝向来命名,如南立面图、北立面图、东立面图和西立面图等。对于平面形状复杂的建筑,还可以按轴线编号来命名。图2－7给出了某住宅楼的南立面和北立面。

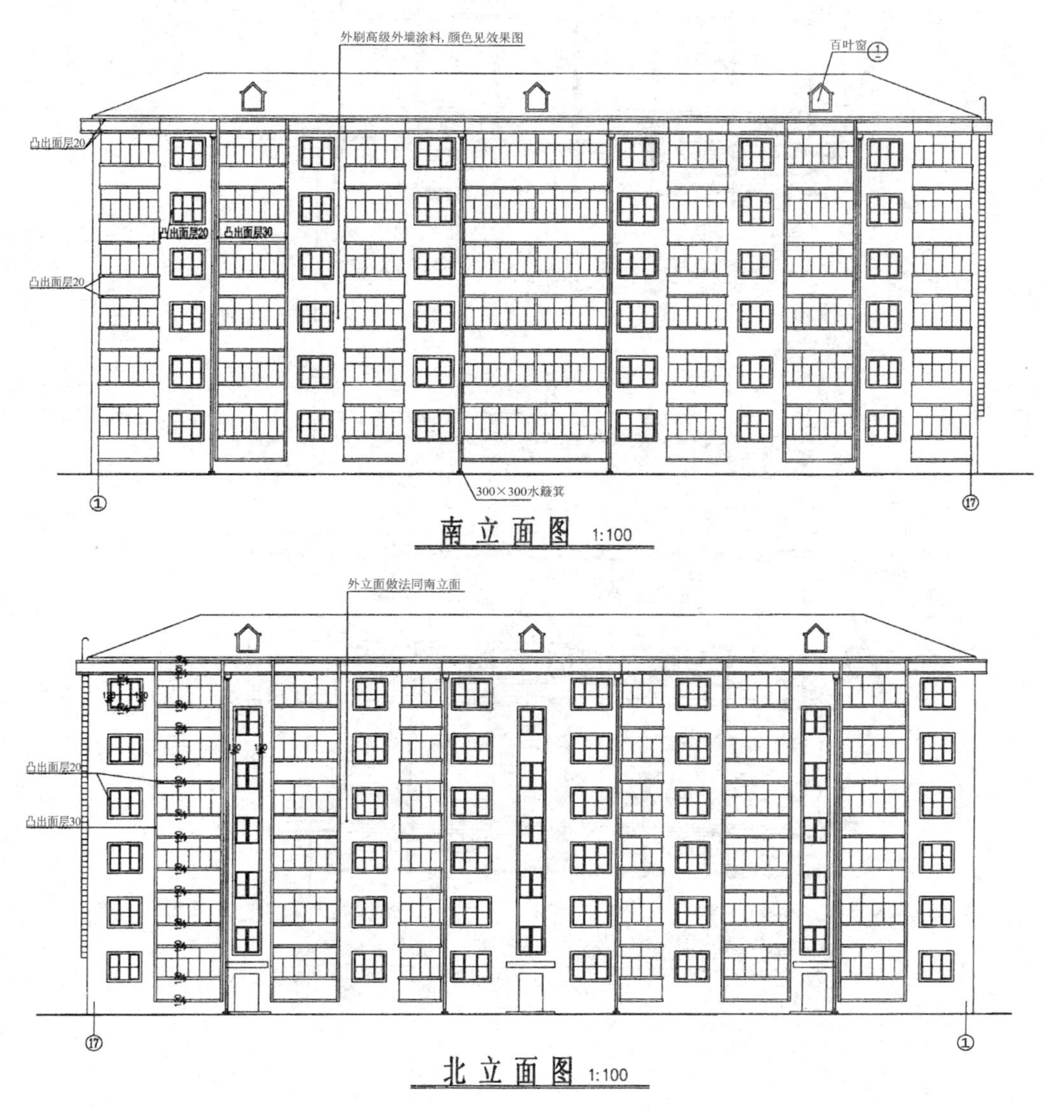

图2－7　某住宅楼的立面图

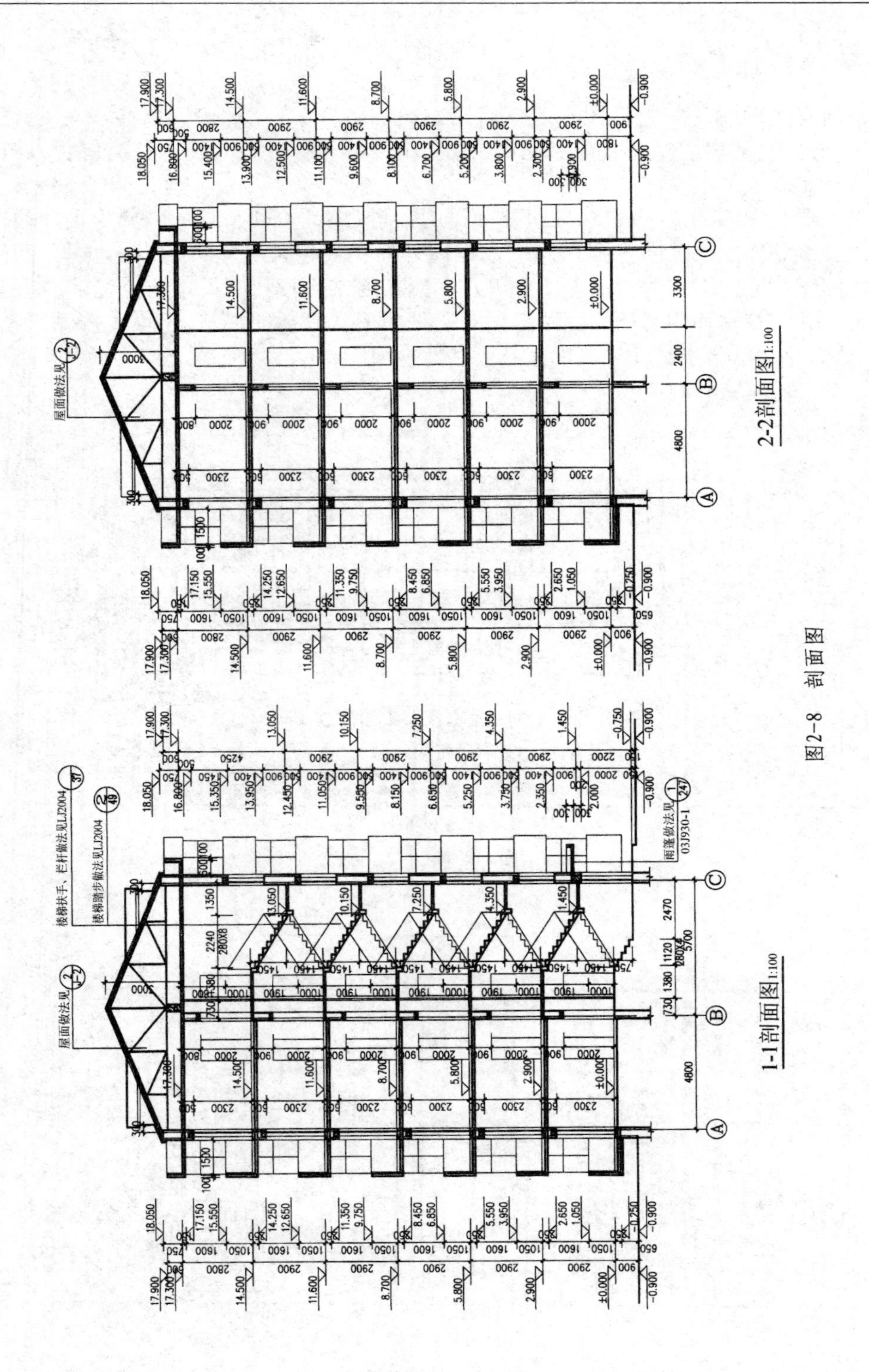
1-1剖面图1:100
2-2剖面图1:100
屋面做法见
楼梯扶手、栏杆做法见LJ2004
楼梯踏步做法见LJ2004
雨篷做法见
03J930-1

图2-8 剖面图

五、建筑剖面图

依据建筑平面图上标明的剖切位置和投影方向,假定用铅垂方向的剖切面将建筑切开后得到的正投影图即为建筑剖面图。建筑剖面图主要表示建筑在垂直方向的内部布置情况,反映建筑的结构形式、分层情况、材料做法、构造关系及建筑竖向部分的高度等。

建筑剖面图(简称“剖面图”)是与平、立面图相互配合的不可缺少的重要图样之一。剖面图的数量根据房屋的具体情况和施工实际需要而确定。剖面位置应选择在能反映房屋内部比较复杂与典型的部位,并应通过门窗洞的位置;若为多层房屋,应选择在楼梯间或层高不同、层数不同的部位。剖面图的图名应与平面图上所标注的剖切符号的编号一致。图2－8为某住宅的剖面图。

剖面图都应画到基础,但如果另有基础结构图,剖面图中可不画基础大放脚。

六、建筑详图

建筑详图(简称“详图”)是建筑细部的施工图。对一个建筑物来说,仅仅有建筑平、立、剖面图还不能进行施工,因为平、立、剖面图比例较小,建筑物的某些细部及构配件的详细构造和尺寸无法表达清楚。因此,根据施工需要,还必须有许多比例较大的图样,对建筑物细部的形状、大小、材料和做法加以补充说明,这种图样称为建筑详图。它是建筑平、立、剖面图的补充,是施工的重要依据之一。它表达了房屋的屋顶层、檐口、楼(地)面的构造、尺寸、用料及其与墙身等其他构件的关系,同时也表明了女儿墙、过梁、窗台、勒脚、明沟等的构造、细部尺寸和用料等。

为了便于检索详图,要在平、立、剖面图中用索引符号索引出详图的编号位置及节点等。详图中最重要的部分一般为墙身大样。从基础一直到屋面,包括建筑物外墙上的所有组成部分,加上相应的竖向尺寸及标高和文字说明,基本上可了解到房屋的主要构造内容。图2－9为某住宅的墙身大样图。

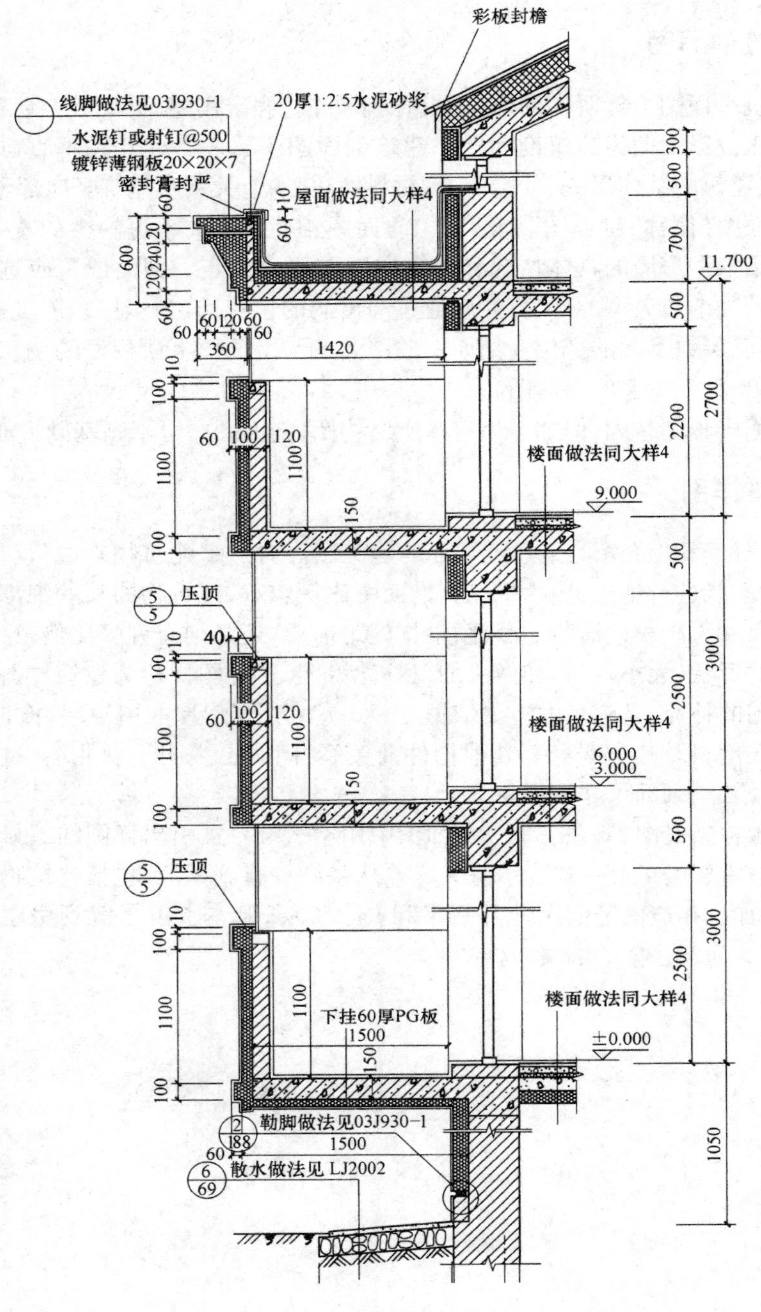

图 2-9　某住宅墙身大样图

此外，还有楼梯、门窗等的详图也要专门绘出。对于门窗，如有标准图可以选用，应首先选用标准图，不必另行绘制。详图常用的比例有 1:20、1:10、1:5。详图是各建筑部位具体构造的施工依据，所有平、立、剖面图上的具体做法和尺寸均以详图为准。

第三节 建筑施工图的识读

通过第二节关于建筑施工图的学习，已基本清楚了建筑施工图所包含的内容。本节将以图2-4、图2-7及图2-8为例，介绍建筑施工图的识读方法。

一、建筑平面图的识读

(一)先读标题栏

通过读标题栏，可以了解到工程的名称、内容、图样比例以及出图日期等。此外，还可以了解到图样的设计单位和责任者，以便有问题时找有关人员研究解决。

(二)读平面图外围形状及尺寸

平面图的外围形状包括构成外墙的结构形式及材料，纵横墙、柱的轴线布局；门窗洞口和窗间墙、柱等轴线的间距及编号；还可反映出某些承重构件的位置。轴线间距的总和加上轴线外的墙厚就是建筑物的总长、总宽尺寸。如在图2-4上可看出该小区住宅的纵向长度为44 500 mm，横向宽度为11 200 mm。

(三)读建筑物的内部组成

首先，了解内部房间的名称、用途及分隔墙的布置。对于有特殊要求的楼(电)梯间及卫生间、设备间等，还要注意它们各自的特点，如房间地面标高、做法与一般房间的差别。其次，了解各房间门的位置及开启方向和编号。还要注意内墙上的有关设施，如电表箱、消防栓等。需要特殊交代的部位，注意见索引号。剖切线位置要与剖面图联系起来识读。

建筑平面图除了外部标有三道尺寸线外，内部也在纵向和横向上标有房间的净长和净宽。

二、建筑剖面图的识读

通过剖面图可以看出建筑物的内部结构或构造形式、分层情况和各部位的联结方式及高度等。建筑物的竖向尺寸主要标注在剖面图上，如图2-8所示。

剖面图的剖切位置都选择在使读图人能够详尽了解建筑物内部比较复杂与典型的部位，并要通过门窗洞口。多层或高层建筑必须有一个剖面图表示楼梯间。剖面图可以不画基础，但楼地面的做法要标出。

三、建筑立面图的识读

建筑的立面造型是建筑物的外部形象，它通过建筑艺术给人以美感。建筑艺术在建筑物的立面塑造上主要表现在建筑物的整体比例、局部比例等一系列构图原理的运用方面。同时也鲜明反映着设计者的审美意识、设计手法及建筑材料的使用。我们要掌握建筑物的造型，首先要对以上这些内容有所了解，甚至深刻领悟。读立面图时，应重点了解以下内容：

(1)了解立面图的图名，弄清该立面在整个建筑形体中所处的位置。

(2)了解立面的各有机组成部分,其中门窗的位置及其在立面中所占的比例是应重点掌握的。轮廓线是整体形象的总体表现,也是对建筑物外形基本要求的反映。

(3)了解立面图中注出的关键部位的标高。

(4)了解立面图上所要求的外部装修做法与材料。

(5)在立面图上标出在平、剖面图上不易标出的物件如落水管、装饰块等。

以上内容可结合图 2-7 中的各个立面图,互相对照识读。

四、建筑详图的识读

凡是在平、剖、立面图中因比例关系不能清楚、全面、细致表达图样内容的部分,而且不予以交代又难以满足施工与预算要求的部分,均应在相应的详图中表达。详图必须将工程细部构造、大小、材料、做法、尺寸一一表达清楚,并严格编号,以便能通过各图中的索引号找出相应的详图。

详图的特点是比例大、尺寸齐全准确、做法说明详尽、所用材料交代清楚。其中的索引号和详图标志均应严格按制图标准和有关制图规定执行。建筑详图包括的主要图样有:外墙身详图、楼梯详图和门窗详图及厨房、浴室、卫生间详图等。

(一)外墙身剖面详图

图 2-9 为图 2-4 中 2-2 剖切处的外墙身剖面详图,也称墙身大样图,实际上是建筑剖面图的局部放大。它表达了房屋的屋面、楼板、地面和檐口,楼板与墙的连接,门窗顶、窗台、勒脚和散水等处的构造情况,并详细地标出各组成部分的细部尺寸,是施工和预算的重要依据。该图用 1:20 的比例画出。

在这张剖面图中,我们由下向上可以清楚地看到各部分的构造,包括墙身本体部分及首层地面、中间层空心楼板、屋面层构造及女儿墙等;还可以看到窗台、窗、窗过梁、挑檐以及室外散水坡的构造。在剖面图上还可看到各有关部分的细部尺寸,剖面各部位的竖向尺寸及关键部位的标高。同时还可看到该墙体的轴线及轴线号,可以明确它所在的位置。对于不太复杂的建筑物,选择一两个墙身剖面图就可以表明整个建筑物外围结构的构造了。再加上诸如楼梯详图、门窗详图以及一些其他构件的详图,就可以满足施工要求了。

(二)楼梯详图

楼梯是多层与高层建筑上下交通与疏散的基本设施,它要保证交通顺畅、疏散快捷、坚固和耐用。楼梯的构造较为复杂,需要有详图专门说明。详图主要表示楼梯的类型、结构、楼梯间各部位的尺寸及装修做法,它也是施工放样的主要依据。楼梯详图一般包括楼梯平面图、楼梯剖面图及栏杆或栏板、扶手、踏步大样图等图样。上述图样最好画在同一张图上,并用同一比例以便对照。踏步和扶手的比例要大些,便于表达有关细节的构造。

(三)门窗详图

门窗详图一般用其立面图、剖面图和节点详图以及图表和文字说明等来表示。一般情况下,门窗都有各种不同的标准图,可供设计人员选用,可以不必再画这类详图,只要说明该详图所在标准图中的编号就可以了,本书不再赘述。

门窗的构造根据选用材料的不同而有很大区别,如木制、钢制、塑钢和铝合金门窗等。由于门窗的生产已实现工厂化,所以房屋设计者只要给出门窗洞口尺寸和对门窗的有关技术要求就可以了。

第四节　工业厂房识图举例

工业厂房建筑施工图的图示原理和读图方法与民用建筑施工图基本相同。但由于工业厂房是根据生产工艺要求建造的，所以在施工图中所用的某些表达方法和符号与民用建筑不完全相同。在工业厂房中，往往都设有吊车，由此而产生的许多问题是民用建筑中所没有的。在工业厂房中，一般以单层厂房居多，多层厂房大多用在轻工和化工企业中。

本书选用的是某工厂的厂房建筑施工图，如图 2－10、图 2－11、图 2－12、图 2－13 所示。车间为单层，生活间为两层。厂房屋面采用梯形钢屋架和 300 mm 厚大型屋面板。厂房设有天窗和 10 t 桥式吊车。除了平、剖、立面图之外，图中还画出了生活间与车间相连处的沉降缝大样图以及车间外墙与吊车承重柱间的结构，如图 2－10 所示。在本实例中主要识读平、剖、立面图。

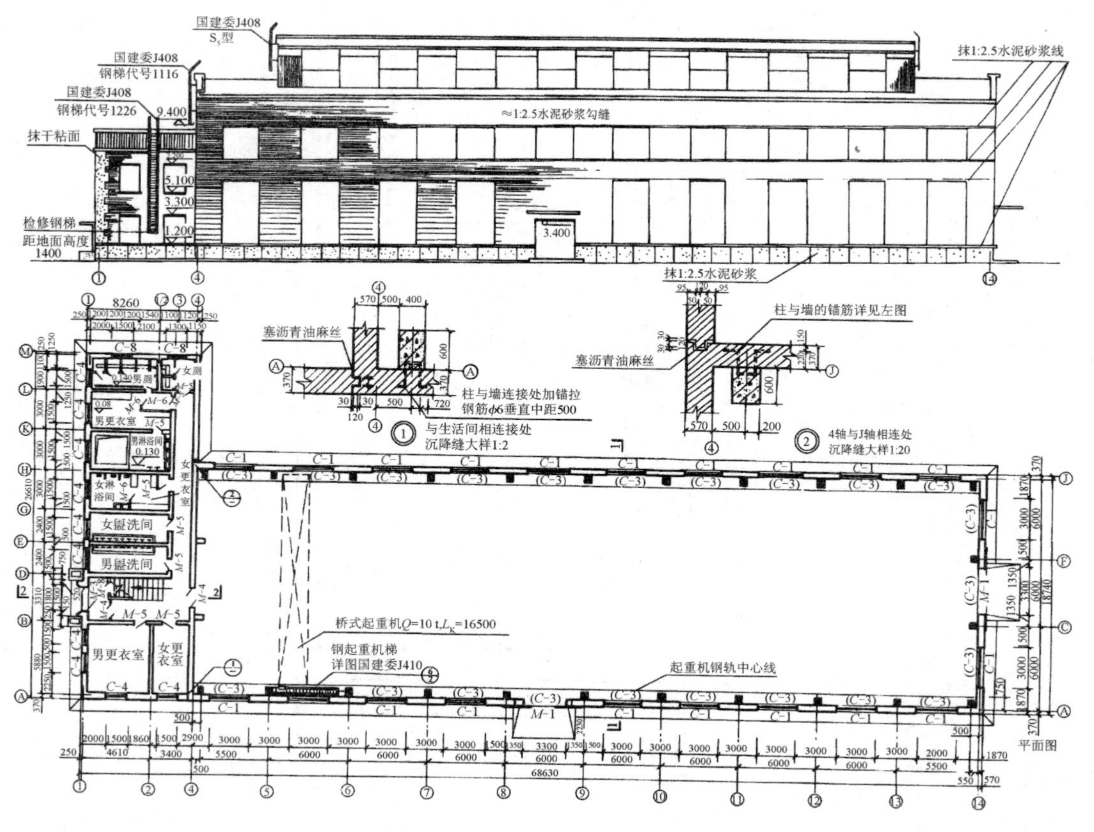

图 2－10　厂房平、剖、立面图

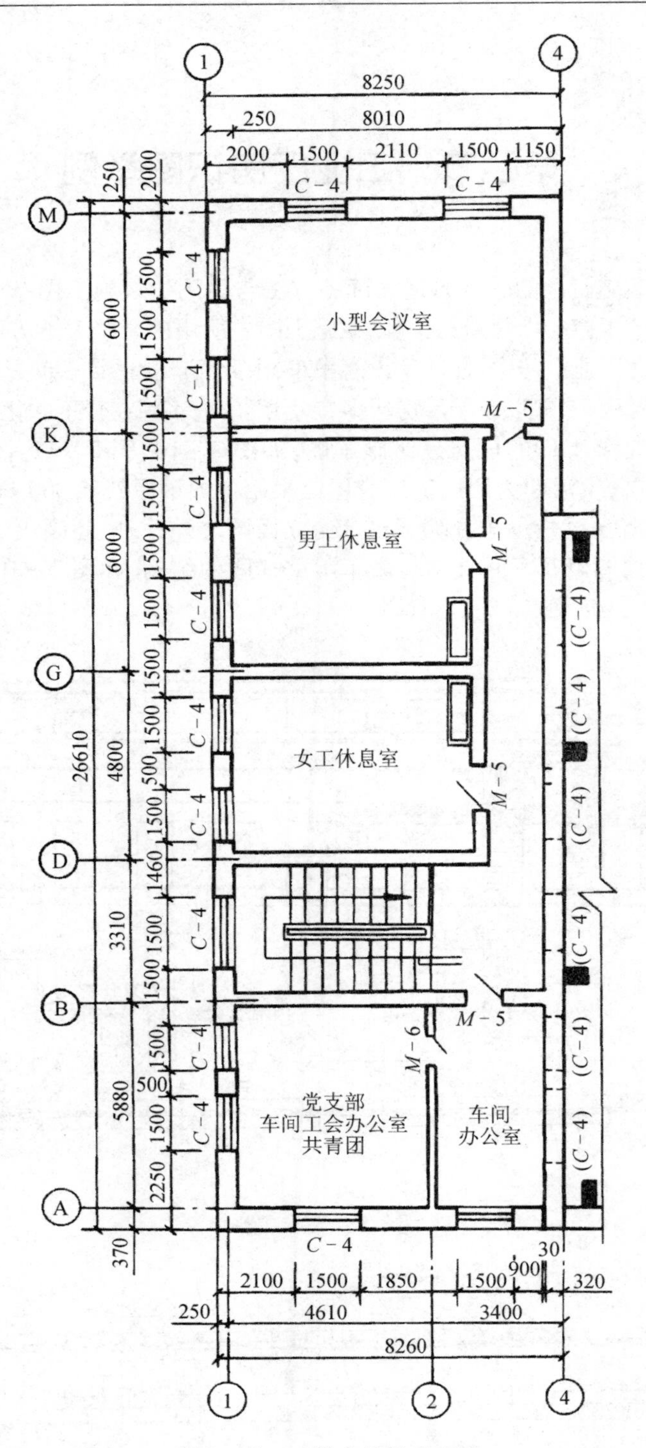

图2-11　二层生活间平面图

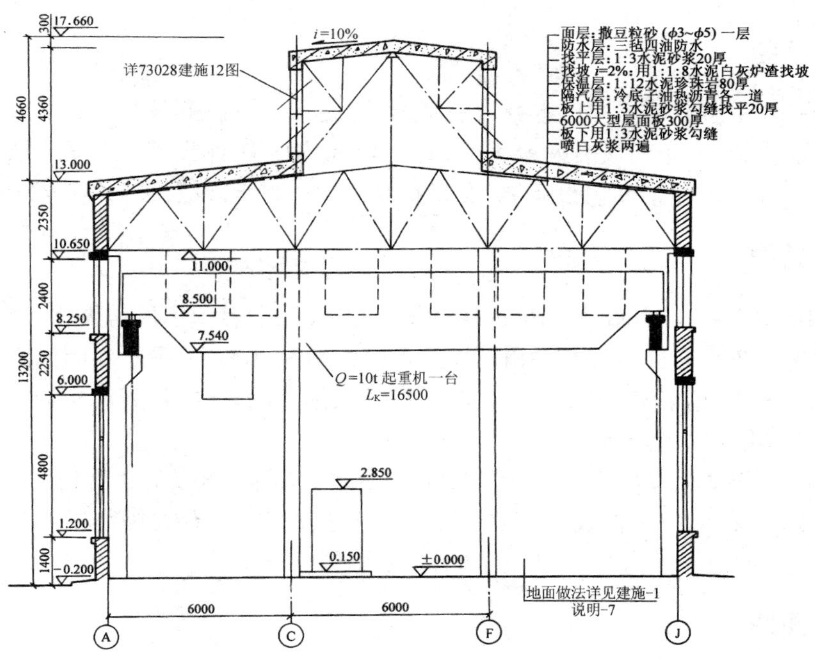

图 2-12　厂房 1-1 剖面图

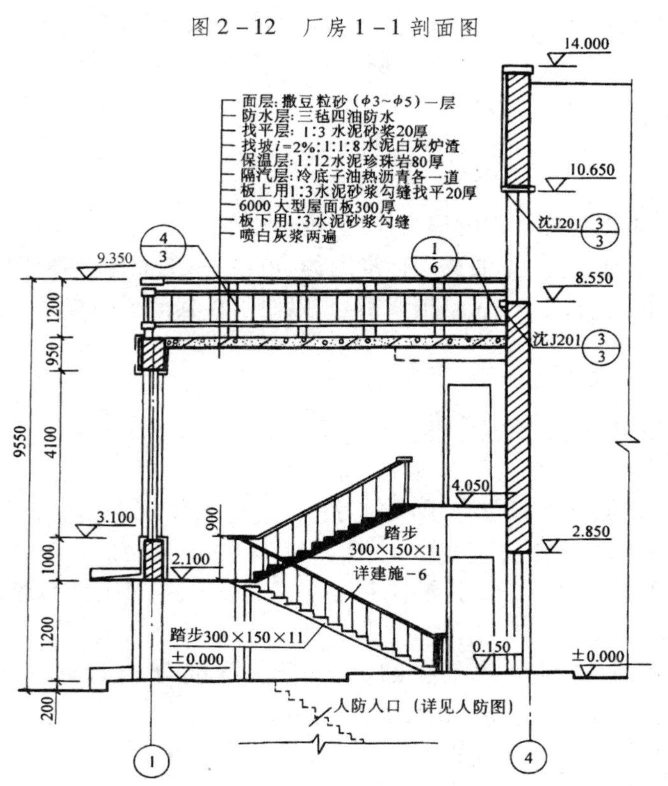

图 2-13　生活间剖面图

一、平面图

从图2－10中可以读出厂房本身为一字形,跨度为18 m,柱距为6 m,长为60 m,在其一侧为二层生活间,车间设有两个大门,每个柱间均设有上下两排采光通风窗。内设桥式10 t吊车一台。生活间内设有男、女更衣室、浴池、厕所,以及去二楼的楼梯间。

二、剖面图

图2－10中1－1剖切位置的剖面图为图2－12,图中表示了厂房屋面、屋架、天窗、侧窗、墙、柱等构件。车间内标高注出了屋架底面标高11.000 m,吊车底面标高7.540 m。图中还可以清楚看到钢筋混凝土柱的牛腿、吊车梁、吊车的轮廓线、天窗构造以及屋面构造层次、材料和做法。

图2－13是图2－10中2－2剖切位置的剖面图,从图中可以清楚看到楼梯间楼梯的剖切情况与踏步设置及尺寸,还可以看到高低跨连接的关系、有关标高以及生活间屋面构造等。

三、立面图

图2－10表明此立面为①～⑭立面。立面上清楚看到上、下两排窗,一个大门和生活间的两层侧立面。车间墙上可看到天窗、屋脊及检修钢梯,室外装修以及各部位的标高和相应的尺寸。

四、节点图

节点在图纸中常以局部剖面的形式体现,重点交代尺寸、构造、材质等具体细节。大多数节点有标准图可供选用;不便选用标准图的,可在平、剖面图上适当位置画上有关节点;不便画在平、剖面图上的详图,给出索引号,以便于在其他图中查找。

思考题

一、填空题

1. 建筑施工图是用于指导________的一套图纸,它一般由________的专业人员进行设计绘图。

2. 建筑施工图根据其内容与作用可分为:________、建筑平面图、建筑剖面图、建筑立面图及________、门窗、________等。

3. 建筑施工图的首页图包括图样目录、________、门窗表、装修表以及有关的________等。

4. 建筑平面图主要表示建筑物的________、各部分的布置和组织关系,以及________、墙及柱的布置、________的位置和大小。

5. 建筑立面图主要表现建筑的________、________,并表明________和屋面、门窗、阳台、雨篷、台阶等的形式、位置以及________。

6. 建筑立面图一般分为________、背立面图和________。

7. 建筑剖面图主要反映建筑的________、________、材料做法、________及建筑竖向部分的高度等。

8. 建筑详图包括的主要图样有:________、________和________及厨房、浴室、卫生间详图等。

9. 通过读标题栏,可以了解到工程的________、内容、________以及出图日期等。

10. 建筑平面图除了外部标有三道尺寸线外,内部也在纵向和横向上标有房间的________和________。

二、简答题

1. 建筑施工图主要有哪些内容?

2. 试述建筑平面图中通常包括哪些内容?

3. 建筑平面图中,建筑物的尺寸标注有哪些要求?

4. 建筑剖面图是怎样形成的? 它与建筑平面图有何关系?

5. 工业厂房的建筑施工图有何特点?

第三章　结构施工图

第一节　概述

一、结构施工图概述

结构施工图主要表达结构设计的内容,即根据建筑的要求,经过结构选型和构件布置以及力学计算,确定建筑各承重构件的形状、材料、大小和内部构造等,把这些构件的位置、形状、大小和连接方式绘制成图样指导施工,这种图样称为结构施工图。结构施工图必须密切与建筑施工图互相配合。建筑施工图标注平面尺寸、布局及门窗位置等,而结构施工图则标注混凝土配合比及钢筋型号等。

结构施工图的图形表示方法分为两类:传统表示方法和平面整体表示方法(简称“平法”)。现在平法设计已经广泛用于施工设计中,故本书中结构施工图的民用部分均以平法方式给出。

房屋承重构件的质量好坏直接影响房屋的质量和使用寿命,在阅读结构施工图时必须认真仔细地看清记牢图样上的尺寸、混凝土的强度等级等。如出现建筑施工图与结构施工图相矛盾时,一般要以结构施工图为准修改建筑施工图。

二、结构施工图的内容

结构施工图一般由基础结构图、上部结构布置图和结构详图组成。不同类型的结构,其结构施工图的具体内容与表达也各有不同,对于民用建筑的混合结构,结构施工图主要包括墙体、楼板、梁和圈梁、门窗过梁、柱子、楼梯、基础等。对于工业厂房,结构施工图主要包括柱子、墙梁、吊车梁、屋架、屋面结构、基础等。结构施工图一般包括下列三个方面的内容。

(一)结构设计说明

(1)本工程结构设计的主要依据;

(2)设计标高所对应的绝对标高值;

(3)建筑结构的安全等级和设计使用年限;

(4)建筑场地的地震基本烈度、场地类别、地基土的液化等级、建筑抗震设防类别、抗震设防烈度和混凝土结构的抗震等级;

(5)所选用结构材料的品种、规格、型号、性能、强度等级、受力钢筋保护层厚度、钢筋的锚固长度、搭接长度及接长方法;

(6)所采用的通用做法的标准图图集;

(7)施工应遵循的施工规范和注意事项。

(二)结构平面布置图

1. 基础平面图

采用桩基础时,还应包括桩位平面图,工业建筑还应包括设备基础布置图。

2. 楼层结构平面布置图

工业建筑还应包括柱网、吊车梁、柱间支撑、连系梁布置等。

3. 屋顶结构布置图

工业建筑还应包括屋面板、天沟板、屋架、天窗架及支撑系统布置等。

(三)构件详图

(1)梁、板、柱及基础结构详图;

(2)楼梯、电梯结构详图;

(3)屋架结构详图;

(4)其他详图,如支撑、预埋件、连接件等的详图。

三、钢筋混凝土构件简介

(一)钢筋混凝土构件的组成

钢筋混凝土构件是由配置受力的普通钢筋、钢筋网或钢筋骨架和混凝土制成的结构构件。它由钢筋和混凝土两种材料组合而成。混凝土由水泥、砂、石子和水按一定比例拌和,经凝结硬化而成。混凝土具有较高的抗压强度,普通混凝土的强度等级分为C7.5、C15、C20、C25、C30、C35、C40、C45、C50、C55和C60等,数字越大,表示混凝土抗压强度越高。但混凝土的抗拉强度却很低,一般仅为抗压强度的1/20~1/10,在受拉时容易发生断裂。钢筋不但具有良好的抗拉强度,而且与混凝土有良好的黏合力。因此,为提高混凝土构件的抗拉能力,常在构件受拉区域内加一定数量的钢筋,使两者结合,组成钢筋混凝土构件,这种配有钢筋的混凝土称为钢筋混凝土。图3-1为支承在两端砖墙上的钢筋混凝土简支梁,将必要数量的纵向钢筋均匀放置在梁的底部与混凝土浇筑结合在一起,梁在均布荷载的作用下产生弯曲变形,上部为受压区,由混凝土承受压力,下部为受拉区,由钢筋承受拉力。

常见的钢筋混凝土构件有梁、板、柱、基础、楼梯等。为了提高构件的抗拉和抗裂性能,还可制成预应力钢筋混凝土构件。钢筋混凝土构件有现浇和预制两种。现浇指在建筑工地现场浇制;预制指在预制品工厂先浇制好,然后运到工地进行吊装,有的预制构件

（如厂房的柱或梁）也可在工地上预制，然后吊装。

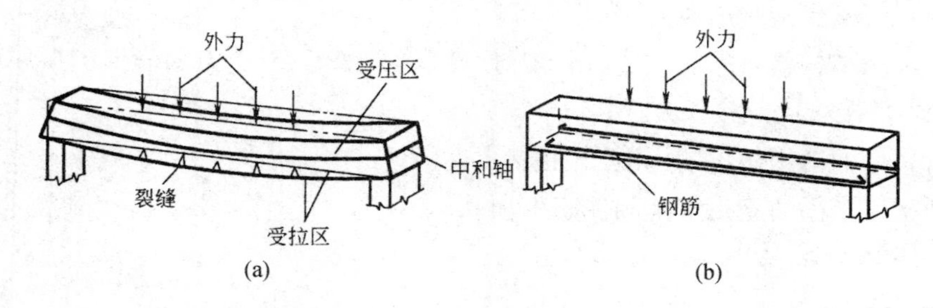

图 3－1　钢筋混凝土简支梁受力示意图

（二）配筋的名称和作用

配置在钢筋混凝土构件中的钢筋，按其作用的不同可分为下列几种，如图 3－2 所示。

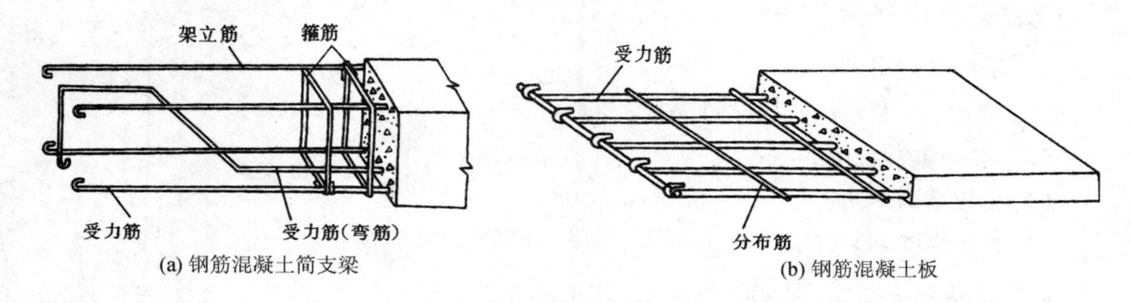

图 3－2　钢筋混凝土简支梁、板配筋示意图

1. 受力筋

承受拉、压应力的钢筋为受力筋，它又分为直筋和弯筋两种；

2. 架立筋

用以固定梁内受力筋和箍筋的位置，构成梁内钢筋骨架；

3. 箍筋（钢箍）

其作用是固定受力筋的位置，并且承受部分斜拉应力，一般多用于梁和柱内；

4. 分布筋

用于板内，与板的受力筋垂直，形成整体受力；

5. 其他钢筋

因构件构造要求或施工安装需要而配置的构造筋，如腰筋、预埋锚固筋、吊环等。

（三）钢筋保护层及弯钩

钢筋混凝土构件的钢筋不能外露，为了保护钢筋，防蚀防火，加强钢筋和混凝土的黏结力，在钢筋的外边缘与构件表面之间应留有一定厚度的保护层，详细规定见表 3－1。

表 3－1　钢筋混凝土构件的保护层　（单位：mm）

钢筋	构件种类		保护层厚度
受力筋	板	断面厚度≤100	10
		断面厚度＞100	15
	梁和柱		25
	基础	有垫层	35
		无垫层	70
箍筋	梁和柱		15
分布筋	板		10

如果受力筋用光圆钢筋，则两端要有弯钩，以加强钢筋与混凝土的黏结力，避免钢筋在受拉时滑动。带肋钢筋与混凝土黏结力强，两端不必有弯钩。钢筋端部的弯钩常用两种形式，如图 3－3 所示，其中图（a）是受力筋的弯钩；图（b）是常用箍筋的弯钩简化画法。

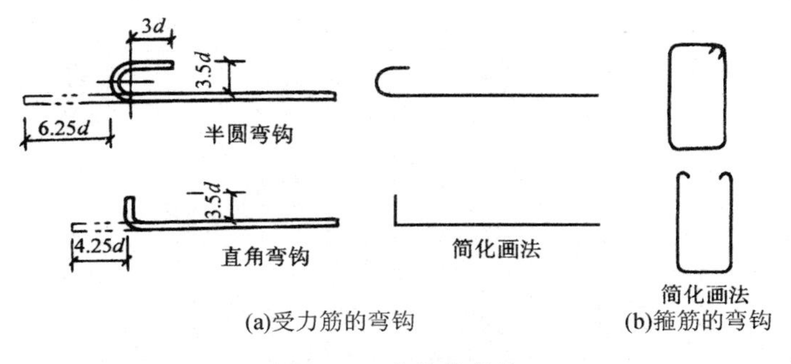

图 3－3　箍筋的弯钩

（四）钢筋种类、级别和代号

热轧钢筋是建筑工程中用量最大的钢筋，主要用于钢筋混凝土配筋和预应力混凝土配筋。钢筋有光圆钢筋和带肋钢筋，热轧光圆钢筋的牌号为 HPB235；常用带肋钢筋的牌号有 HRB335、HRB400、RRB400 几种。普通钢筋的强度、代号及规格详见表 3－2。对于预应力构件中常用的钢绞线、钢丝等可查阅有关的资料，此处不再细述。

表 3－2　普通钢筋的强度、代号及规格

种类		符号	d(mm)	f_{yk}(MPa)
钢筋	HPB235	ϕ	8～20	235
	HRB335	ϕ	6～50	335
	HRB400	ϕ	6～50	400
	RRB400	ϕ^R	8～40	400

（五）常用构件的代号

在结构施工图中，为便于简明扼要地表示梁、板、柱等钢筋混凝土构件，需用代号标注，常用的构件代号见表3－3。

表3－3　常用构件代号

名称	代号	名称	代号	名称	代号
板	B	吊车梁	DL	基础	J
屋面板	WB	圈梁	QL	设备基础	SJ
空心板	KB	过梁	GL	桩	ZH
槽形板	CB	连系梁	LL	柱间支撑	ZC
折板	ZB	基础梁	JL	垂直支撑	CC
密肋板	MB	楼梯梁	TL	水平支撑	SC
楼梯板	TB	檩条	LT	梯	T
盖板或沟盖板	GB	屋架	WJ	雨篷	YP
挡雨板或檐口板	YB	托架	TJ	阳台	YT
吊车安全走道板	DB	天窗架	CJ	梁垫	LD
墙板	QB	框架	KJ	预埋件	M
天沟板	TGB	刚架	GJ	天窗端壁	TD
梁	L	支架	ZJ	钢筋网	W
屋面梁	WL	柱	Z	钢筋骨架	G

第二节　基础结构施工图

一、基础结构施工图

基础是房屋的地下承重部分，它把房屋的各种荷载传递给地基。基础的构造形式很多，使用的材料也各不相同。基础的构造形式主要与上部的构造形式有关，如墙下多采用条形基础，柱下多采用独立基础。基础结构施工图主要包括基础平面图和基础详图。

（一）基础平面图

基础平面图是表示基槽未回填土时基础平面布置的图样。主要内容有基础的平面布置、所属轴线位置、基础底部的宽度、基础上预留的孔洞、构件、管沟位置以及墙、柱与轴线的关系等，为施工放线、开挖基槽或基坑和砌筑基础提供依据。

（二）基础详图（基础剖面图）

假想用剖切平面垂直剖切基础，则按一定比例画出的基础剖面图就称为基础详图。

基础详图主要表示基础的形状、构造、材料、基础埋置深度和截面尺寸，还能表示室内外地面、防潮层位置、所属轴线、基底标高、设置垫层的尺寸等。如为钢筋混凝土柔性基础，还要有基础配筋图和台阶尺寸。当基础中有各种管线出入洞口时，其大小和位置除在基础平面图中标出外，在基础详图中也要详细标出。

由于房屋各部分的基础受力情况和构造要求不同，基础的宽度、埋置深度和截面形式也不相同。因此，在基础平面图中，凡是基础截面形状、埋置深度和宽度不同的部位都要分别画出其截面详图，当基础构造相同仅部分尺寸不同时，也可用一个详图表示，但需标出不同部分的尺寸，对于一般无变化墙体的基础，往往只将中间某一平面剖开画详图即可。基础断面图的边线一般用粗实线画出，断面内应画出材料图例。若是钢筋混凝土基础，则只画出配筋情况，不画出材料图例。

二、基础结构施工图的识读

（一）砖混结构的条形基础施工图

1. 基础平面图

如图 3 -4 所示为某小区住宅楼的基础平面图。从图中可以看到该房屋的基础属条形基础，并可看到房屋的轴线位置。轴线两侧的粗实线是墙边线，细实线是基础外边线。以①轴线为例，图中标注出基础的宽度为 1 200 mm，墙厚是 490 mm，墙的定位尺寸分别为 370 mm 和 120 mm，基础的定位尺寸分别为 565 mm 和 535 mm，轴线位置偏中。

每一种不同的基础，都要画出它的剖面图，并在基础平面图上用 1 -1、2 -2、3 -3 等剖切线表明这个部位的剖面位置，并对不同的基础画出它的剖面详图。

2. 基础详图

图 3 -5 是条形基础平面图中的 1 -1 剖面、2 -2 剖面及 3 -3 剖面的条形基础详图。从基础详图中可以看出，基础是用砖砌筑的。1 -1 剖面详图是外墙基础剖面图，为阶梯形，有 7 个台阶，基础宽度为 1 100 mm，从槽边线收退，收退 7 次退到正墙，外墙基础的底面标高为 -3.600 m，基础是偏中的。2 -2 剖面详图是内墙基础剖面图，也为阶梯形，有 9 个台阶，基础宽度为 1 300 mm，从槽边线收退 9 次退到 240 mm 正墙，基础的底面标高为 -3.600 m。在内外墙基础上面均设有钢筋混凝土圈梁，圈梁上面是墙身。室内地面标高为 ±0.000 m，防潮层设在室内地面下 60 m 处。

把基础平面图和基础详图结合起来看，就可以反映整个条形基础的全貌。看图后应记住轴线条数、位置、编号及标高情况等。还要记住砖墙的厚度、基础台阶的收退、孔洞预留位置等。

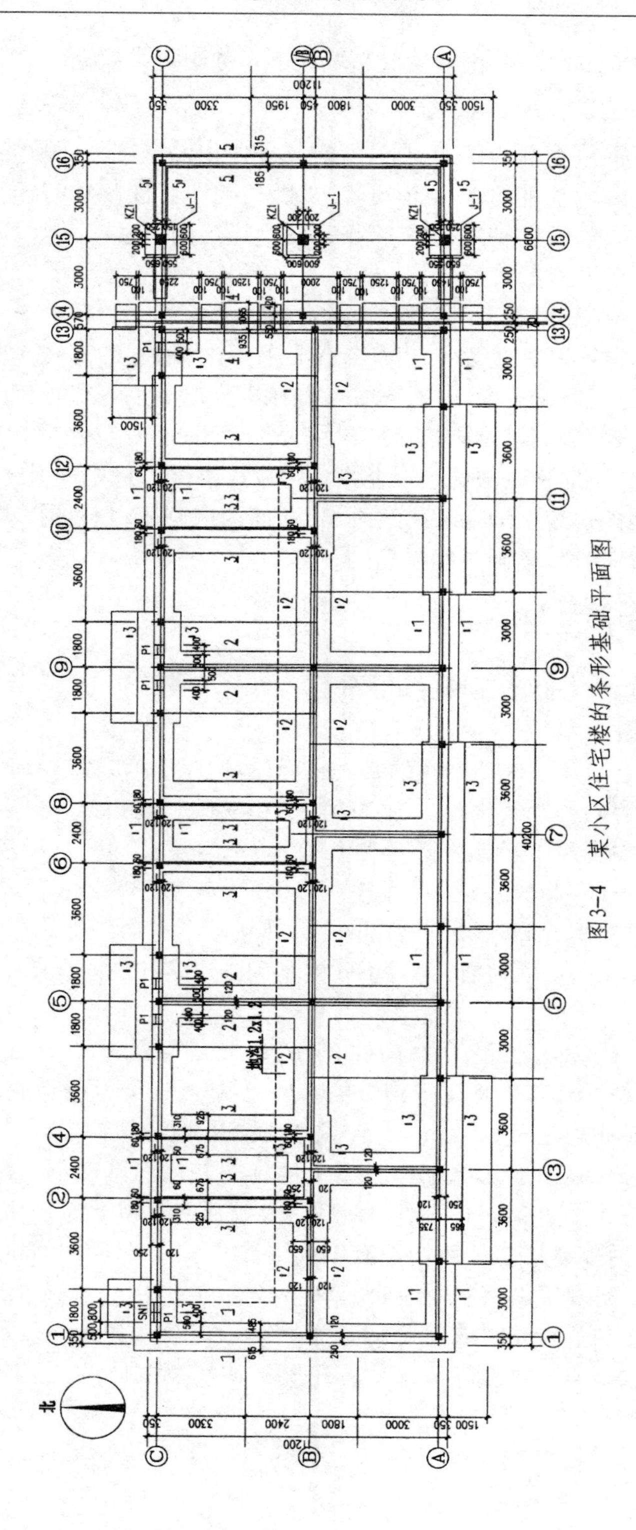

图3-4　某小区住宅楼的条形基础平面图

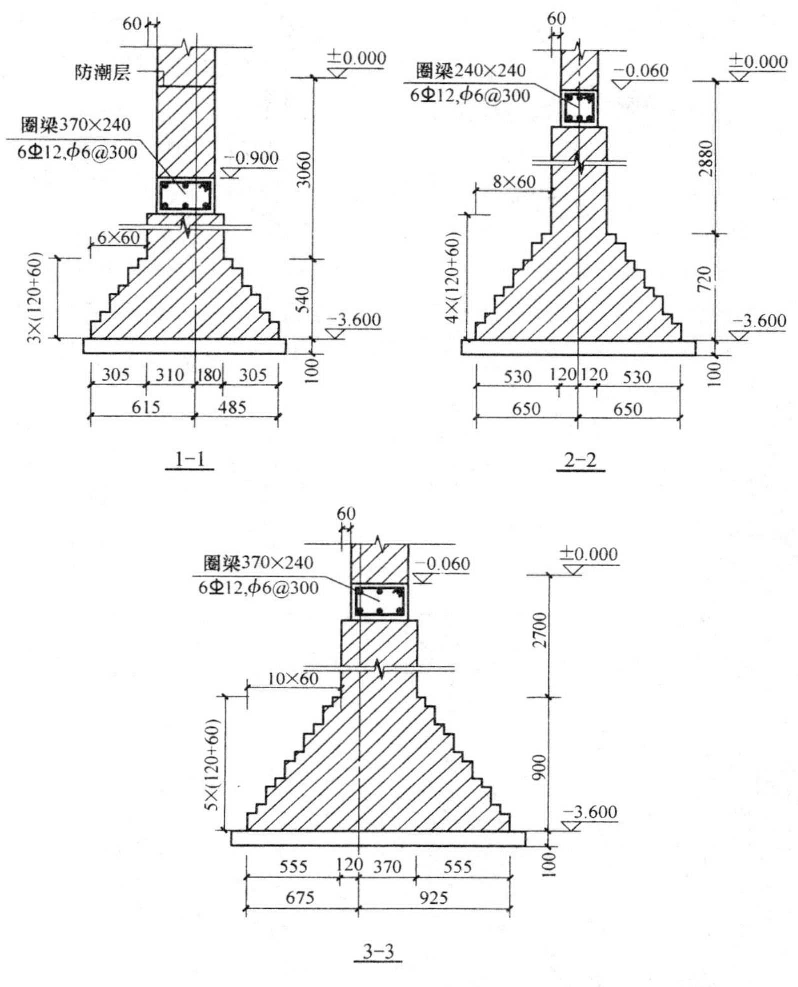

图3－5　某小区住宅楼的条形基础详图

(二)单层厂房的柱子基础图

1. 基础平面图

图3－6为某单层厂房基础平面图。从图中可以看到基础轴线的布置、不同类型基础的编号、基础梁的布置和编号等。图中轴线距离(即柱距)为6 000 mm。分别用J－1、J－2等表示不同的柱基础,用JL－1、JL－2等表示不同的基础梁。还可以看到门口处无基础梁,而是在相邻基础上多出一块作为门框柱的基础。厂房的基础平面图比较简单,一般管道等孔洞是没有的,因为管道大多由基础梁下部通过,所以没有砖石基础那种留孔要求。看图时应记住平面尺寸、轴线位置、基础编号、基础梁编号等,从而查看相应的施工详图。

2. 柱子基础图

我们将上面(图3－4)的平面图中的J－1基础选出绘成详图。该详图由平面图(俯视图)和剖面图组成,它全面反映了柱基础的具体构造,如图3-7所示。从图中可以看到柱基础的平面尺寸长为3 400 mm,宽为2 400 mm。基础上、下中心线与轴线Ⓐ偏离400 mm,左右中心线与轴线重合。基础退台尺寸左、右相同,均为625 mm;上、下不同,一边为1 025 mm,一边为825 mm。退台杯口顶部外围尺寸为1 150 mm×1 550 mm,杯口上口为550 mm×950 mm,下口为500 mm×900 mm。从波浪线剖切处可以看出配筋构造为ϕ12@200网状配筋。图上还有A-A剖切线可看到剖面图形,从剖面图上可看出柱基础的埋置深度是-1.600 m,基础下部有厚100 mm的C15混凝土垫层,垫层每边比基础宽出100 mm。基础的总高度为1 000 mm,基础底部厚250 mm,斜台高350 mm,它的杯口颈高为400 mm。图上剖切出的钢筋,虽然均为Ⅱ级钢筋,直径为12 mm,但由于长度不同,所以编成①、②两个编号。

把剖面图和平面图结合起来看,就可以了解整个柱子基础的全貌了。其他柱子的构造基本相同,只要多看图,慢慢就会了解各种形式的柱基础。

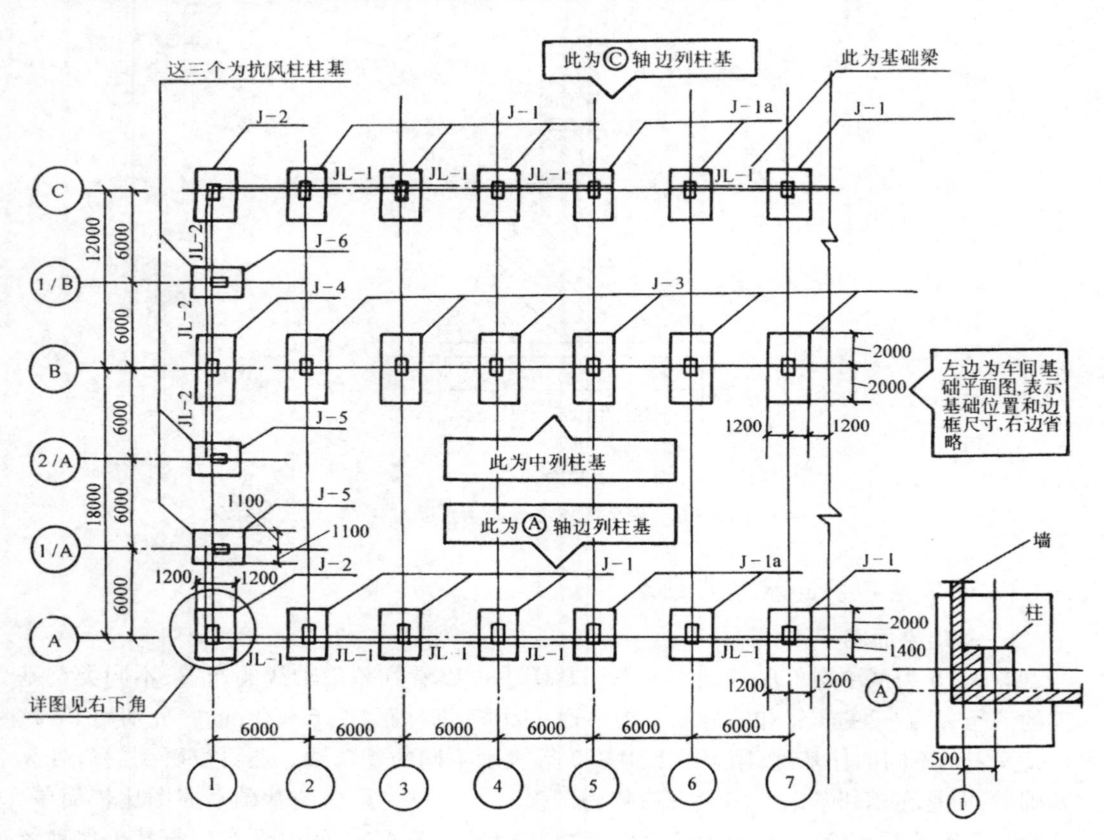

图3-6　单层厂房基础平面图

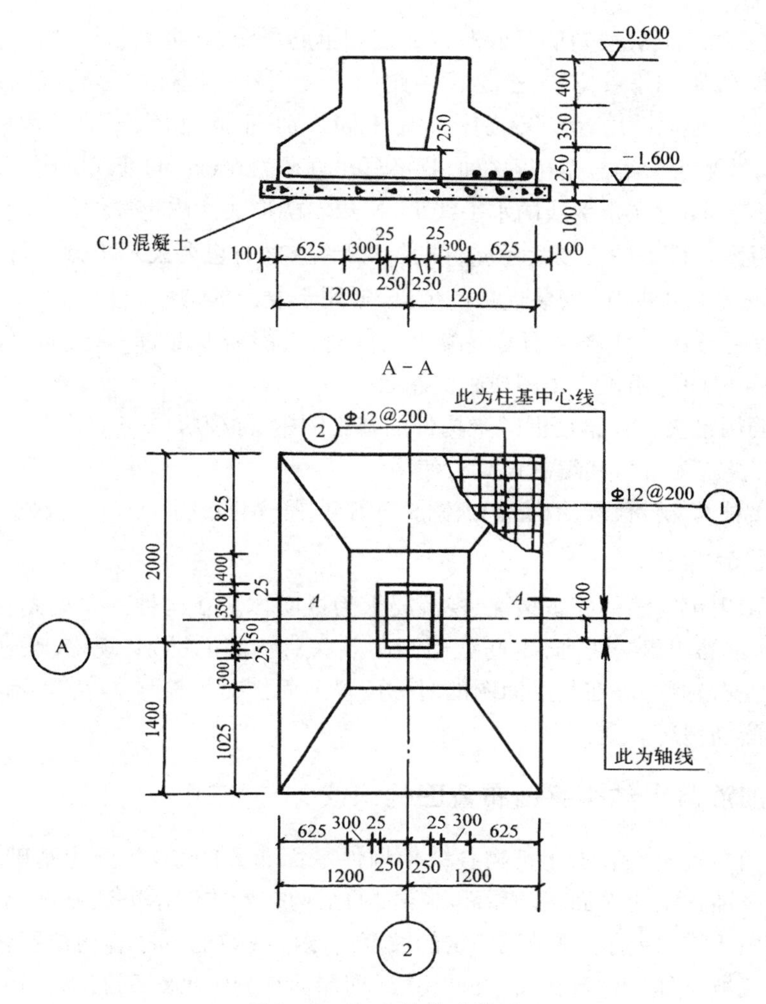

图3－7　J－1柱基础详图

第三节　钢筋混凝土结构施工图

一、钢筋混凝土结构施工图的内容和图示特点

(一)内容

1. 结构平面布置图

主要表示承重构件的布置方式和数量。若是现浇板,应有钢筋的配置情况图。

2. 构件详图

又分为配筋图、模板图、预埋件详图及钢筋明细表等。

(1)配筋图　配筋图包括立面图、截面图和钢筋详图,着重表示构件内部的钢筋配置的形状、大小、级别和排放位置,这是构件图的主要图样。构件外形轮廓线用细实线,钢筋用粗实线。在配筋图中,为了区别构件中不同级别、不同直径、不同形状和不同长度的钢筋,常采用编号法。编号是用阿拉伯数字写在直径为6 mm的细线圆内,并用指引线指向相应的钢筋。同时在指引线的水平线上,按规定的形式注出钢筋的级别、直径和根数。

(2)模板图　模板图主要表示构件的外形尺寸,同时也要表示出预埋件、预留孔的大小与位置。它是模板制作、安装模板的依据,常用于复杂的构件。

(3)预埋件详图　在浇筑钢筋混凝土构件时,可能需要配置一些预埋件,如吊环、钢板等。预埋件详图可用正投影图或轴测图表示。

(4)钢筋用量表　在钢筋混凝土构件的施工图中,除模板图与配筋图外,还要附一个钢筋用量表,供施工备料和编制预算时使用。

在表中要注写构件代号、钢筋编号、钢筋简图、直径(钢筋级别)、长度、根数、总长、总重等。

(二)图示特点

为了突出表示钢筋的配置情况,视混凝土为透明体。在构件的立面图和截面图上不画材料图例,钢筋用粗实线画,钢筋截面画圆点。对钢筋的类别、规格、数量等要标注详尽。若构件左右对称,可在其立面图的对称位置上面出对称符号,一半表示构件外形,一半表示内部配筋情况。

二、钢筋混凝土结构平面布置图的识读

结构平面布置图是表示建筑物各结构构件平面布置的图样,分为基础平面图、楼层结构平面图及屋顶结构平面图。屋面和楼面的结构布置与图示方法基本相同,所不同的主要是屋面由于排水要求,要做成一定的坡度。屋面找坡的方法有构造找坡和结构找坡两种。构造找坡又称为材料找坡,其结构层(即屋面板)仍为水平的,与楼板相同;结构找坡是将屋面板做成适当的坡度,相应地将屋面梁做成变断面的形式。除此之外,与楼板层的结构没有多大区别。这样,我们仅以楼面为例说明其图示方法和阅读内容。

(一)楼层结构平面布置图

楼层结构平面布置图是假想沿楼板面将房屋水平剖开后所做的楼层结构的水平投影,用来表示每层的梁、板、柱、墙等承重构件的平面布置,或现浇楼板的构造与配筋以及它们之间的结构关系。图3－8所示为前章所介绍的某小区住宅楼的标准层楼层结构平面布置图。这种图为现场安装构件或制作构件提供施工依据。对于多层建筑,一般应分层绘制,但如各层构件的类型、大小、数量、布置均相同时,可只画一标准层的楼层结构平面布置图。构件一般应画出其轮廓线,如能表示清楚时,也可用单线表示。梁、屋架、支撑等可用粗点画线表示其中心位置。如平面对称时,可采用对称画法。楼梯间或电梯间因另有详图,可在平面图上只用交叉对角线表示。由于预制和现浇的施工方法不同,所以其图示方法亦各有特点,这些将在后面分别介绍。

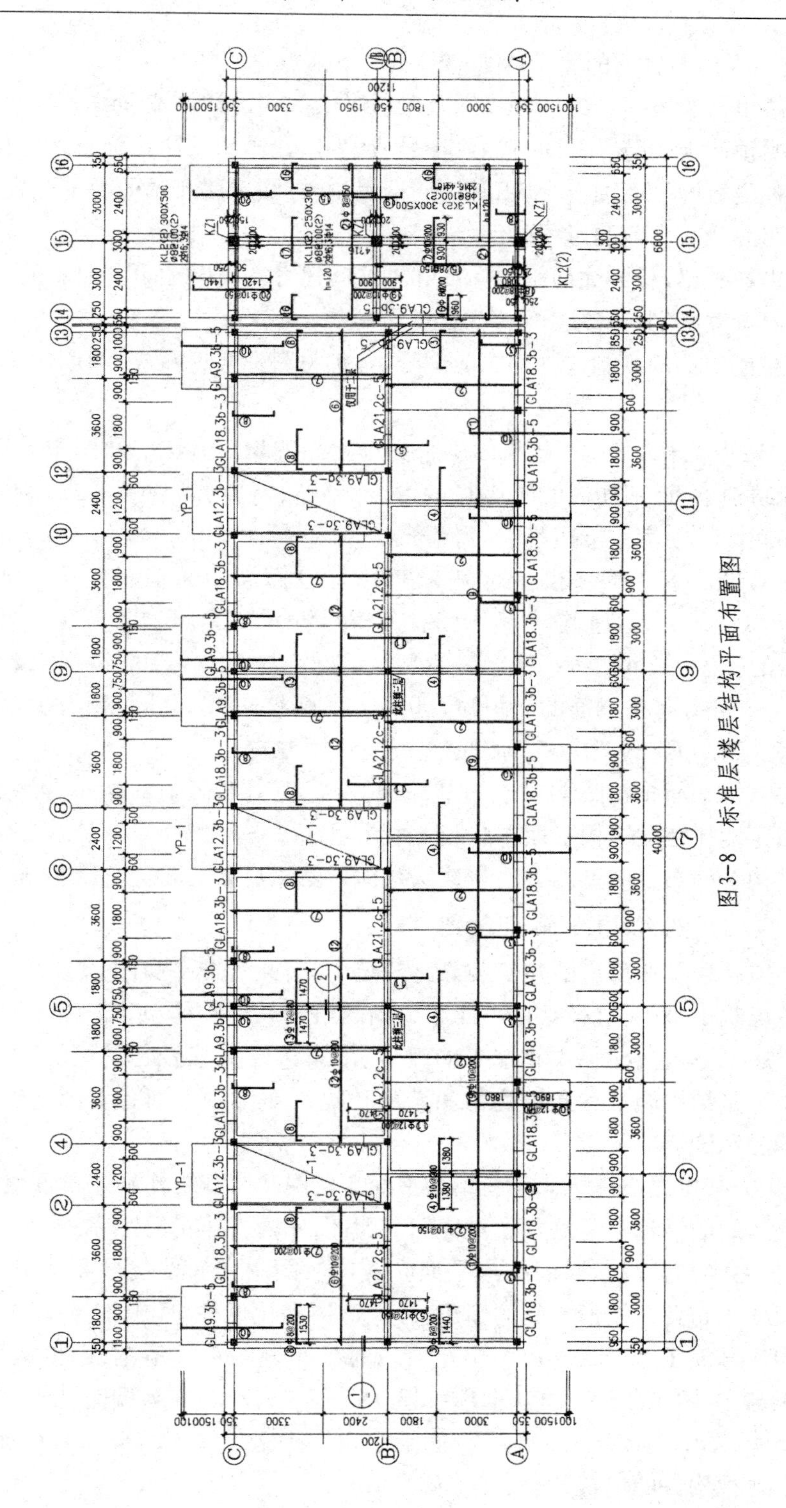

图3-8 标准层楼层结构平面布置图

楼层结构平面布置图的图示内容应包括以下几点：

(1)标注出与建筑图一致的轴线网及墙、柱、梁等构件的位置和编号。

(2)注明预制板的跨度方向、代号、型号或编号、数量和预留孔洞的大小及位置。

(3)在现浇板的平面图上，画出其钢筋配置，并标注预留孔洞的大小及位置。

(4)注明圈梁或门窗洞过梁的编号。

(5)注出各种梁、板的底面结构标高和轴线间尺寸。有时还可注出梁的断面尺寸。

(6)注出有关剖切符号或详图索引符号。

(7)附注说明选用预制构件的图集编号、各种材料标号，板内分布筋的级别、直径、间距等。

现以图 3-8 为例，来说明楼层结构平面布置图的识图方法。从图中可以看出，这座楼房为框架结构承重、钢筋混凝土梁板的混合结构；构件均为现浇形式。画有对角线的位置为楼梯间。图中每根梁边都有一代号、编号及断面尺寸。如 KL2(2) 300×500，表明此梁为框架梁 2，有 2 跨，截面尺寸宽为 300 mm，高为 500 mm；ϕ8@100 (2)，表示箍筋为 ϕ8 ，间距 100 mm，为双肢箍。板内画有钢筋的平面布置及形状，一共有 20 种受力筋。在每一编号的标注中，可知每一类钢筋的具体情况。如⑧ϕ8@200 表示第 8 号钢筋是 I 级钢筋，直径 8 mm，每条钢筋的间距为 200 mm，其弯钩向下。其他相同的只注出编号，其余都可省略。图中 GLA9.3b-5 为门窗过梁的注写方式。

在楼层结构平面布置图上对于细节，有时需要画出剖面图。这样，各个剖面图的剖切线也要相应地在楼层结构平面布置图上表示出来。

屋顶结构平面布置图看图方法与楼层结构平面图基本相同，这里就不详细介绍了。

(二)单层厂房结构平面布置图

由于一般单层工业厂房的建筑装饰比较简单，因此建筑平面图标志的内容基本上已将厂房构造反映出来了，这样结构平面布置图的绘制就比较简单了。它主要表示厂房柱网的布置、柱子的位置、柱轴线和柱子的编号、吊车梁及其编号、支撑及其编号和屋架与屋面板等。它是结构施工和建筑构件吊装的依据。在结构平面布置图上有时还注有详图的索引标志和剖切线的位置。

图 3-9 为某单层厂房机修车间结构平面布置图和屋面结构平面布置图。

由于此车间的结构布置是左右对称的。因此，图的左半部分表示柱、吊车梁、柱间支撑平面布置，右半部分表示屋面结构平面布置。从图中的构件代号及其引出线，可以看到矩形截面柱子布置在矩形车间的周边，分为边柱和抗风柱，且中间布置一排中列柱，并分别用不同序号编了号。从左边图中还可以看到布置的 4 排吊车梁，也编了号，且可看到两端的梁号与中间的不一样，用 DL-2S、DL-3S 表示。因为端头柱子的中心距比中间的柱子要小，图中用虚线表示上下柱间支撑 ZC-1、ZC-2。结构平面布置图只用一些粗线条表示各种构件的位置，比较容易看。

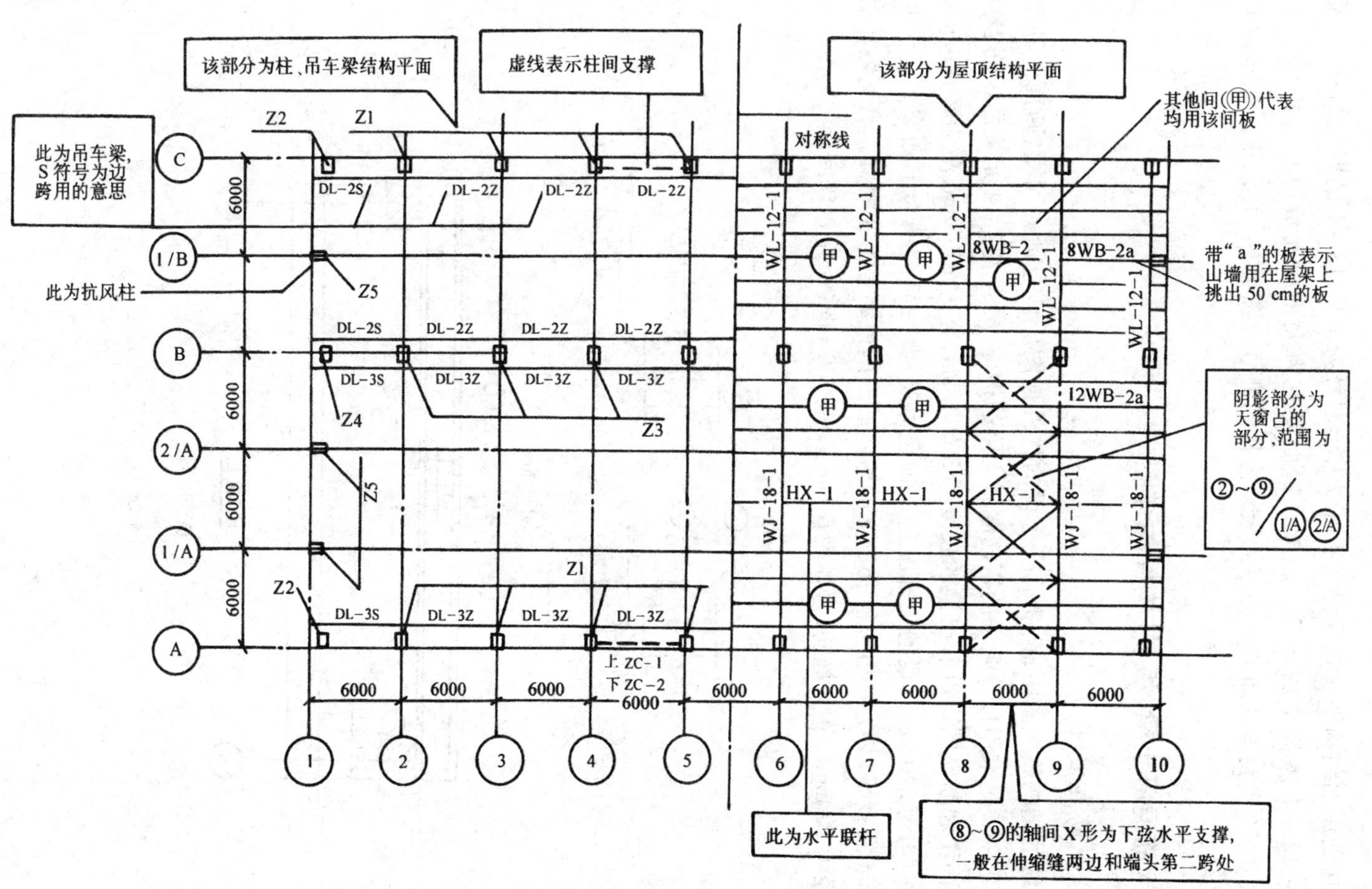

图3-9　某单层厂房机修车间结构平面布置图和屋面结构平面布置图

从右边的屋面结构平面布置图上还可以看到型号为 WJ－18－1 的屋架布置，以及型号为 WL－12－1 屋面梁的布置。屋架及屋面梁上为大型屋面板，型号为 WB－2 或 WB－2a。图上㊙代表该开间的大型屋面板均为相同型号。图上"X"形的虚线表示屋架间的支撑。

三、钢筋混凝土梁、板、柱构件的详图

(一)钢筋混凝土梁

在传统的结构施工图中，钢筋混凝土梁的构件详图应该包括立面图、断面图和钢筋详图。图 3－10 是采用传统画法的钢筋混凝土梁的构件详图，表 3－4 是梁的钢筋表。

从立面图和断面图可以看出梁的长度为 3 600 mm，宽为 150 mm，高为 250 mm。两端搭入墙内均为 240 mm。梁的下部配置三根受力筋，其编号分别为①和②。①为两根直径 16 mm 的直筋，②为一根直径 16 mm 的弯起筋。两根编号为③的架立筋配置在梁的上部，直径为 10 mm。④为箍筋，直径为 6 mm，间距 200 mm(@是钢筋间距符号)。

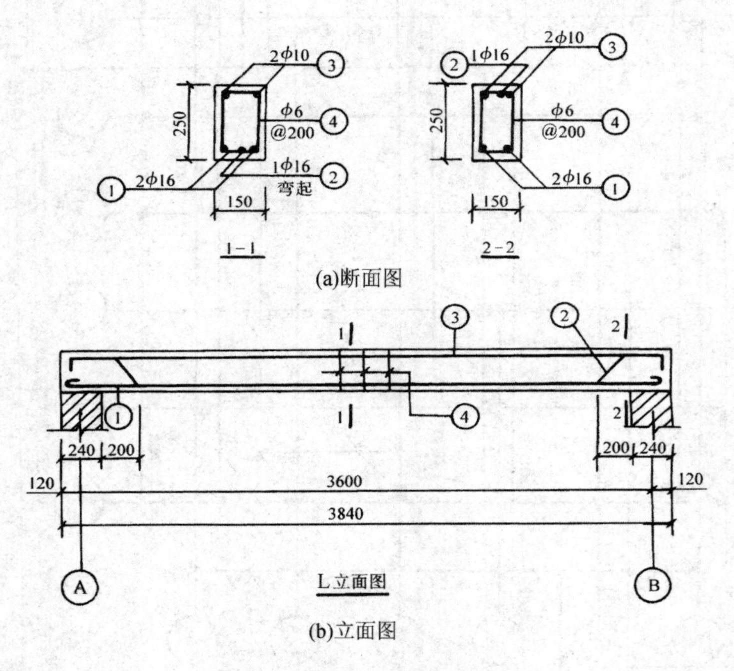

图 3－10　钢筋混凝土梁(传统画法)

表 3－4　梁的钢筋表

编号	简图	直径(mm)	长度(mm)	根数	备注
①	75　3790	ϕ16	3 940	2	
②	200　215　282　2960	ϕ16	4 354	1	
③	3790　63	ϕ10	3 896	2	
④	150　200　200　100	ϕ 6	700	20	

为方便钢筋工配筋和取料，要计算钢筋长度，并画出钢筋详图。钢筋详图表明了钢筋的形状、编号、根数、等级、直径、各段长度和总长度等。详细内容见表 3－4。

在平法施工图中，有关梁的配筋、尺寸等信息，都一次性地标注在结构平面图上，不再需要另外的详图，如图 3－8 所示。现将图 3－8 中某梁及标注单独画出，图 3－11 为钢筋混凝土平法标注。

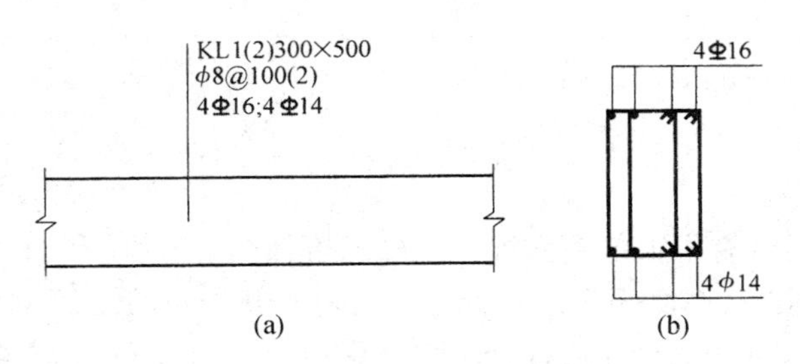

图 3－11　钢筋混凝土平法标注

(二)钢筋混凝土板

钢筋混凝土板也有预制板和现浇板两种。

建筑工程中常用的预应力钢筋混凝土多孔板是定型构件，一般不必绘制详图。根据标出的型号查阅图集就可以了。

现浇的钢筋混凝土板，可直接画在楼层结构布置图中，亦可另画配筋详图。现浇钢筋混凝土板分为单向受力板和双向受力板两种，单向受力板的钢筋应放在分布筋下侧；双向受力板两个方向的钢筋都是受力筋，短向筋应放在长向筋的下面。

图 3－12 为结构平面图部分现浇板配筋图。从图中可以看出该现浇板为双向受力板。图中还画出了各种不同形状的钢筋，并标注出直径、级别、间距、长度及与轴线的相对位置等。每一种规格的钢筋只画一根，按其立面形状画在钢筋要放的相对位置上。

(三)钢筋混凝土柱

由于钢筋混凝土柱的外形、配筋、预埋件比较复杂，因此，除了画出其配筋图外，还要画出柱的模板图、预埋件详图和钢筋表。

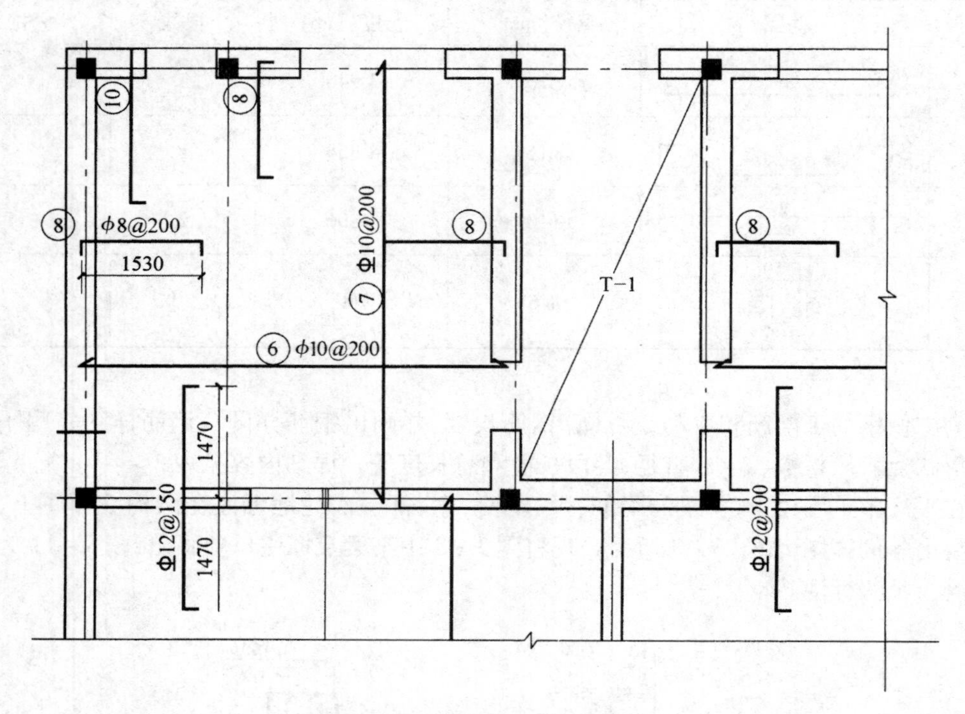

图 3 - 12　钢筋混凝土现浇板配筋图

图 3 - 13 是一根带有牛腿的钢筋混凝土柱的模板图、配筋图和断面图。

从模板图中看到该柱总高为 9 600 mm。上柱高 3 300 mm，下柱高 6 300 mm。与断面图结合起来看，上柱截面为正方形实心柱，尺寸为 400 mm × 400 mm，下柱断面为工字形，尺寸为 700 mm × 400 mm，支承吊车梁的牛腿断面为矩形，其尺寸为 400 mm × 1 000 mm。

配筋图结合断面图可以看到上柱上有①、④、⑤三个编号的受力筋；⑩、⑪、⑫号筋为上柱箍筋；下柱有①、②、③三个编号的受力筋，腹板内又配两根⑮号钢筋；⑬、⑭号筋为下柱箍筋；牛腿柱中的配筋为⑥、⑦号钢筋；⑧号钢筋为牛腿中的箍筋；⑨号钢筋是单肢箍筋。

图中 M - 1 为柱与屋架焊接的预埋件，M - 2、M - 3 为柱与吊车梁焊接的预埋件，它们的形状见详图。

在表 3 - 5 中列出了各种柱的钢筋编号、形状简图、级别、直径、根数和长度。

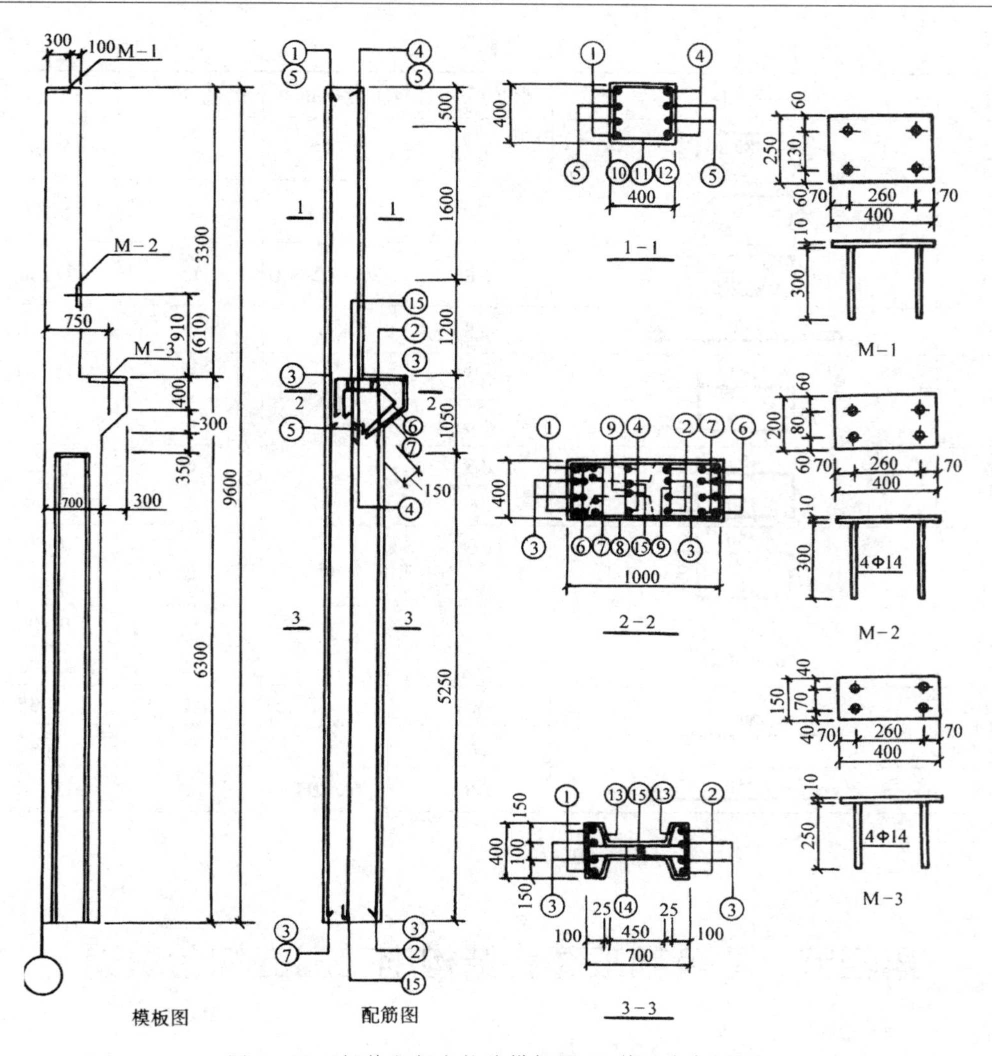

图 3-13　钢筋混凝土柱的模板图、配筋图和断面图

表 3-5　柱的钢筋用量表

钢筋号	简图	直径(mm)	长度(mm)	根数	总长(m)
1	9550	ϕ16	9 550	2	19.10
2	6250	ϕ16	6 250	2	12.50
3	6250	ϕ14	6 250	4	25.00
4	4300	ϕ16	4 300	2	8.60
5	3900	ϕ16	3 900	4	15.60
	4050	ϕ20	4 050	4	16.20
	4250	ϕ25	4 250	4	17.00

续表

钢筋号	简图	直径(mm)	长度(mm)	根数	总长(m)
6	200 880 570 360	ϕ14	2 010	4	8.04
7	250 330 460 250	ϕ14	1 580	4	6.32
8	350 750~1050 650~950 450	ϕ8	2 200 ~ 2 800	11	27.60
9	350	ϕ8	450	18	8.10
10	450 350 350 450	ϕ6	1 600	8	12.80
		ϕ6		6	9.60
11	450 350 350 450	ϕ6	1 600	6	9.60
		ϕ6		4	6.40
12	450 350 350 450	ϕ6	1 600	3	4.80
		ϕ6		2	3.20
13	200 350 200	ϕ6	750	52	39.00
		ϕ6		36	27.00
14	680	ϕ6	680	52	35.36
		ϕ6		36	24.48
15	6250	ϕ6	6 380	2	12.76

第四节　建筑施工图和结构施工图的综合识读

建筑施工图和结构施工图是建筑物施工时重要的图样,是施工的依据。它们从不同方面满足了人们对建筑物使用安全可靠、耐久性等的要求。通过上面各节所介绍的内容,我们可知建筑施工图和结构施工图有很多相同的地方和不同的地方,还有一些相关联的地方,在综合识图时,就要弄清楚哪些地方应一致,哪些地方应不一致,哪些地方相关联,这样就能很快地记住图样中的一些内容。

结构施工图的识读方法可归纳为:从上往下看,从左往右看,从前往后看,从大到小看,由粗到细看,图样与说明对照看,结构施工图与建筑施工图结合看,其他设施图参照看。总的看图步骤:先看目录和设计说明,再看建筑施工图,然后再看结构施工图。图纸中的文字说明是施工图的重要组成部分,应认真仔细逐条阅读,并与图样对照看,便于完整理解图纸。

按结构设计说明、基础图、柱及剪力墙施工图、楼屋面结构平面图及详图、楼梯电梯施工图的顺序读图,并将结构平面图与详图,结构施工图与建筑施工图对照起来看,遇到问题时,应一一记录并整理汇总,待图纸会审时提交加以解决。在识读一个建筑物设计图样时,要把建筑施工图和结构施工图对照结合起来看,就可以很快地了解整个建筑物的全貌。

综合识读时应注意以下几方面:

(1)要对照建筑施工图和结构施工图查看二者相同的地方,如轴线位置、编号;以及一些建筑尺寸和结构尺寸有无矛盾,墙体厚度、过梁位置等应相符合。

(2)以建筑施工图查看结构施工图,查看一些增加的装饰厚度是否合理,建筑标高与结构标高之差是否体现清楚等。

(3)建筑施工图和结构施工图同时查看,看建筑施工图上的一些构造,在结构施工图上是否已考虑处理,如一些需现做的预埋件是否预埋。还有结构施工图和建筑施工图相关联的地方要结合起来看,如雨篷、阳台的结构施工图和建筑施工的装饰图必须结合起来看。

总之,我们要把建筑施工图和结构施工图结合起来看,才能全面深刻地领会图样,达到识读的目的。

思考题

一、填空题

1. 建筑施工图标注平面尺寸、布局及门窗位置等,而结构施工图则标注________及________等。

2. 结构施工图一般由________、________和________组成。

3. 钢筋混凝土构件是由配置受力的普通钢筋、________或________和________制成的结构构件。

4. 梁在均布荷载的作用下产生弯曲变形,上部为________,由混凝土承受压力,下部为________,由钢筋承受拉力。

5. 热轧钢筋是建筑工程中用量最大的钢筋,主要用于________和________配筋。

6. 基础结构施工图主要包括________和________。

7. 配筋图包括立面图、截面图和钢筋详图,着重表示构件内部的钢筋配置的形状、________、________和________,这是构件图的主要图样。

8. 结构平面布置图是表示建筑物各结构构件平面布置的图样,分为基础平面图、________及________。

9. 在传统的结构施工图中,钢筋混凝土梁的构件详图应该包________、________和________。

10. 在钢筋表中一般列出各种钢筋的________、形状简图、________、直径、________和________。

二、简答题

1. 什么是结构施工图？各种常用构件的代号如何表示？

2. 结构施工图包括哪些内容？

3. 基础结构施工图包括哪些内容？它们是如何表示房屋基础的？

4. 什么是楼层结构平面布置图？它是如何表示楼板及各种梁的位置的？

5. 钢筋混凝土梁及柱构件的详图各包括哪些内容？各有什么作用？

第四章　建筑设备施工图的识读

第一节　建筑设备施工图的内容和特点

建筑设备是保障一幢房屋能够正常使用的必备条件,也是房屋的重要组成部分。整套的建筑设备主要包括:给排水设备;供暖、通风设备;电气设备;燃气设备;等。建筑设备施工图所表达的内容就是这些设备的安装与制作。由于各种建筑设备施工图都有各自的特点,并且与建筑施工图有着密切的联系,因而只有很好地识读这些图样,才能更好地为房屋的建设服务。

建筑设备施工图一般由基本图和详图组成。基本图包括管线平面图、系统图、原理图和设计说明,并有室内和室外之分。详图包括各局部或部分的加工、安装尺寸及要求。建筑设备作为房屋的重要组成部分,其施工图主要有以下特点。

(1)各设备系统一般采用统一的图例符号表示,这些图例符号一般并不完全反映实物的原形。所以,在识图前,应首先了解与图纸有关的各种图例符号及其所代表的内容。

(2)各设备系统都有自己的走向,在识图时,应按一定顺序去读,使设备系统一目了然,更加易于掌握,并能尽快了解全局。如在识读电气系统和给水系统施工图时,一般应按下面的顺序进行。

电气系统:进户线→配电盘→干线→分配电板→支线→用电设备;

给水系统:引入管→水表井→干管→立管→支管→用水设备。

(3)各设备系统常常是纵横交错敷设的,在平面图上难以看懂,一般配备辅助图形——轴测图来表达各系统的空间关系。这样,两种图形相对照,就可以把各系统的空间位置完整地体现出来,更加有利于识读。

(4)各设备系统的施工安装、管线敷设与土建施工是相互配合的。看图时,应注意不同设备系统的特点及其对土建的不同要求(如管沟、留洞、埋件等),注意查阅相关的土建图样,掌握各工种图样间的相互关系。

第二节　给排水系统施工图的识读

给排水系统施工图是指房屋内部的卫生设备或生产用水装置的施工图，主要反映用水器具的安装位置及其管道布置情况，一般分为室内给排水系统和室外给排水系统两部分。室内给排水系统施工图包括：给排水系统平面图、轴测图、详图和施工说明；室外给排水系统施工图包括：给排水系统平面图、纵断面图、详图以及施工说明。

在给排水系统的施工图中，各设备一般都采用规定的图例符号来表示，表 4－1 列出了一些给排水系统施工图常用图例符号。

表 4－1　给排水系统施工图常用图例符号

序号	名称	图例符号	序号	名称	图例符号
1	生活给水管	—— J ——	11	污水池	
2	废水管	—— F ——	12	清扫口	平面　系统
3	污水管	—— W ——	13	圆形地漏	
4	立式洗脸盆		14	放水龙头	平面　系统
5	浴盆		15	水泵	平面　系统
6	盥洗槽		16	水表	
7	壁挂式小便器		17	水表井	
8	蹲便器		18	阀门井 检查井	
9	坐便器		19	浮球阀	平面　系统
10	小便槽		20	立管检查口	

一、给排水系统平面图

给排水系统的平面图表达的是：为供给生活、生产、消防用水以及排放生活或生产废水而建设的一整套工程设施的平面布置情况。

（一）给排水系统平面图的内容

室内给排水系统平面图包括：

（1）各用水设备的类型、平面形状、位置及安装方式。

（2）各管线（干管、立管、支管）的平面位置、管径尺寸及编号。

（3）各零部件的平面位置及数量。

（4）给水引入管和污水排出管的平面位置、编号以及与室外给排水管网的联系。

室外给排水系统平面图包括：取水工程、净水工程、输配水工程、泵站、给排水管网、污水处理的平面位置及相互关系等。

本节重点介绍室内给排水系统。

（二）给排水系统平面图的特点

1. 比例

可采用与房屋建筑平面图相同的比例：1:100、1:50、1:200、1:300。

2. 给排水系统平面图的数量和表达范围

多层房屋的给排水系统平面图原则上应分层绘制，底层给排水系统平面图应单独绘制。各楼层的管道布置相同时，可绘制一个图样作为标准层，但图中必须注明各楼层的层次及标高。

由于底层给排水系统平面图中的室内管道需与户外管道相连，所以必须单独画出一个包括房间布局的完整的平面图，而其他各层的给排水系统平面图，则可以只画出有卫生设备和管路布置的房间范围的平面图，而不必画出整个楼层的平面图。

3. 房屋建筑平面图

用细实线绘制建筑的墙身、柱、门窗、洞口等主要构件，至于门窗代号、建筑细部均可省略。在各层的平面布置图上，均需标注墙、柱的定位轴线。

4. 卫生器具平面图

常用的管道、配水器具和卫生设备均系有一定规格的工业定型产品，可按表 4 - 1 所列图例符号画出。如图 4 - 1 中管道、卫生间的坐便器和洗脸盆、厨房的洗涤盆等。

5. 系统的划分

为了便于读图，在底层给排水系统平面图中，各种进出建筑物的管道要划分系统并进行编号。系统的划分视具体情况而定。一般给水管以每一个室内引入管为一个系统，如图 4 - 1 中只有一个室内引入管，所以给水管网是一个系统，没有编号，但立管分为 JL - 1、JL - 2……JL - 14。

而污水的排放方式可以分为合流制和分流制两种。

（1）合流制，即生活污水与雨水合在一起排放。

（2）分流制，即生活污水与雨水分别排放，或粪便污水、洗涤废水及雨水分别排放。

不论哪种排放方式,系统的划分一般都以一个承接排水管的检查井为一个系统。图4-1与图4-2所示为某小区住宅楼室内一层和标准层的给排水系统平面图,该住宅楼污水的排放方式为合流制排放方式,分为P1、P2、P3、P4四个排水系统。排水立管分为PL-1、PL-2……PL-14。

图中的字母代表系统的类别,"P"代表排水,"J"代表给水,"L"代表立管,数字表示管道的编号。

6. 尺寸与标高

各层的平面布置图上均需标注墙、柱的定位轴线标号,轴线尺寸以及各楼面、地面标高。底层图样要标注室外地面标高。

二、给排水系统轴测图

给排水系统平面图由于管道交错,读图较难,而轴测图能够清楚、直观地表示出给排水管的空间布置情况,立体感强、易于识别。在轴测图中能够清晰地标注出管道的空间走向、尺寸和位置,用水设备及其型号、位置。

(一)给排水系统轴测图的内容

(1)管道系统在各楼层间前后、左右的空间位置及相互关系。

(2)各管段的管径、坡度、标高和立管编号。

(3)给水阀门、水龙头。

(4)存水弯、地漏、清扫口、检查口等管道附件的位置。

(二)给排水系统轴测图的特点

(1)轴向选择:一般采用正面斜轴测投影法绘制。

(2)比例:通常采用与平面图相同的比例。

(3)管道系统:管道系统的编号应与平面图中的编号一致。给水系统轴测图和排水系统轴测图一般应分别绘制,这样可避免过多的管道重叠和交叉,但当管道系统简单时可以画在一起。本书中的给水系统轴测图和排水系统轴测图是分别绘制的。图4-3为室内给水系统轴测图,图4-4为室内排水系统轴测图。

在给水系统轴测图上只需绘制管路和配水器具,可用图例符号画出水表、闸阀、截止阀、放水龙头,以及连接洗脸盆、坐便器冲洗水箱的连接支管等。在同一给排水系统轴测图中,不同系统的管道往往相互交叉。为绘图简便和读图清晰起见,对于用水设备和管路布置完全相同的系统,可以只画一个系统的所有管道,而其他的管道予以省略。

在排水系统轴测图上,可用相应图例符号绘出用水设备上的存水弯、地漏或连接支管等。排水横管虽有坡度,但由于比例较小,不易画出,可仍画成水平管路。用水器具和卫生设备不必在轴测图中画出。

(4)尺寸标注:各管段均需注明管径。一般标注公称直径,在直径数字前加注代号"DN"。排水横管还需注明坡度,例如:箭头指向下坡方向。当排水横管采用标准坡度时,图中可省略标注,只在施工说明中加以说明即可。室内工程图中的标高一般为相对标高,在给水系统轴测图中,标高以管中心为准,一般要注出横管中心标高,以及地面、楼面、屋面、阀门和水箱各部位的标高。

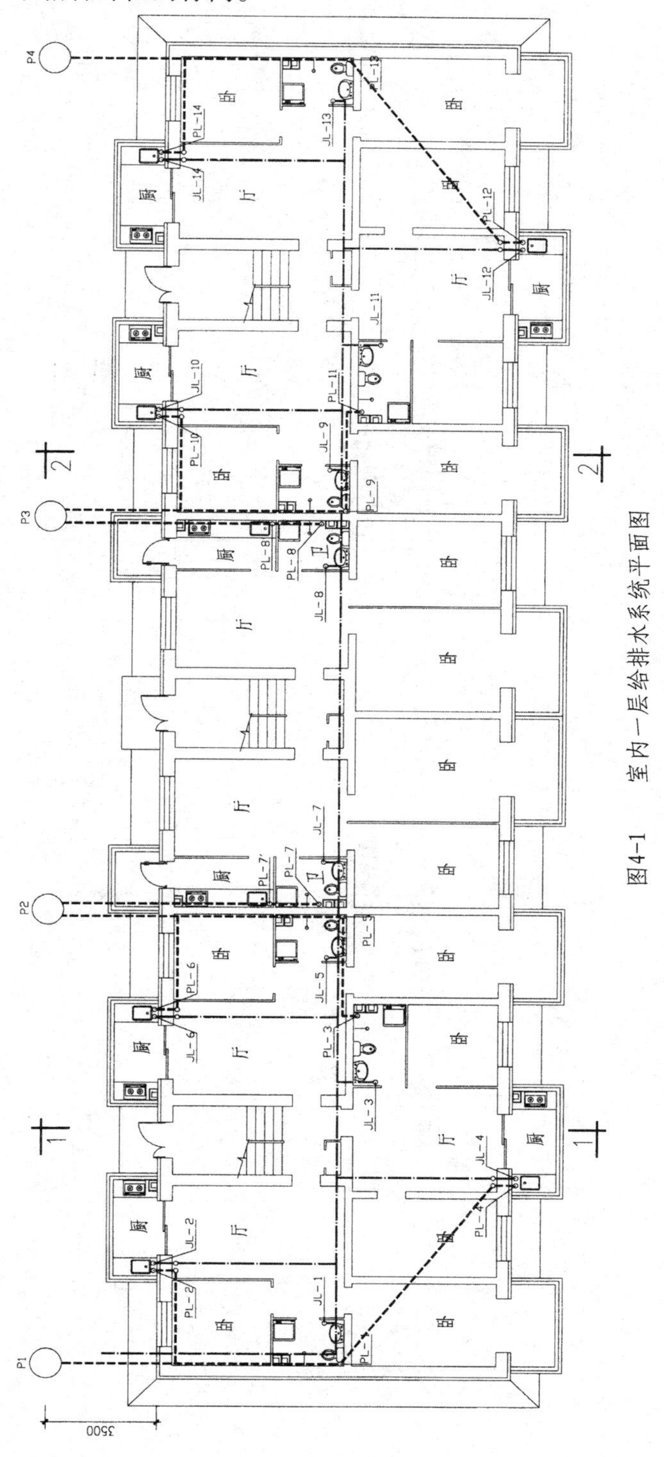

图4-1　室内一层给排水系统平面图

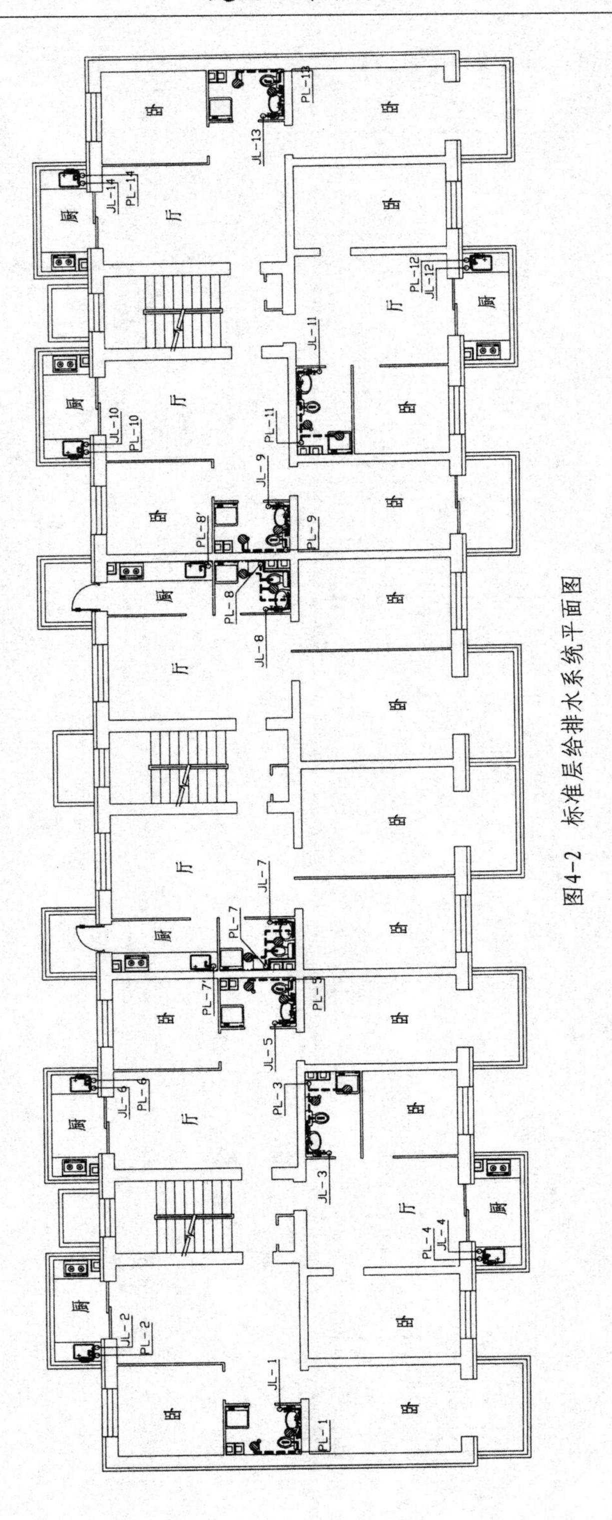

图 4-2　标准层给排水系统平面图

排水系统轴测图中，一般只标出排水管起点的标高，以及楼面、地面、屋面、透气球及立管检查口的标高。其他横管的标高一般由卫生器具的安装高度和管件的尺寸决定，所以在系统图中不必标注。

(5)图例：给排水系统的轴测图和平面图应统一列出图例，图例符号如表4－1所示。

三、给排水系统平面图和轴测图的识读方法

(一)粗读各层给排水系统平面图

(1)根据各层给排水系统平面图，哪些房间布置有卫生器具？这些房间的卫生器具又是怎样布置的？楼地面的标高是多少？

从图4－1与图4－2的平面图中我们可以看到，该建筑中有三个单元，每单元分两户，户内卫生间和厨房是有水房间，分别有坐便器及自动冲洗水箱、洗脸盆和水龙头，卫生间还有地漏。厨房的用水设备简单，有洗涤盆及水龙头。这些卫生器具的布置很简单直观。各层楼地面的标高分别是：一层±0.000 m，二层2.900 m，三层5.800 m，顶层14.500 m。卫生间和厨房的地面比楼地面低0.025 m，这主要是为防止污水外溢。室外地坪为－0.900 m。

(2)结合轴测图弄清给水和排水管道的布置，分哪几个系统？各有哪几个立管？

根据一层给排水系统平面图(图4－1)并结合给排水系统轴测图(图4－3、图4－4)可知管道系统及编号：给水管道只有一根引入管，所以只有一个给水系统，其上接十四根给水立管。排水管道分P1、P2、P3、P4四个系统。P1、P4系统上各接三根排水立管；P2、P3系统上各接五根排水立管。

二、识读给排水系统轴测图

识读轴测图时，给水系统按照由干到支的顺序，排水系统按照由支到干的顺序逐层分析，也就是按照水流方向读图，再与平面图紧密结合，就可以清楚地了解到各层的给排水情况了。

图4－3是某住宅楼的室内给水系统轴测图，其给水自建筑物西北角地面下－2.700 m高度，由直径ϕ63 mm的管道引入，在进入建筑物前设一管道检修井，井内接一阀门和排空龙头，管道穿基础墙进入建筑物，攀升至－0.700 m高度横向敷设，转90°后继续敷设，沿线管径由ϕ63 mm变为ϕ32 mm。沿管线有JL－1到JL－14共十四根给水立管分别接至各楼层的卫生间和厨房的用水设备。结合各层的给排水系统平面图可以看出，立管JL－1在±0.000 m穿底层地坪进入室内卫生间，从一楼至六楼，沿线管径由ϕ32 mm变为ϕ26 mm，每层接坐便器和洗脸盆的给水支管，支管上接坐便器的冲洗水箱和洗脸盆的水龙头。

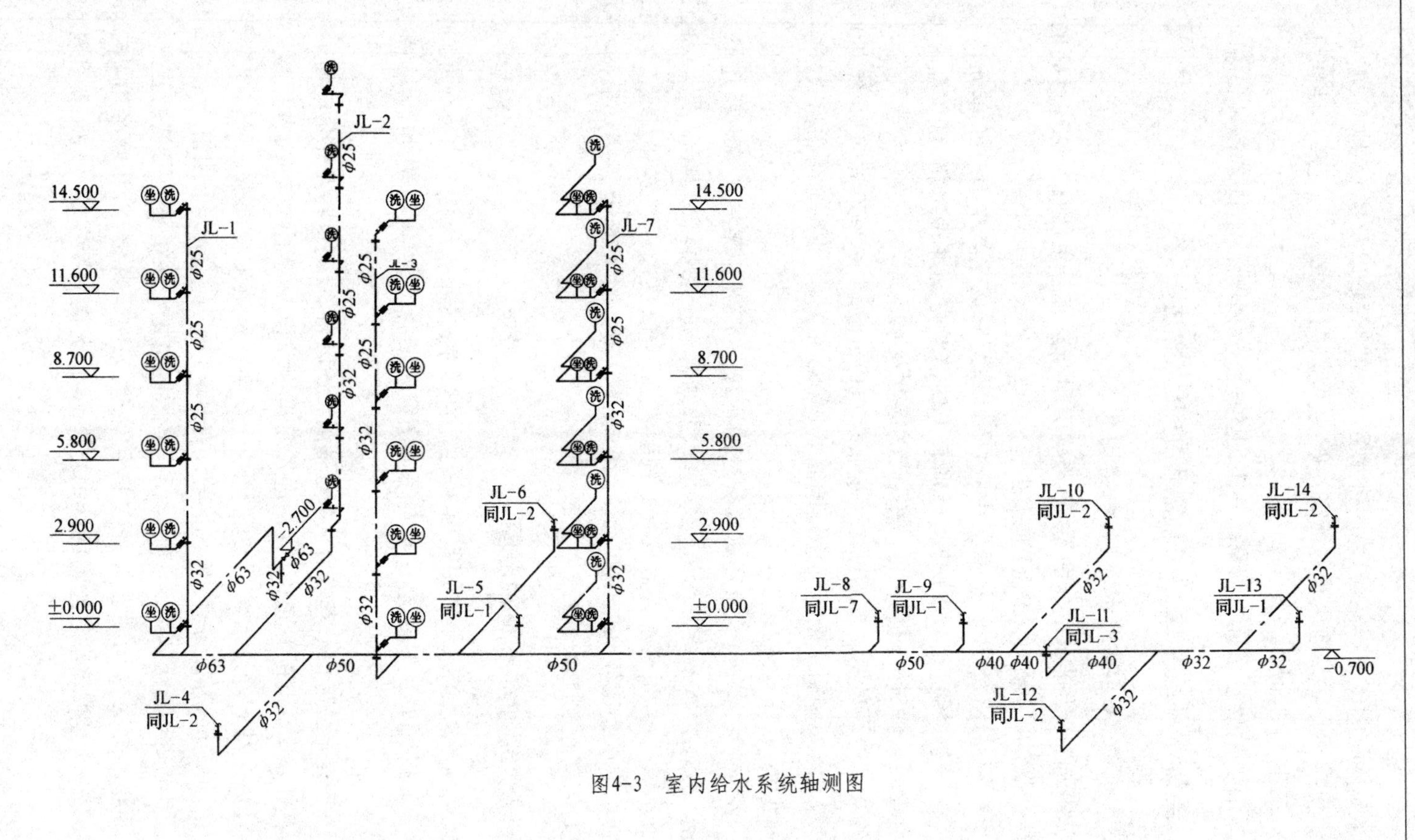

图4-3　室内给水系统轴测图

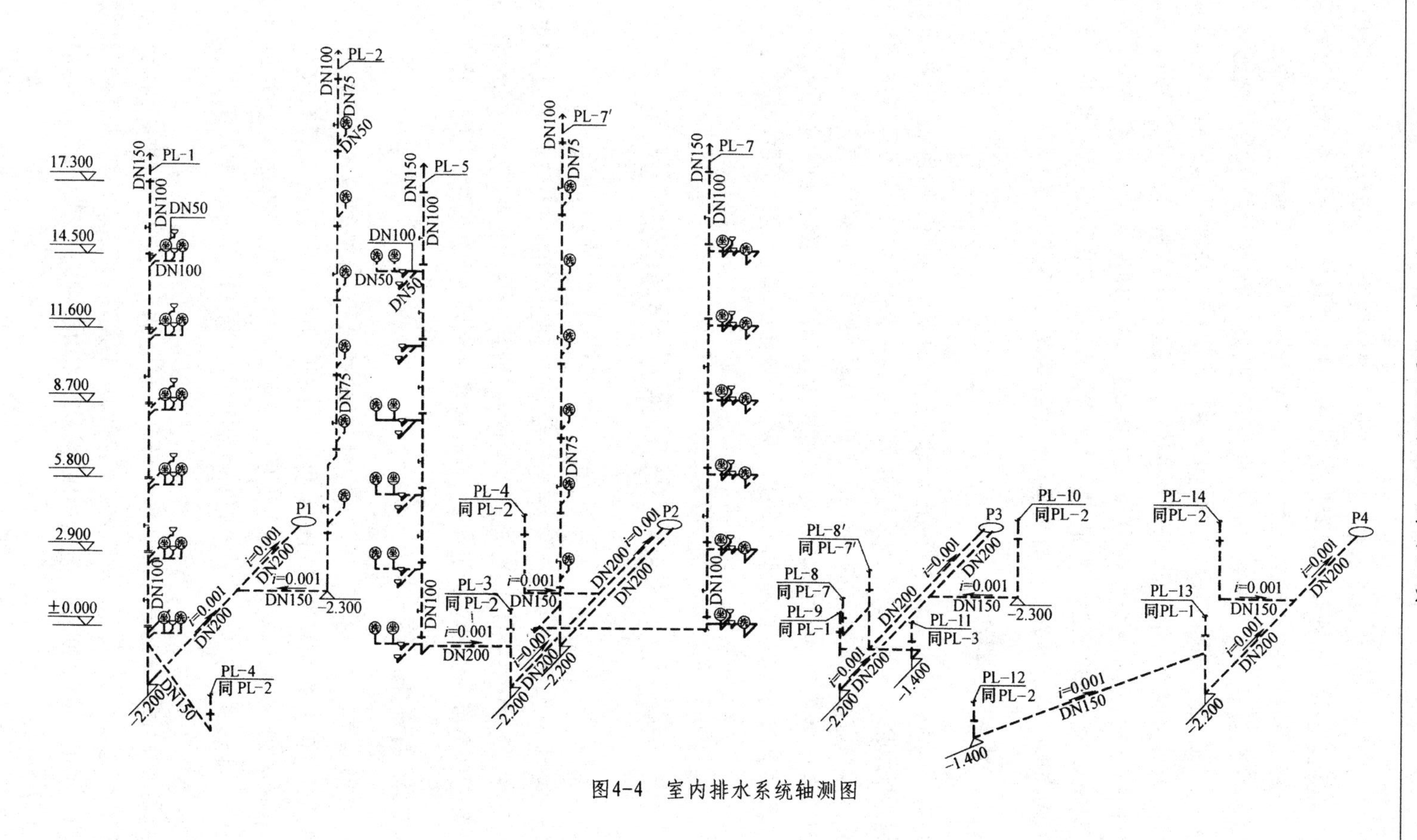

图4-4　室内排水系统轴测图

图 4 – 4 是某住宅的室内排水系统轴测图,其中分四个排水系统 P1、P2、P3、P4,每个系统由横向干管、立管、支管及管道附件组成。如 P1 系统中有一根横向干管,三根排水立管 PL – 1、PL – 2、PL – 4 及多根支管。PL – 1 立管直径 DN100 mm,上接排气帽一个,中间每层接立管检查孔一个,卫生间的坐便器、洗脸盆及地漏中的污水分别通过 DN100 mm、DN50 mm 的横向支管排入该立管,向下在 – 2. 200 m 高度汇入横向干管,穿墙排至室外。横向干管直径 DN200 mm,坡度 0. 001,管道起点底面标高是 – 2. 200 m。PL – 2 立管是厨房的排水管,只有洗涤盆的污水通过 DN50 mm 的横向支管排入该立管,该立管的直径 DN75 mm,上接的管道附件和 PL – 1 相同,在 – 2. 300 m 高度接水平管道 DN150 mm,后汇入横向干管。另外三个排水系统与此相类似,读者可自行识读。

四、给排水系统详图

凡是有在以上图中无法表达清楚的局部构造或由于比例原因不能表达清楚的内容的,必须绘制给排水系统详图。给排水系统详图用于表示某些设备或管道节点的详细构造与安装尺寸。详图应优先采用标准图、通用施工详图系列,如卫生器具、阀门井、水表井、局部污水处理的构筑物等,这些均有各种施工标准图供选用。在识读详图时,着重掌握详图上的各种尺寸及其要求,就能够快捷地对房屋设备进行维修或改造,这里不再赘述。

第三节　供暖、通风系统施工图的识读

在我国北方的冬季,由于天气寒冷,为了保证人们正常的生产和生活,室内供暖是必需的。而要提高室内的空气质量,促进人们的身体健康,为人们提供舒适的休息、工作场所,通风系统是不可缺少的。由此可见,保证供暖和通风系统正常工作是十分重要的。

一、供暖系统施工图

供暖系统主要由三大部分组成:①热源;②输热管道;③散热设备。根据供暖面积的大小,供暖系统可分为局部供暖和集中供暖。按所用热媒的不同,供暖系统又可分为三类:热水供暖系统、蒸汽供暖系统和电能供暖系统。按照散热器的敷设位置,供暖系统又分为壁挂式、地热式、棚热式。另外,供暖管网的排布一般具有四种形式:上行式、下行式、单立式和双立式。

供暖系统施工图分为室内和室外两部分。室内部分主要包括:供暖系统平面图、轴测图、详图以及施工说明。室外部分主要包括:总平面图、管道横剖面图、管道纵剖面图、详图和施工说明。在供暖系统施工图中,各零部件均采用图例符号表示。一般常用的图例符号见表 4 – 2。

表 4－2　供暖系统施工图常用图例符号

序号	名称	图例符号	序号	名称	图例符号
1	热水给水管	RJ 或	15	集气罐	
2	热水回水管	RH 或	16	柱式散热器	
3	蒸汽管	Z	17	活接头	
4	凝结水管	N	18	法兰	
5	管道固定支架		19	法兰盖	
6	补偿器		20	丝堵	或
7	套管补偿器		21	水泵	
8	矩形补偿器		22	散热器及手动放气阀	
9	闸阀		23	泄水阀	
10	球阀		24	自动排气阀	
11	止回阀		25	除污器（过滤器）	立式　卧式
12	截止阀、阀门（通用）		26	疏水阀	
13	膨胀管	Pz	27	温度计	T 或
14	绝热管		28	压力表	

传统上应用最多的供暖方式是散热器安装在墙上的热水供暖系统。随着人们生活水平的提高,对供暖方式的选择范围也逐渐拓宽。以热水为媒介的地热供暖应运而生,这种供暖方式由于具有环保、卫生、使用寿命长等优点而逐渐被人们所接受。这一节内容中,我们就以这两种供暖方式为例来识读供暖系统施工图。

(一)供暖系统平面图

供暖系统平面图主要表示供暖系统的平面布置,其内容包括管线(供水干管、回水干管)的走向、尺寸,各零部件的型号和位置等。在识图时,若按照供水干管的走向顺序读图,则较容易看懂。图4-5为某壁挂式供暖办公楼底层供暖系统平面图。由图可知:供水干管和回水干管由左侧进入地沟,行至轴线⑥处再由立管升至顶层。图中还标注出了散热器的位置、数量以及管线的直径。

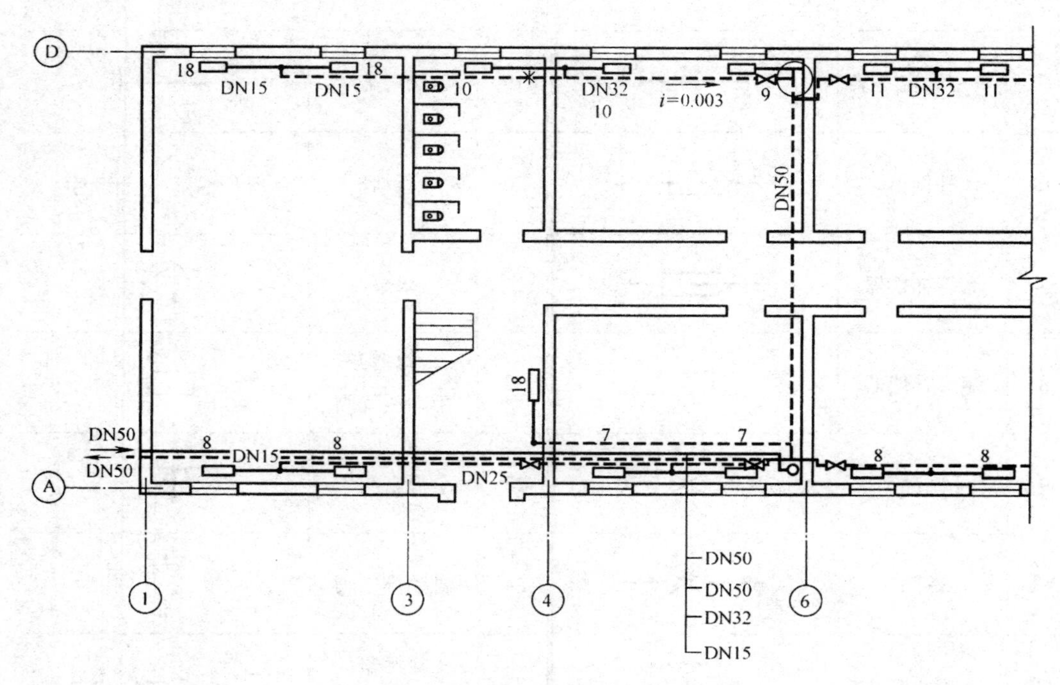

图4-5　底层供暖系统平面图

图4-6、图4-7分别为某小区住宅楼标准层和顶层地热式供暖系统平面图,图中标注了地热盘管的布置情况,包括盘管走向以及盘管尺寸等。图4-8为该住宅楼一层采暖干管平面图,其上标明了每个零部件的型号和采暖干管的编号等。

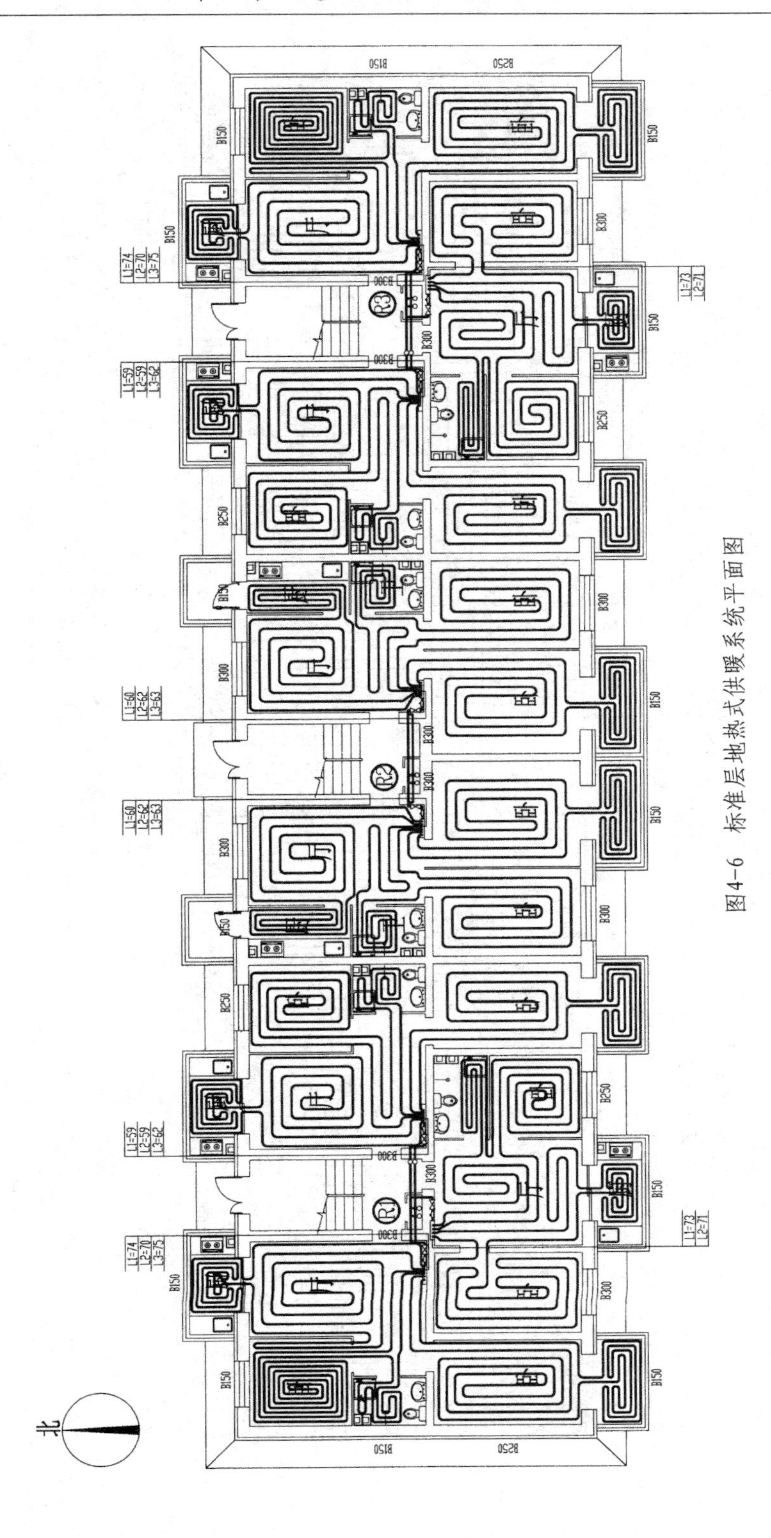

图4-6　标准层地热式供暖系统平面图

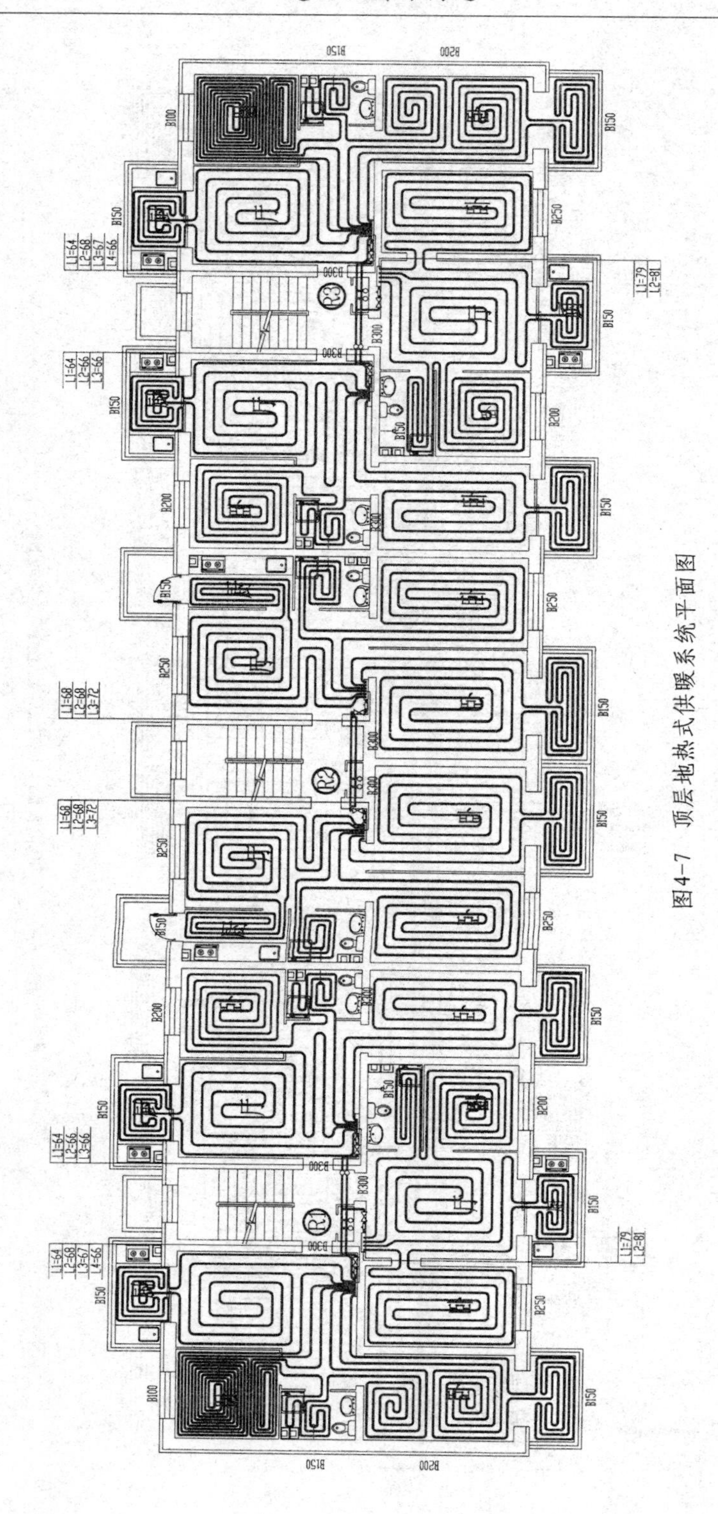

图4-7　顶层地热式供暖系统平面图

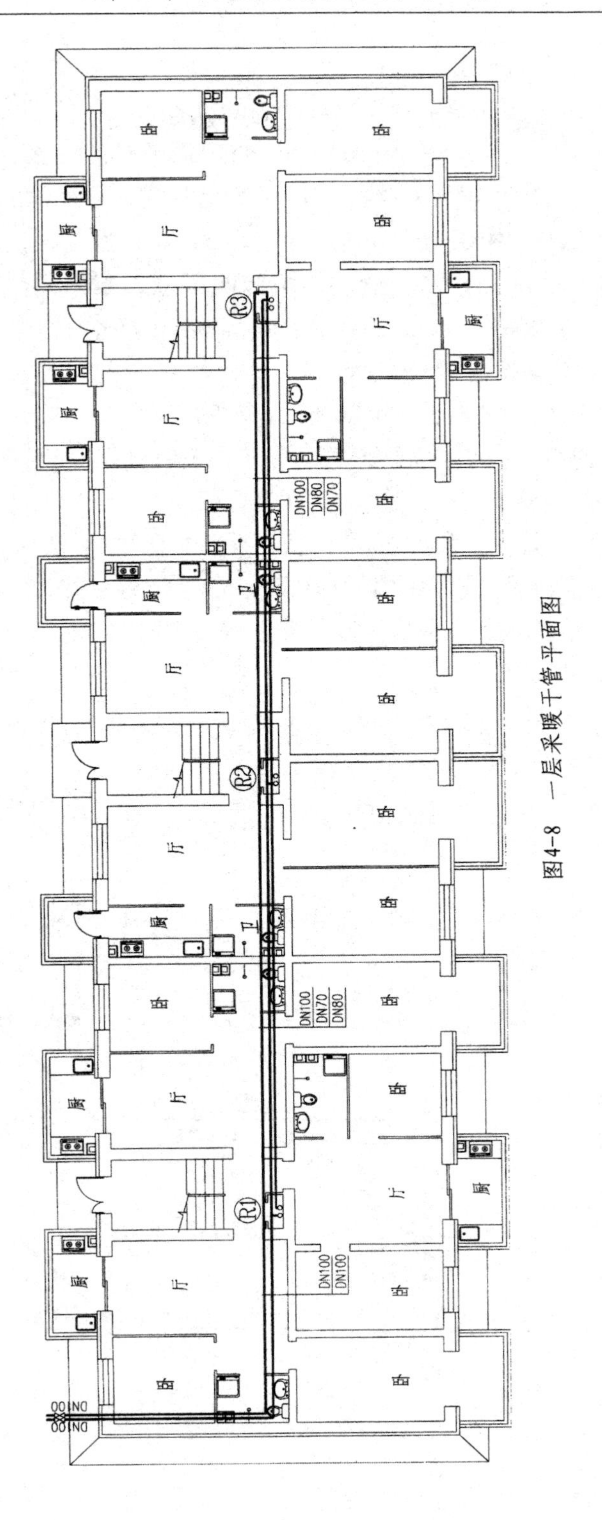

图4-8　一层采暖干管平面图

(二)供暖系统轴测图

供暖系统轴测图是用正面斜轴测投影法绘制的供暖系统立体图,图中也标明各盘管的位置、数量以及各立管的位置、尺寸、编号等。与平面图对照,沿供水干管走向顺次读图,可以看出供暖系统的空间相互关系。图 4-9 为壁挂式下行上给供暖系统轴测图。

由图可知:热水从直径为 DN50 mm 的供水干管输入,接着是经供水立管送至各散热器,然后再沿各回水支管回到回水干管。图中标明了进入楼内的供水干管的高度,为 -1.400 m,以及散热器的高度和每组的片数,而且还标明了阀门的位置等一些重要的尺寸和数据,从而将整个供暖系统展现在读者面前。

图 4-10 为某小区地热式供暖系统轴测图。由图可知,热水从直径 DN100 mm 的供水干管进入楼内,把热能经各供水立管输送至各地热盘管,后经回水立管回到回水干管。供水干管的高度为 -0.600 m,各层盘管的高度也有标注。

识读供暖施工图时,首先应分清供水干管和回水干管,并判断出管线的排布方法是上行式、下行式、单立式和双立式中的哪种形式;然后查清各散热器的位置、数量以及其他元件(如阀门等)的位置、型号;最后再按供暖管网的走向顺次读图。

(三)供暖系统详图

供暖系统详图能详细体现各零部件的尺寸、构造和安装要求,以便施工安装时使用。

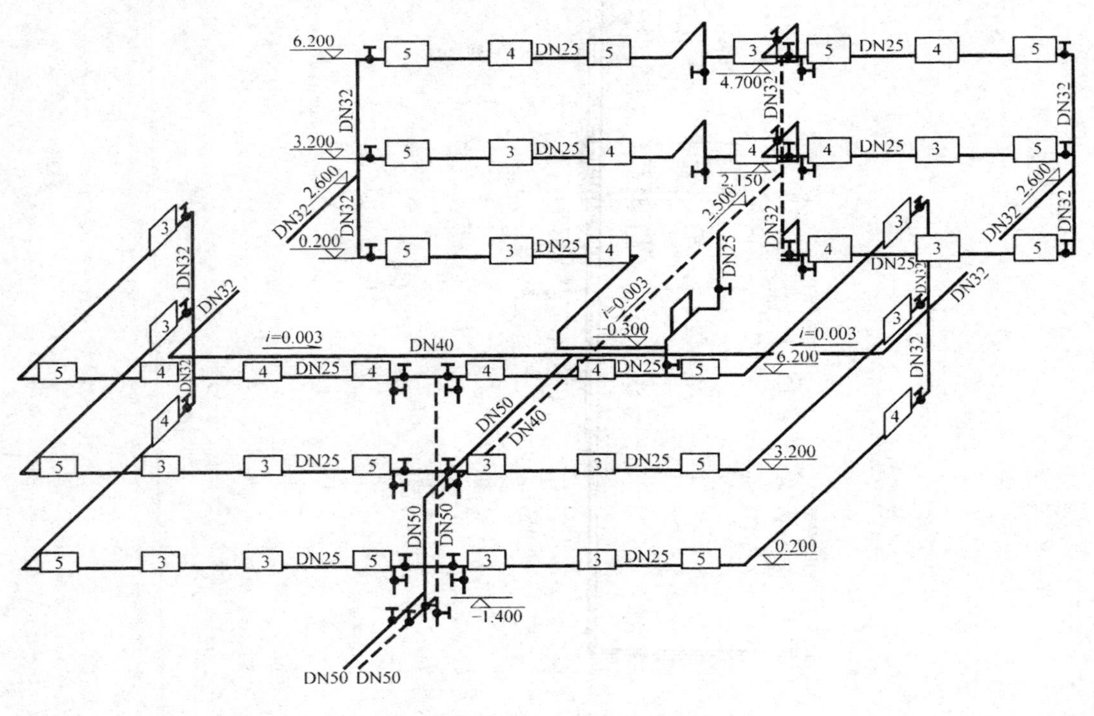

图 4-9　壁挂式下行上给供暖系统轴测图

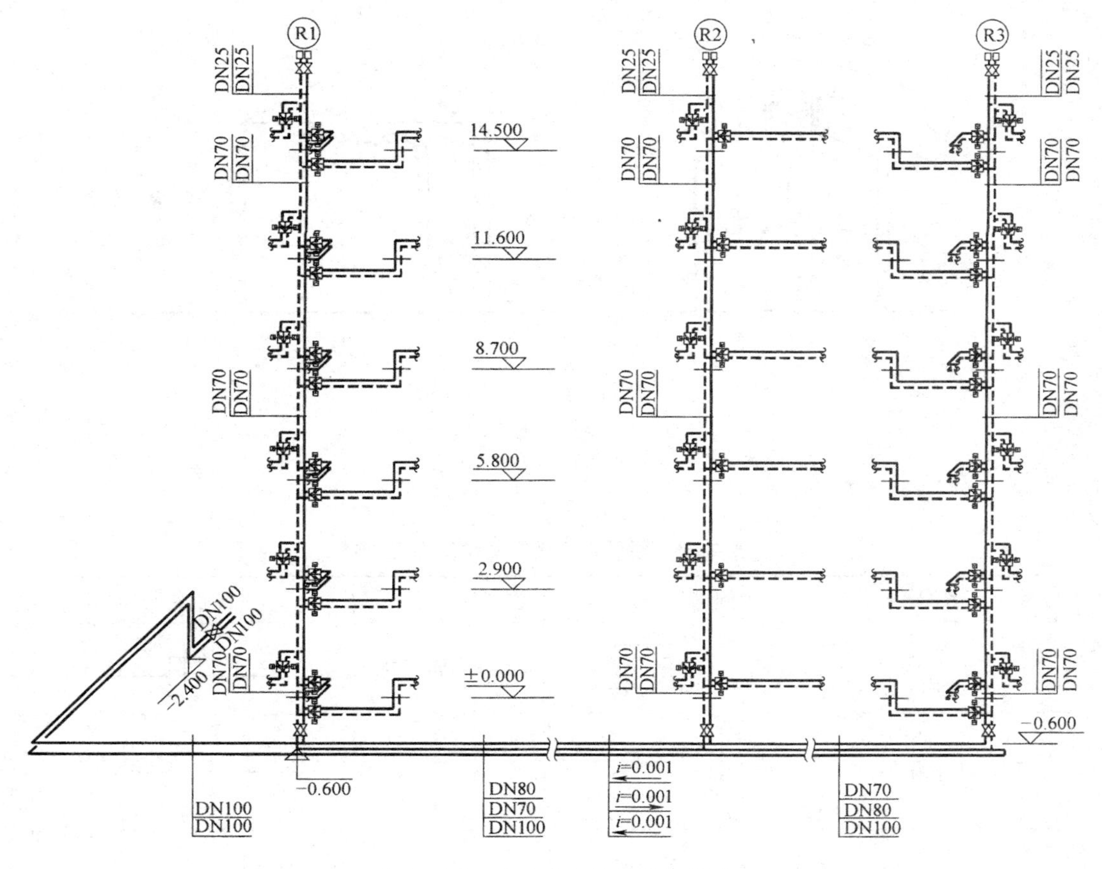

图 4－10 地热式供暖系统轴测图

二、通风系统施工图

所谓通风，就是把室内被污染的空气直接或经净化后排到室外，把新鲜空气补充进来，从而保持室内空气环境符合卫生标准和满足生产工艺的需要。按通风系统作用范围的不同，通风可以分为局部通风和全面通风两种方式；按照通风系统工作动力的不同，通风又可以分为自然通风和机械通风（空调通风）两种。建筑物如采用自然通风，设计时应考虑最大限度利用自然通风、增加室内的通风换气量；如采用机械通风，设计时应保证有足够的新风量和室内风系统的平衡，如图 4－11 所示。通风系统施工图包括平面图、剖面图、轴测图和详图。在通风系统施工图中通风系统一般也都采用一些图例符号来表示，表 4－3 列出了通风系统施工图常用图例符号。

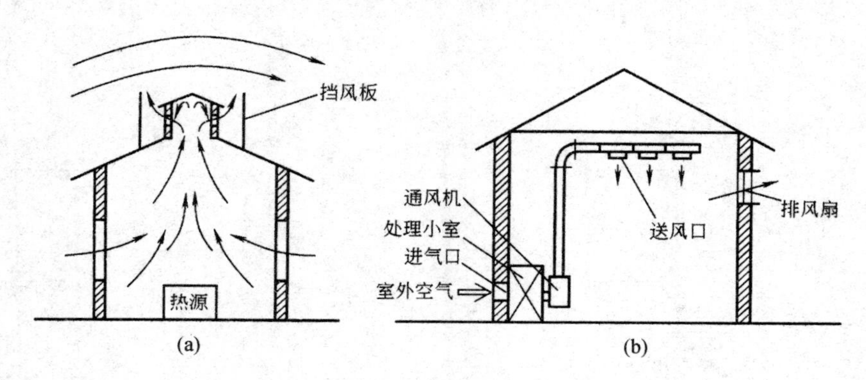

图 4－11　通风形式

(a)自然通风;(b)机械通风

表 4－3　通风系统施工图常用图例符号

序号	名称	图例符号	序号	名称	图例符号
1	风口（通用）	或	8	插板阀	
2	百叶窗		9	蝶阀	
3	轴流风机	或	10	对开多叶调解阀	手动　电动
4	离心风机		11	风管止回阀	
5	空气加热、冷却器	单加热　单冷却　双功能换热	12	软接头	
6	加湿器		13	窗式空调器	
7	挡水板		14	分体空调器	

(一)通风系统平面图

通风系统平面图主要表明风管、通风设备的平面布置情况，一般包括以下内容：①风管、风口、调节阀等的位置；②风管、通风设备等与墙面的距离以及各部分尺寸；③进出风口的空气流动方向；④风机、电动机的型号等。通风系统平面图、剖面图见图4－12。其中剖面图表示风管、通风设备等在垂直方向的布置情况和标高。从图4－12(b)的Ⅰ－Ⅰ剖面图中可以看出风管的高度尺寸是变化的：送风管的上表面水平，下表面倾斜；回风管的下表面水平，上表面倾斜。这种布置与其送排风量的大小有关。

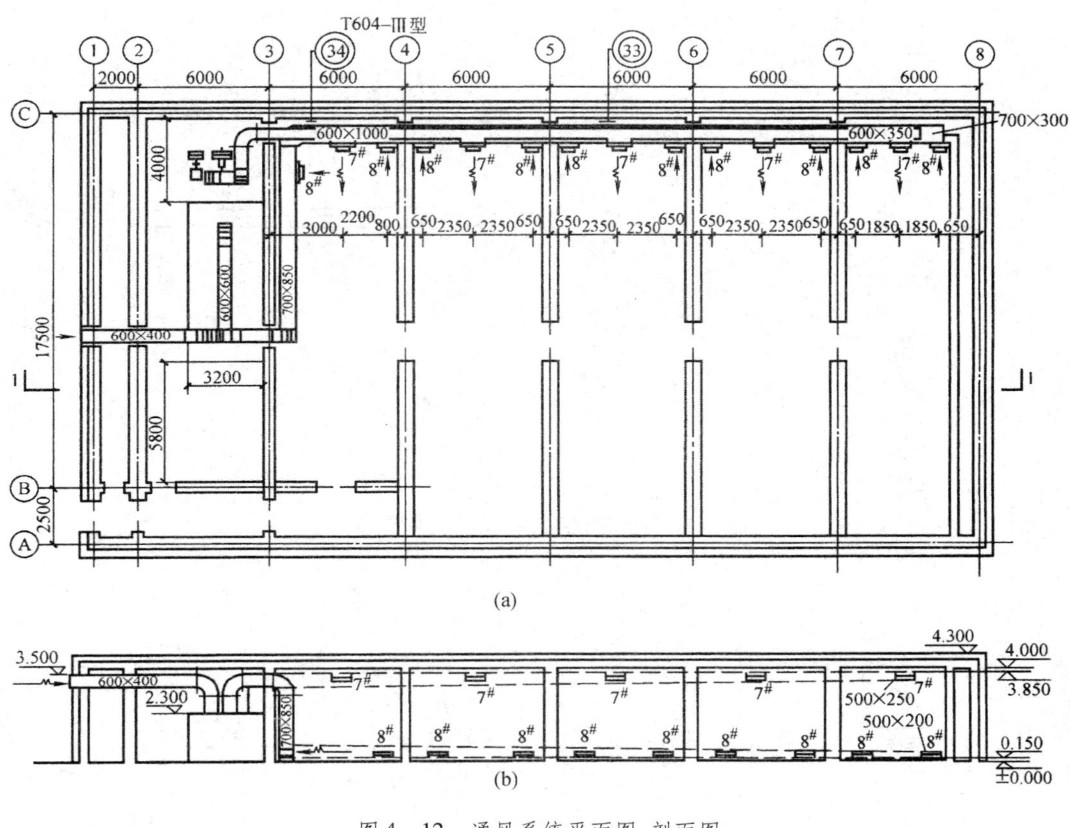

图4－12　通风系统平面图、剖面图

(a)平面图；(b)Ⅰ－Ⅰ剖面图

(二)通风系统轴测图及详图

通风系统轴测图可以清楚地表达风管的空间曲折变化情况，立体感强，见图4－13。从图中很容易看出风管的空间走向以及通风系统的空间布置情况。

通风系统详图主要用于表达各零部件的尺寸及其加工、安装的要求等。图4－14为风管接头详图，请读者试读。

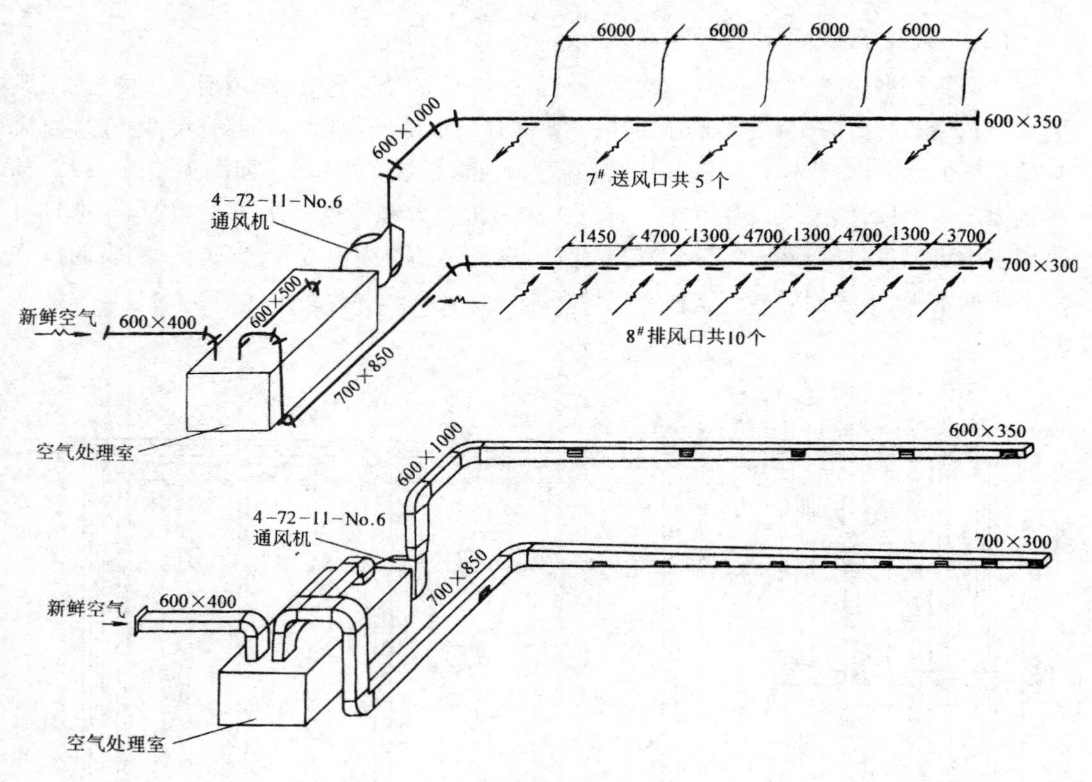

图 4－13　通风系统轴测图

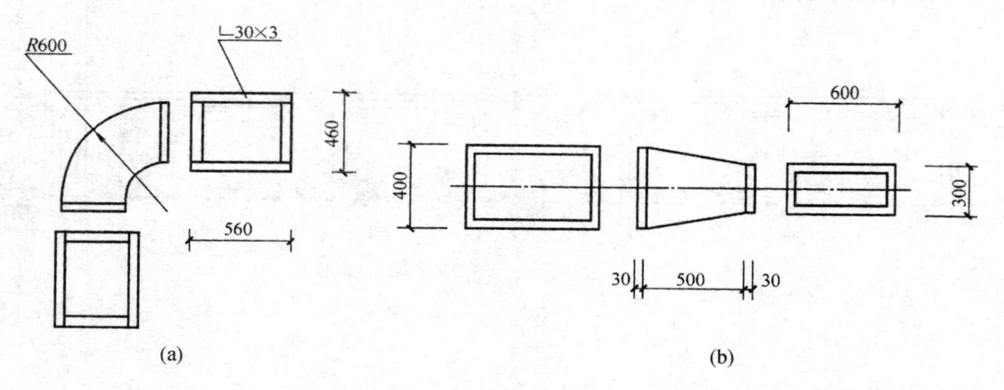

图 4－14　风管接头详图

(a)风管转弯处;(b)风管接头(大小头)

第四节　电气系统施工图的识读

识读电气系统施工图时，在了解电气系统施工图的基本知识的基础上，只有按照一定顺序进行，才能快速地读懂图纸，从而达到识图的目的。一套电气系统施工图所包括的内容较多，图纸往往有很多张，一般除了应按一定的顺序阅读之外，还应相互对照。在工程建设中，电气设备一般可分为：照明设备，如白炽灯等；电热设备，如电烤箱等；动力设备，如电动机等；弱电设备，如电话等；防雷设备，如避雷针等。本节主要对照明设备的电气系统施工图加以介绍，其他几种请读者自行了解。电气系统在房屋内部的顺序一般为：进户线—配电盘—干线—分配电板—支线—电气设备。

一、图例符号和文字符号简介

电气系统施工图中的各电气元件和电气线路一般都采用图例符号来表示。表4－4列出了常用电气元件图例符号，表4－5列出了常用电气线路图例符号。

表4－4　常用电气元件图例符号

序号	名称	图例符号	序号	名称	图例符号
1	电动机	 M	8	断路器	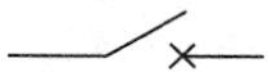
2	变压器	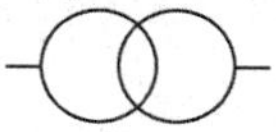	9	刀开关	
3	变电所		10	灯（一般符号）	
4	配电中心（示出五根导线）	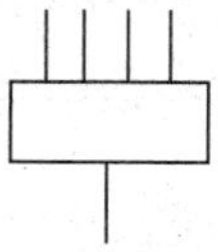	11	荧光灯	
5	电表	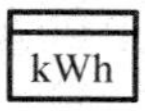 kWh	12	吊扇	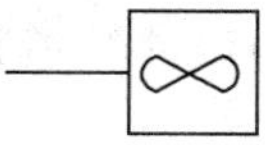
6	交流电焊机	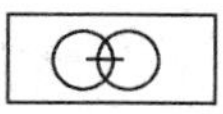	13	单相插座	
7	直流电焊机	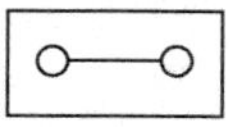	14	带保护接点插座	

续表

序号	名称	图例符号	序号	名称	图例符号
15	按钮		17	电信插座（一般符号）	
16	熔断器		18	开关（一般符号）	

表 4 - 5　常用电气线路图例符号

序号	名称	图例符号	序号	名称	图例符号
1	线路一般符号		10	电源引入	
2	电杆架空线路		11	避雷线	
3	移动式电缆		12	接地	
4	接地接零线路		13	一根导线	
5	导线相交连接		14	两根导线	
6	导线相交不连接		15	三根导线	
7	导线引上和引下		16	四根导线	
8	导线由上引来或由下引来		17	n 根导线	n
9	导线引上并引下		18	带拉线的电杆	

除图例符号以外，电气系统中还采用许多文字符号来简化说明，使人们看到这些文字符号就能知道其含义。表 4 - 6 列出了一些常用的电气文字符号。

表 4-6　电气文字符号表

名称	文字符号	说明
电源	m ~ fu	交流电,m——相数,f——频率,u——电压
相序	A	第一相,涂黄色
	B	第二相,涂绿色
	C	第三相,涂红色
	N	中性线,涂白色或黑色
用电设备	$\frac{a}{b}$或$\frac{a\mid c}{b\mid d}$	a——设计编号;b——容量;c——电流;d——标高
电力或照明配电设备	$a\frac{b}{c}$	a——编号;b——型号;c——容量
开关及熔断器	$a\frac{b}{c/d}$或 a - b - c/I	a——编号;b——型号;c——电流;d——线规格;I——熔断电流
变压器	a/b - c	a——一次电压;b——二次电压;c——额定电压
配电线路	a(b×c)d - e	a——导线型号;b——根数;c——线截面;d——敷设方式和穿管直径;e——敷设部位
灯具	$a-b\frac{c\times d}{e}f$	a——灯具数;b——型号;c——每盏灯泡数;d——灯泡容量;e——安装高度;f——安装方式
引入线	$a\frac{b-c}{d(e\times f)-g}$	a——设备编号;b——型号;c——容量;d——导线牌号;e——根数;f——导线截面;g——敷设方式
线路敷设	M	明敷设
	A	暗敷设
明敷设	CP	瓷瓶或瓷柱敷设
	CJ	瓷夹板或瓷卡敷设
	CB	木槽板敷设
暗敷设	G	穿焊接管
	DG	穿电线管
	VG	穿硬塑料管
线路敷设部位	L	沿梁下、屋架下敷设
	Z	沿柱敷设
	Q	沿墙面敷设
	P	沿顶棚面敷设
	D	沿地板敷设
常用照明灯	T	圆筒形罩灯
	W	碗罩灯
	P	玻璃平盘罩灯
	S	搪瓷伞罩灯

续表

名称	文字符号	说明
灯具安装方式	G	吊杆灯
	L	链吊灯
	X	自在器吊线灯
	B	壁灯
	D	吸顶灯
导线型号	BV	铜芯塑料线
	BVR	铜芯塑料软线
	BX	铜芯橡皮线
	BXR	铜芯橡皮软线
	BXH	铜芯橡皮花线
	BXG	铜芯穿管橡皮线
	BLV	铝芯塑料线
	BLX	铝芯橡皮线
	BLXG	铝芯穿管橡皮线
	BXS	双芯橡皮线

二、电气系统施工图的组成

电气系统施工图主要包括以下内容。

(一)设计说明

主要包括电源、内外线、强弱电以及负荷等级;导线材料和敷设方式;接地方式和接地电阻;避雷要求;需检验的隐蔽工程;施工注意事项;电气设备的规格、安装方法。

(二)电气外线总平面图

主要用于表明线路走向、电杆位置、路灯设置以及线路入户方式等。

(三)电气平面图

主要用来表明电源引入线的位置、安装高度、电源方向;其他电气元件的位置、规格、安装方式;线路敷设方式、根数等。电气平面图一般分为变配电平面图、动力平面图、照明平面图、弱电平面图、室外工程平面图,在高层建筑中有标准层平面图、干线布置图等。电气平面图的特点是将同一层内不同安装高度的电气设备及线路都放在同一平面上来表示。图4－15和图4－16分别为某小区住宅楼一层电气干线平面图及标准层照明平面图。

通过对电气平面图的识读,可以了解以下内容:

(1)了解建筑物的平面布置、轴线分布、尺寸以及图纸比例。

(2)了解各种变、配电设备的编号、名称,各种用电设备的名称、型号以及它们在电气平面图上的位置。

(3)弄清楚各种配电线路的起点和终点、敷设方式、型号、规格、根数,以及在建筑物中的走向、平面和垂直位置。

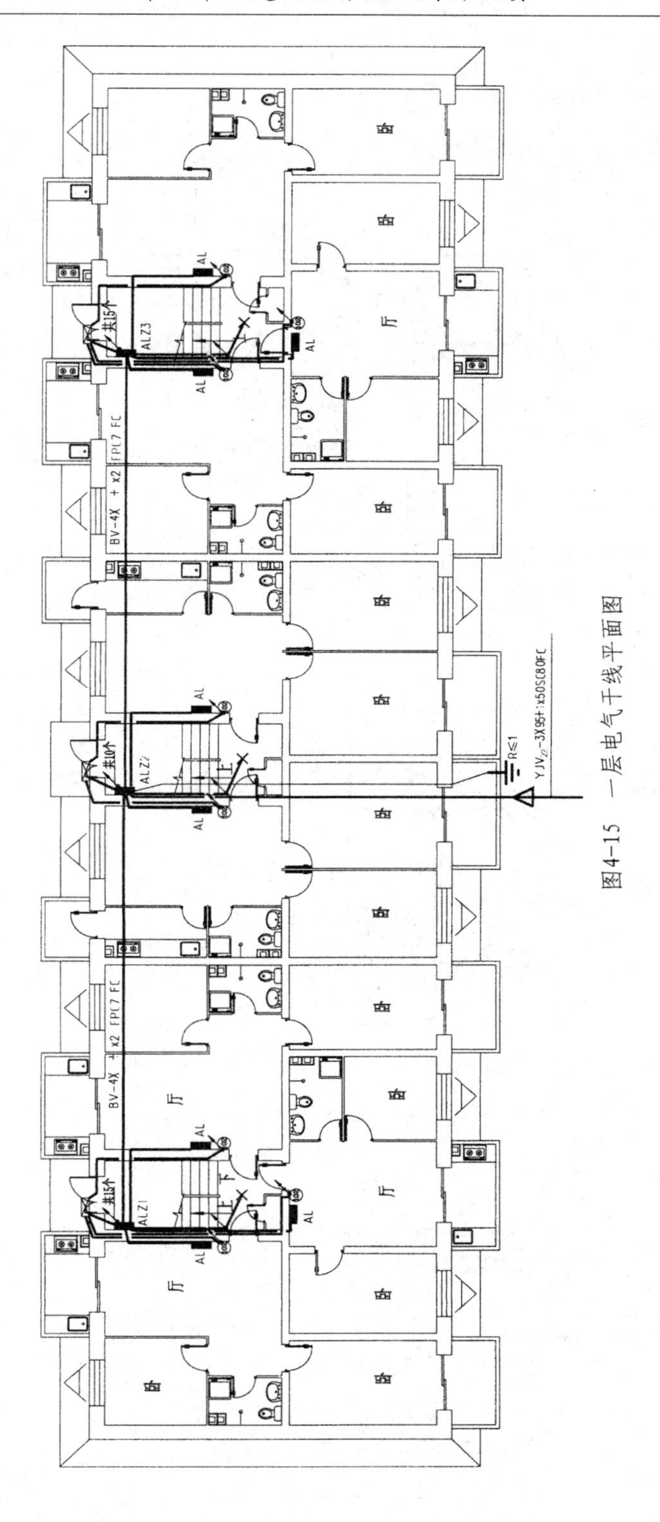

图4-15　一层电气干线平面图

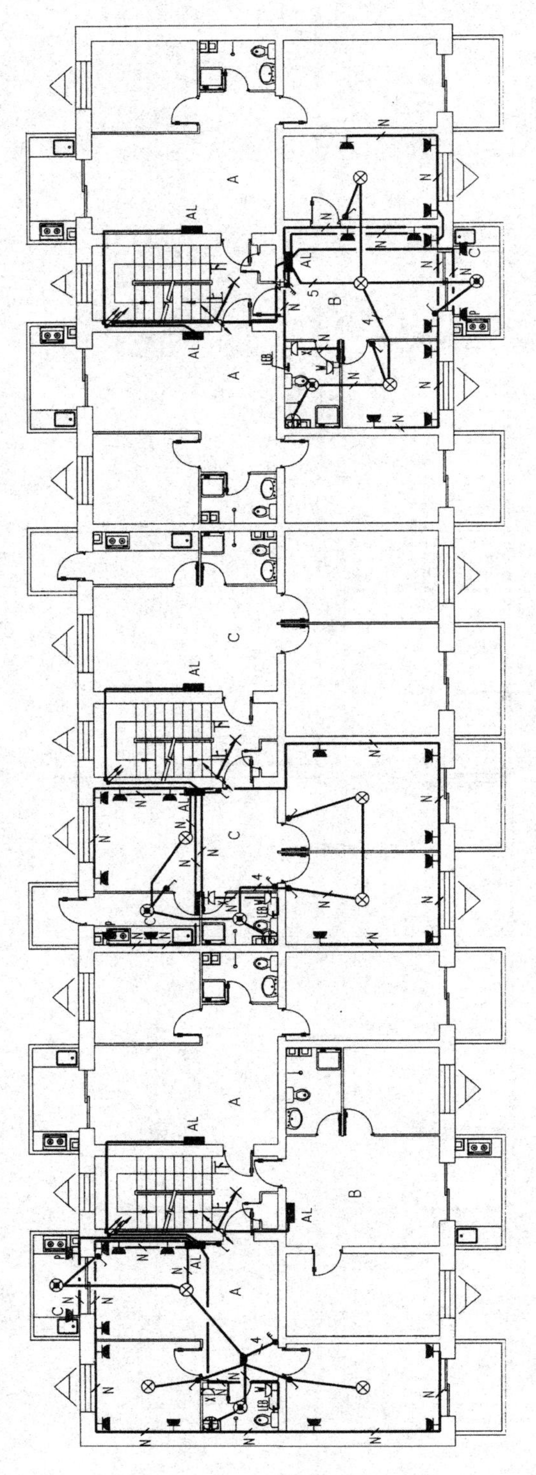

图4-16　标准层照明平面图

(四)电气系统图

电气系统图不是立体图形,它主要是由各种图例符号、文字符号以及线路组成的一种表格式的图形。电气系统图主要表明电气设备的安装方式、配电顺序、原理、型号、数量及导线规格等的关系。它不表示空间位置关系,只是示意性地把整个工程的供电线路用单线连接的形式来表示的线路图。

图4-17为某小区住宅楼的电气系统图。

通过识读电气系统图可以了解以下内容:

(1)整个变、配电系统的连接方式,从主干线至各分支回路分几级控制,有多少个分支回路。

(2)主要变、配电设备的名称、型号、规格及数量。

(3)主干线路的敷设方式、型号、规格。

(五)施工详图

施工详图主要用于表示某一局部的布置或安装要求。

(1)构件大样图。凡是在做法上有特殊要求,没有批量生产标准构件的,图纸中有专门的构件大样图,注有详细尺寸,以便按图制作。

(2)标准图。标准图是一种具有通用性质的详图,表示一组设备或部件的具体图形和详细尺寸,它不能作为独立进行施工的图纸,只能被视为某项施工图的一个组成部分。

三、电气系统施工图的识读步骤

电气系统施工图中除了少量的投影图外,主要是一些系统图、原理图和接线图。对于投影图的识读,关键是要解决好平面与立体的关系问题,即搞清电气设备的装配、连接关系。而系统图、原理图和接线图都是用各种图例符号绘制的示意性图样,不表示平面与立体的关系,只表示各种电气设备、部件之间的连接关系。

识读电气系统施工图应按以下步骤进行:

(1)熟悉各种电气工程图例符号与文字符号。

(2)了解建筑物的土建概况,结合土建施工图识读电气系统施工图。

(3)按照设计说明—电气外线总平面图—电气系统图—各层电气平面图—施工详图的顺序,先对工程有一个总体概念,再对照着电气系统图,对每个部分、每个局部进行细致的理解,深刻地领会设计意图和安装要求。

(4)按照各种电气分项工程(照明、电热、动力、弱电、防雷等)进行分类,仔细阅读电气平面图,弄清各电气设备的位置、配电方式及走向,安装电气设备的位置、高度,导线的敷设方式、穿管管径及导线的规格等。

进行电气设备安装时,一般都按照《电气安装工程施工图册》进行施工。有不同的安装方法和构造时,需绘制施工详图。

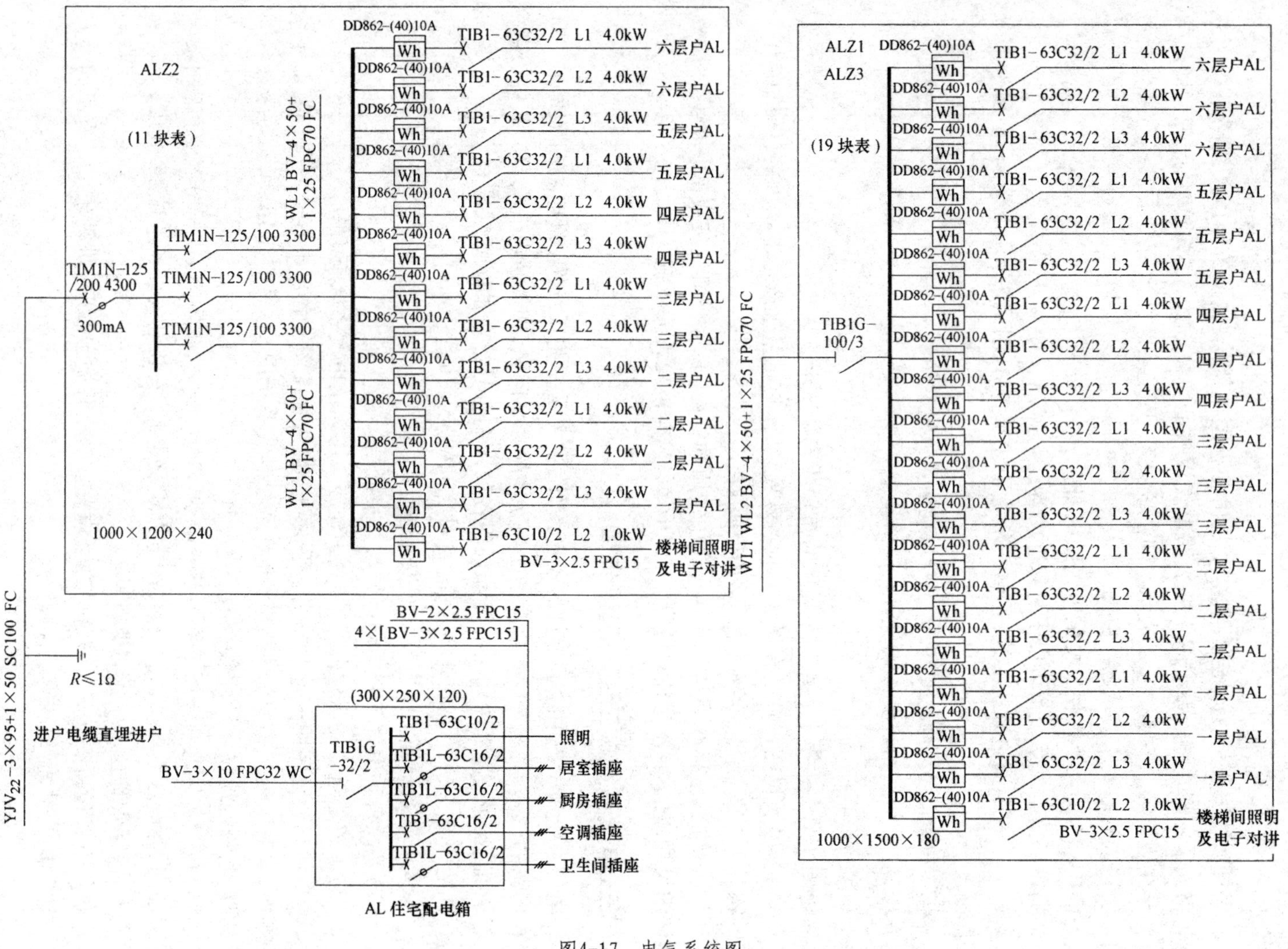

ALZ2
(11 块表)
TIM1N-125/200 4300
300mA
TIM1N-125/100 3300
TIM1N-125/100 3300
TIM1N-125/100 3300
WL1 BV-4×50+1×25 FPC70 FC
WL1 BV-4×50+1×25 FPC70 FC
DD862-(40)10A
Wh
TIB1-63C32/2 L1 4.0kW 六层户AL
TIB1-63C32/2 L2 4.0kW 六层户AL
TIB1-63C32/2 L3 4.0kW 五层户AL
TIB1-63C32/2 L1 4.0kW 五层户AL
TIB1-63C32/2 L2 4.0kW 四层户AL
TIB1-63C32/2 L3 4.0kW 四层户AL
TIB1-63C32/2 L1 4.0kW 三层户AL
TIB1-63C32/2 L2 4.0kW 三层户AL
TIB1-63C32/2 L3 4.0kW 二层户AL
TIB1-63C32/2 L1 4.0kW 二层户AL
TIB1-63C32/2 L2 4.0kW 一层户AL
TIB1-63C32/2 L3 4.0kW 一层户AL
TIB1-63C10/2 L2 1.0kW 楼梯间照明及电子对讲
BV-3×2.5 FPC15
1000×1200×240
WL1 WL2 BV-4×50+1×25 FPC70 FC
ALZ1
ALZ3
(19 块表)
TIB1G-100/3
TIB1-63C32/2 L1 4.0kW 六层户AL
TIB1-63C32/2 L2 4.0kW 六层户AL
TIB1-63C32/2 L3 4.0kW 六层户AL
TIB1-63C32/2 L1 4.0kW 五层户AL
TIB1-63C32/2 L2 4.0kW 五层户AL
TIB1-63C32/2 L3 4.0kW 五层户AL
TIB1-63C32/2 L1 4.0kW 四层户AL
TIB1-63C32/2 L2 4.0kW 四层户AL
TIB1-63C32/2 L3 4.0kW 四层户AL
TIB1-63C32/2 L1 4.0kW 三层户AL
TIB1-63C32/2 L2 4.0kW 三层户AL
TIB1-63C32/2 L3 4.0kW 三层户AL
TIB1-63C32/2 L1 4.0kW 二层户AL
TIB1-63C32/2 L2 4.0kW 二层户AL
TIB1-63C32/2 L3 4.0kW 二层户AL
TIB1-63C32/2 L1 4.0kW 一层户AL
TIB1-63C32/2 L2 4.0kW 一层户AL
TIB1-63C32/2 L3 4.0kW 一层户AL
TIB1-63C10/2 L2 1.0kW 楼梯间照明及电子对讲
BV-3×2.5 FPC15
1000×1500×180
YJV22-3×95+1×50 SC100 FC
R≤1Ω
进户电缆直埋进户
BV-2×2.5 FPC15
4×[BV-3×2.5 FPC15]
(300×250×120)
TIB1G-32/2
BV-3×10 FPC32 WC
TIB1-63C10/2 照明
TIB1L-63C16/2 居室插座
TIB1L-63C16/2 厨房插座
TIB1-63C16/2 空调插座
TIB1L-63C16/2 卫生间插座
AL 住宅配电箱

图4-17　电气系统图

第五节　燃气系统施工图的识读

由于城市燃气管网的建设以及为了给居民提供更好的服务设施,燃气安装已成为现在住宅楼建设的重要组成部分。燃气管网的分布近似于给水管网,但由于一些种类的燃气有毒,或与空气按一定比例混合时易发生爆炸,所以对于燃气设备、管道等的设计、加工与敷设都有严格要求,必须注意进行防腐、防漏气的处理,同时还应加强维护和管理工作。

一、燃气管道的组成

在民用建筑和公共建筑中,燃气管道与城市燃气管网相连接,并将燃气送到各个燃具。燃气管道由用户引入管、立管、水平干管、用户支管、用户连接管等部分组成。

(一)用户引入管

用户引入管与城市或庭院地下分配管道连接,在分支管处应设阀门。当输送含有水分的湿燃气时,引入管应以0.003的坡度坡向燃气管道。用户引入管的直径一般不小于50 mm。燃气管道引入建筑物时,一般直接引入用气房间或计量间,并加装总阀门,以便于关断和检修。用户引入管的敷设方式分为地下引入法和地上引入法两种。一般来说,新建建筑物应预留管洞,尽量采用地下引入法,但目前很多民用建筑仍为建成后再进行燃气管道的设计与安装,因此,为了不破坏建筑物的基础结构,多采用地上引入法。

(二)立管

立管就是穿过楼板贯通各用户的垂直管,一般应敷设在厨房或走廊内。立管的上下端应装丝堵,以便于清扫。立管的直径一般不小于25 mm。

(三)水平干管

当建筑物内需设置若干根立管时,应设置水平干管进行连接。水平干管要沿通风良好的楼梯间、走廊或辅助房间敷设,一般高度不小于2 m,与天花板的距离不得小于150 mm。输送燃气时,水平干管应以不小于0.003的坡度坡向用户引入管,并注意保湿。

(四)用户支管

由立管引出的用户支管,其水平管段在居民住宅的厨房内不应低于1.7 m,但从方便施工的角度考虑,与天花板的距离不得小于150 mm。用户支管敷设坡度不小于0.002,并由燃气计量表分别坡向立管和燃具。

(五)用户连接管

用户连接管是连接用户支管与燃具的管段。每个燃具前均应设置旋塞阀,旋塞阀距地面1.4 m左右。管道与燃具之间的连接可分为硬连接(钢管连接)与软连接(橡胶软管连接)两种。采用硬连接时,燃具不能随意移动;采用软连接时,燃具可在一定范围内移动。目前,燃具连接多为软连接。一般家用燃气灶的软管长度不超过1 m,燃气热水器的软管长度不超过0.5 m,连接应保证严密。

二、燃气系统施工图的识读

燃气系统施工图一般有平面图、系统图和详图三种,同时还附有设计说明。绘制的方法同给排水系统施工图一样。图4-18为某住宅室内燃气管道系统剖面图。

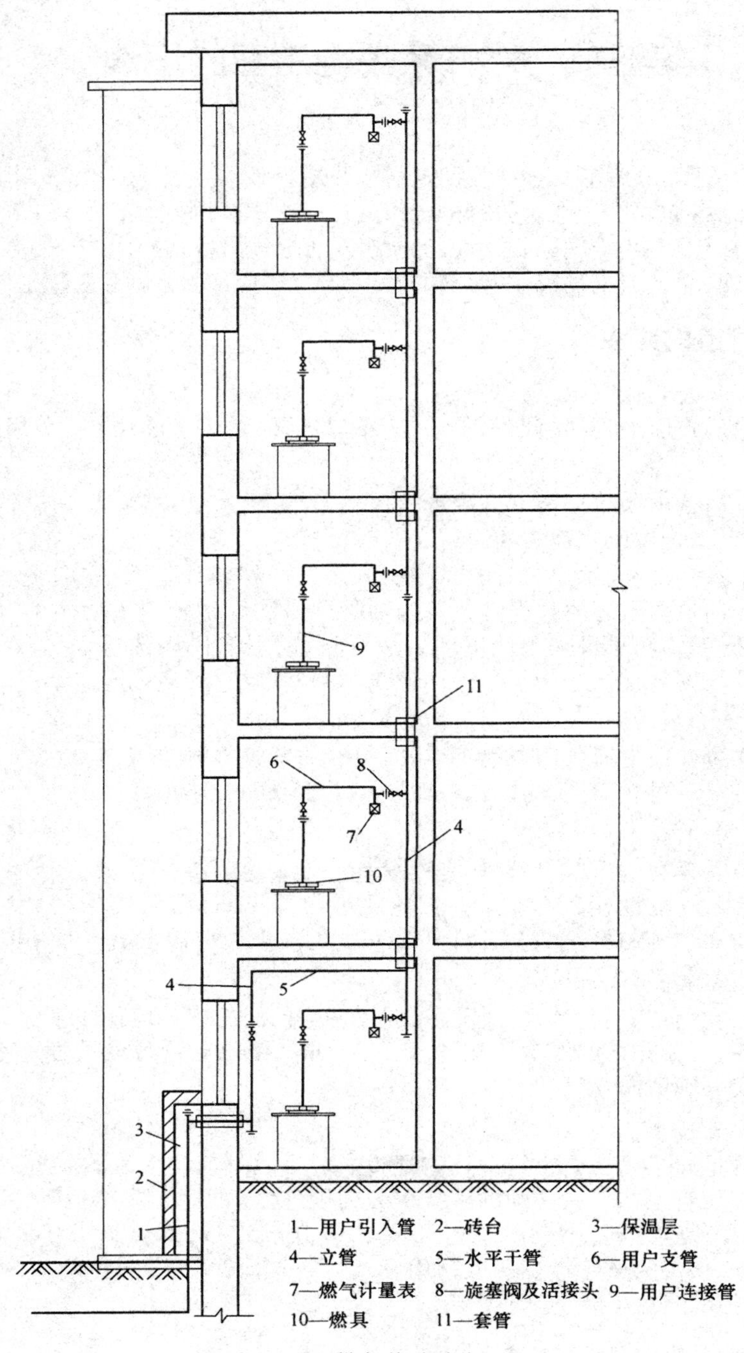

图 4－18　燃气管道系统剖面图

从图4－18中可以看出：燃气管道通过用户引入管从室外进入室内，通过立管进入各楼层，再由水平干管、用户支管送入厨房。

图4－19为某单户燃气管道平面图与系统图。平面图表达的是燃气系统平面布置的相关尺寸和要求；系统图表达的是该系统的空间布置，管道与设备的尺寸、型号、标高及安装要求。

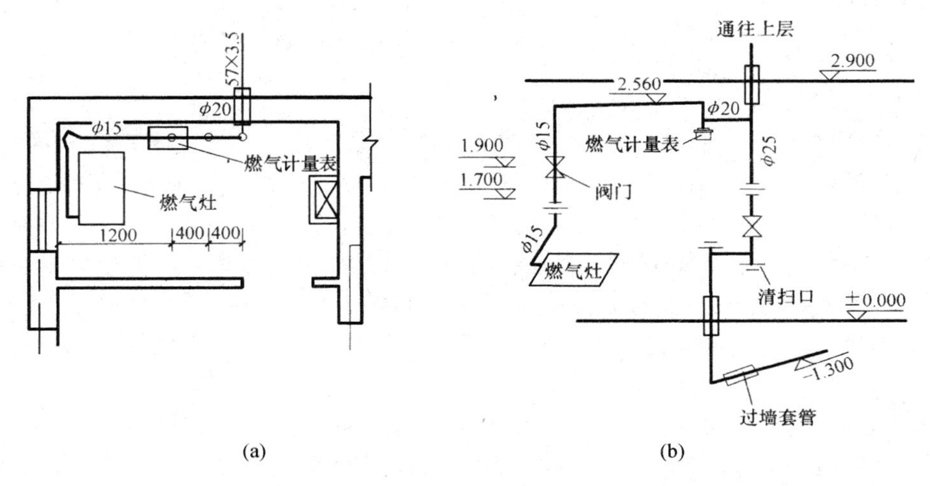

图4－19　某单户燃气管道平面图与系统图

(a)平面图；(b)系统图

思考题

1. 建筑设备施工图的内容与特点有哪些？
2. 试述室内给排水系统施工图所包含的内容。
3. 给排水系统轴测图的内容和特点是什么？
4. 简述通风系统施工图的组成和识读。
5. 简述电气系统施工图的组成和识读。

第五章　建筑构造概论

建筑物是供人们居住、生活、生产和进行各种社会活动的房屋,如住宅、宿舍、厂房等。仅仅为满足生产、生活的某一方面需要而建造的某些工程设施则称为构筑物,如水池、水塔、烟囱等。

构成建筑物的基本要素是:建筑功能、物质技术条件和建筑形象。建筑功能是指建筑物的实用性,它是建筑的目的,是主导因素;物质技术条件是达到建筑目的的手段;建筑形象体现出建筑物的特点,给人以美的享受。建筑功能、物质技术条件和建筑形象是互相促进、互相制约的。

建筑构造学是一门研究建筑物各组成部分的构造原理和构造方法的科学,是建筑设计学不可分割的一部分。它具有实践性强和综合性强的特点,在内容上不仅反映了对实践经验的高度概括,而且还涉及建筑材料学、建筑物理学、建筑力学、建筑结构学、建筑工程学以及建筑经济学等有关方面的理论。建筑物是由许多部分组成的,这些组成部分在建筑工程中被称为构件或配件。建筑构造原理就是综合多方面的技术知识,根据多种客观因素,以选材、造型、工艺、安装为依据,研究各种构配件及其细部构造的合理性,以便更有效地满足建筑使用功能的理论。建筑构造方法则是在建筑构造原理的指导下,进一步研究如何运用各种材料,有机地组合各种构配件,并提出各构配件之间相互连接的方法和这些构配件在使用过程中的各种防范措施的方法。

第一节　建筑物的类型及等级

一、建筑物的类型

一般建筑物可按其功能、性质和特征分类,常见的分类方法有以下几种。

(一)按使用功能分

1. 民用建筑

民用建筑即非生产性建筑,是指供人们工作、学习、生活等的建筑,一般分为以下两种。

(1)居住建筑

指供人们生活起居用的建筑物,其中包括以下几种。

①住宅建筑:公寓、老年人住宅、底商住宅等。

②宿舍建筑:单身宿舍或公寓、学生宿舍或公寓等。

(2)公共建筑

指供人们从事政治文化活动、行政办公、商业、生活服务等公共事业的建筑物,其中包括以下几种。

①办公建筑:各级立法、司法、党委、政府办公楼,商务、企业、团体、社区办公楼等。

②科研建筑:实验楼、科研楼、设计楼等。

③文化建筑:剧院、电影院、图书馆、博物馆、档案馆、文化馆、展览馆、音乐厅、礼堂等。

④商业建筑:百货公司、超级市场、菜市场、旅馆、饮食店、银行、邮局等。

⑤体育建筑:体育场、体育馆、游泳馆、健身房等。

⑥医疗建筑:综合医院、专科医院、康复中心、急救中心、疗养院等。

⑦交通建筑:汽车客运站、港口客运站、铁路客运站、空港航站楼、地铁站等。

⑧司法建筑:法院、看守所、监狱等。

⑨纪念建筑:纪念馆、纪念塔、故居等。

⑩园林建筑:旅游景点建筑、城市建筑小品等。

⑪综合建筑:多功能综合大楼、商住楼、商务中心等。

2. 工业建筑

工业建筑是指各类工业生产用房和为生产服务的附属用房,一般分为以下三种:

(1)单层工业厂房;

(2)多层工业厂房;

(3)单、多层混合的工业厂房。

3. 农业建筑

农业建筑是指供农业生产使用的房屋,包括饲养牲畜、贮存农具和农产品用房,以及农业机械用房,如养殖场、温室、种子库等。

(二)按主要承重构件材料分

1. 木结构建筑

大部分用木材建造或以木材作为主要承重构件的建筑物称为木结构建筑。它适用于低层和规模较小的建筑。由于木材耐久性能和耐火性能差,同时出于节约木材的考虑,木结构建筑现在较少采用。

2. 砖混结构建筑

用砖墙、钢筋混凝土楼板、木屋架或钢筋混凝土屋面板作为主要承重构件的建筑,称为砖混结构建筑。这类建筑的竖向承重构件为砖墙或砖柱,水平承重构件为钢筋混凝土楼板、屋面板。砖混结构较多用于多层住宅。

3. 钢筋混凝土结构建筑

钢筋混凝土结构建筑的主要承重构件是用钢筋混凝土材料制成的。这种建筑耐火性能和耐久性能好,取材方便,造价较低,适用于高层、大空间结构的建筑。钢筋混凝土结构目前在我国被广泛采用。

4. 钢结构建筑

钢结构建筑是指主要承重构件全部由钢材制成的建筑。钢结构建筑具有强度高、构件密度小、平面布局灵活、抗震性能好等特点,因此这种结构目前主要用于大跨度、大空间以及高层建筑中。

此外还有生土建筑、充气建筑、塑料建筑等。

(三)按建筑结构承重方式分

1. 墙承重结构建筑

用墙体承受楼板及屋顶传来的全部荷载,并把荷载传递给基础的建筑称为墙承重结构建筑。这种承重结构适用于内部空间较小,高度较小的建筑。

2. 骨架承重结构建筑

用由柱与梁组成的骨架承受全部荷载,墙体只起围护和分隔作用的建筑称为骨架承重结构建筑。这种承重结构适用于跨度大、荷载大、高度大的建筑。

3. 内骨架承重结构建筑

建筑内部用由梁、柱组成的骨架承重,四周用外墙承重的承重结构,称为内骨架承重结构建筑。这种承重结构适用于局部设有较大空间的建筑。

4. 空间结构建筑

用空间构架或结构承受全部荷载的建筑称为空间结构建筑。常见的空间结构有钢筋混凝土薄壳结构、平板网架结构、网壳结构、悬索结构、膜结构、索 - 膜结构等,多用于大跨度的公共建筑中。

(四)按建筑层数或高度分

建筑物按建筑层数或高度可划分为低层、多层、高层建筑等。

住宅建筑中 1 ~ 3 层的为低层建筑;4 ~ 6 层的为多层建筑;7 ~ 9 层的为中高层建筑;10 层及以上的为高层建筑。

公共建筑及综合性建筑中,总高度超过 24 m 的为高层建筑(不包括高度超过 24 m 的单层主体建筑)。

联合国经济与社会事务部针对世界高层建筑的发展情况,把高层建筑划分为以下四种类型。

(1)低高层建筑:9 ~ 16 层,建筑总高度在 50 m 以下。

(2)中高层建筑:17 ~ 25 层,建筑总高度为 50 ~ 75 m。

(3)高高层建筑:26 ~ 40 层,建筑总高度为 75 ~ 100 m。

(4)超高层建筑:40 层以上,建筑总高度在 100 m 以上。

一般当建筑总高度超过 100 m 时,不论住宅建筑或公共建筑均为超高层建筑。

(五)按施工方法分

施工方法是指建筑房屋所采用的方法,分为以下几类。

1. 现浇、现砌式

这种施工方法是指主要构件均在施工现场砌筑(如砖墙)或浇注(如钢筋混凝土构

件)。

2. 预制、装配式

这种施工方法是指主要构件在加工厂预制,在施工现场进行装配。

3. 部分现浇现砌、部分装配式

这种施工方法是指部分构件在现场浇注或砌筑(大多为竖向构件),部分构件为预制吊装(大多为水平构件)。

(六)按规模和数量分

1. 大型性建筑

大型性建筑指建造数量少、单体建筑规模大、个性强的建筑,如机场候机楼、体育馆、大型商场等。此类建筑一般对某一特定功能要求较高,结构和构造复杂,单体造价高。

2. 大量性建筑

大量性建筑指建造数量多、相似性强的建筑,如住宅、学校、商亭等。此类建筑单体规模不大,但分布面广,与人们生活密切相关。

二、建筑物的等级划分

对于不同类别的建筑物的质量要求是不同的。为了便于控制和掌握,常按建筑物的耐久年限和耐火程度划分等级。

(一)建筑物的耐久年限等级

建筑物的耐久年限等级主要根据建筑物的重要性和建筑物的质量标准而定,是建筑投资、建筑设计和选用材料的重要依据。在我国《民用建筑设计通则》中,主体结构确定的建筑物耐久年限分为以下四级。

一级:耐久年限为100年以上,适用于重要的建筑和高层建筑。

二级:耐久年限为50~100年,适用于一般性建筑。

三级:耐久年限为25~50年,适用于次要的建筑。

四级:耐久年限为15年以下,适用于临时性建筑。

(二)建筑物的耐火等级

建筑物的耐火等级取决于房屋主要构件的耐火极限和燃烧性能。根据我国《建筑设计防火规范》、《高层民用建筑设计防火规范》的规定,高层民用建筑的耐火等级分为两级,其他建筑的耐火等级分为四级。其详细内容请参阅本书第十二章。

三、建筑标准化

随着我国工农业生产向现代化方向发展,机械化生产正在逐步代替手工操作,促进了经济水平的提高。建筑业也必须用先进的大工业生产方式适应经济发展的需要,即建筑必须实现标准化。

(一)建筑标准化

建筑标准化的内容包括:设计标准化、构配件生产工厂化、施工机械化。设计标准化是指统一设计构配件,尽量减少其类型,进而实现整个房屋或单元的标准化设计;构配件生产工厂化是指在工厂里生产建筑构配件,逐步做到构配件商品化;施工机械化是指使用机械代替繁重的体力劳动进行施工。设计标准化是建筑标准化的前提。

建筑标准化的依据主要包括两个方面:一是国家颁发的建筑法规、建筑设计规范、建筑制图标准、建筑模数协调统一标准、定额与技术经济指标等;二是国家或地方设计、施工部门所编制的标准构配件图集,房屋的标准设计图,以及针对构配件生产、运输、施工组织管理等的生产管理体系。

(二)建筑模数协调统一标准

为了使建筑制品、建筑构配件及其组合件实现工业化大规模生产,使不同材料、不同形式和不同构造方法的建筑构配件、组合件具有较大的通用性和互换性,达到减少构配件类型、统一构配件规格的目的,我国颁布了《建筑模数协调统一标准》,作为设计、施工、构配件制作、科研的尺寸依据。

1. 基本模数

基本模数是《建筑模数协调统一标准》中的基本单位,用 M 表示,1 M = 100 mm。

2. 扩大模数

扩大模数是导出模数的一种,其数值为基本模数的整数倍。扩大模数按 3 M(300 mm)、6 M(600 mm)、12 M(1 200 mm)、15 M(1 500 mm)、30 M(3 000 mm)、60 M(6 000 mm)取用。

3. 分模数

分模数是导出模数的另一种,其数值为基本模数的分数倍。为了满足细小尺寸的需要,分模数按 1/2 M(50 mm)、1/5 M(20 mm)、1/10 M(10 mm)取用。

4. 模数数列

模数数列是以基本模数、扩大模数和分模数为基础,按照一定的数值展开方法扩展成的一系列尺寸。见表 5 - 1。

(三)建筑构件的尺寸

为了保证设计、生产、施工各阶段建筑制品、构配件等有关尺寸间的协调统一,必须明确标志尺寸、构造尺寸、实际尺寸的定义及其相互关系。

1. 标志尺寸

标志尺寸用以标注建筑物定位线之间的距离(跨度、柱距、层高等)以及建筑制品、建筑构配件、有关设备位置界限之间的尺寸。标志尺寸符合模数数列的规定。

2. 构造尺寸

构造尺寸是建筑制品、建筑构配件的设计尺寸,构造尺寸加上缝隙尺寸等于标志尺寸。缝隙尺寸的大小符合模数数列的规定。

3. 实际尺寸

实际尺寸是建筑制品、建筑构配件的实有尺寸。实际尺寸与构造尺寸之间的差数应由允许偏差幅度加以限制。

表 5－1　模数数列表

模数名称	基本模数	扩大模数						分模数		
模数基数	1 M	3 M	6 M	12 M	15 M	30 M	60 M	1/10 M	1/5 M	1/2 M
	100	300	600	1 200	1 500	3 000	6 000	10	20	50
模数数列幅度	100	300	600	1 200	1 500	3 000	6 000	10	20	50
	200	600	1 200	2 400	3 000	6 000	12 000	20	40	100
	300	900	1 800	3 600	4 500	9 000	18 000	30	60	150
	400	1 200	2 400	4 800	6 000	12 000	24 000	40	80	200
	500	1 500	3 000	6 000	7 500	15 000	30 000	50	100	250
	600	1 800	3 600	7 200	9 000	18 000	36 000	60	120	300
	700	2 100	4 200	8 400	10 500	21 000		70	140	350
	800	2 400	4 800	9 600	12 000	24 000		80	160	400
	900	2 700	5 400	10 800		27 000		90	180	450
	1 000	3 000	6 000	12 000		30 000		100	200	500
	1 100	3 300	6 600			33 000		110	220	550
	1 200	3 600	7 200			36 000		120	240	600
	1 300	3 900	7 800					130	260	650
	1 400	4 200	8 400					140	280	700
	1 500	4 500	9 000					150	300	750
	1 600	4 800	9 600					160	320	800
	1 700	5 100						170	340	850
	1 800	5 400						180	360	900
	1 900	5 700						190	380	950
	2 000	6 000						200	400	1 000
	2 100	6 300								
	2 200	6 600								
	2 300	6 900								
	2 400	7 200								
	2 500	7 500								
	2 600									
	2 700									
	2 800									
	2 900									
	3 000									
	3 100									
	3 200									
	3 300									
	3 400									
	3 500									
	3 600									
适用范围	适用于建筑物的开间、进深、层高、门窗洞口及构配件尺寸							适用于缝隙、构造节点和构配件的断面尺寸		

四、常用的专业名词

(一)横向

横向是指建筑物的宽度方向。

(二)纵向

纵向是指建筑物的长度方向。

(三)轴线

用来确定建筑主要结构或构件的位置、尺寸的基线以及设备定位线。

(四)横向轴线

用以确定横向墙、柱、梁、基础位置的轴线,其编号采用阿拉伯数字。

(五)纵向轴线

用以确定纵向墙、柱、梁、基础位置的轴线,其编号采用英文字母。

(六)开间

两相邻横向定位轴线之间的距离。

(七)进深

两相邻纵向定位轴线之间的距离。

(八)柱距

一般指工业建筑中两相邻横向定位轴线之间的距离。

(九)跨度

一般指工业建筑中两相邻纵向定位轴线之间的距离。

(十)绝对标高

以全国统一的水准点,即青岛附近的平均海平面为零点的标高,单位为 m。

(十一)相对标高

以某一相对点为零点的标高,单位为 m。一般把建筑物的首层室内地坪定为零点,其他位置与其比较,高于首层室内地坪的为正标高,反之为负标高。

(十二)层高

指包括结构层、抹面层在内的层间高度值。即地面到楼面或楼面到楼面的高度。

(十三)净高

指不包括结构层、抹面层在内的净空高度值。即地面面层至顶棚下皮的高度。它等于层高减去地面面层、结构层和顶棚层的厚度。

(十四)建筑面积

指包括墙、柱等结构面积在内的各层面积之和。一般是指建筑物的总长和总宽的乘积再乘以层数。

第二节　影响建筑构造的因素和建筑构造设计原则

一、影响建筑构造的因素

建筑物处于自然环境和人为环境之中，受到各种自然因素和人为因素的影响。为了增强建筑物对外界各种影响的抵御能力，提高建筑物的质量，延长其耐久年限，在进行建筑构造设计时，必须充分考虑各种因素的影响，以便根据这些因素的影响程度来提供合理的构造方案。对建筑物可能产生影响的因素很多，通常包括以下几方面。

（一）荷载的影响

作用在建筑物上的外力称为荷载，荷载分为永久荷载（恒荷载）和可变荷载（活荷载）。永久荷载主要是建筑构配件的自重；可变荷载包括人、家具、设备以及风、雪、地震等荷载。荷载的大小和作用方式是结构设计的主要依据，也是结构选型的重要基础，它决定着构配件的尺度和用料，而构配件的选材、尺寸、形状等又与构造密切相关，所以在确定建筑构造方案时，必须考虑荷载的影响。

在以上几种荷载中，风荷载的影响不可忽视，风力往往是影响高层建筑构造的主要因素，特别是在沿海地区影响更大。此外，地震力是目前自然界中对建筑物影响最大、破坏最严重的一种因素，因此必须引起重视。在构造设计中，应根据各地区实际情况予以设防及采取相应的构造措施，确保建筑的安全和正常使用。

（二）自然环境的影响

建筑物处于不同的自然环境中，各种自然环境对建筑构造的影响有很大差异。建筑构造设计必须与各地的气候特点相适应，具有明显的地方性。气温的变化、太阳的热辐射、自然界的风霜雨雪等均为影响建筑物的使用功能和建筑构配件使用寿命的因素。对自然环境的影响估计不足、设计不当，就会造成渗水、漏水、渗透冷风等现象，或引起建筑构配件因材料热胀冷缩而开裂、破坏，甚至引起建筑物倒塌等后果，还会导致室内过冷或过热而不适于工作等，总之，均会影响到建筑物的正常使用。为防止和减轻自然环境对建筑物的危害，保证建筑物的正常使用，在建筑构造设计时，应针对不同自然环境的特点及所受影响的性质与程度，对各有关部位采取必要的防范措施，如防潮、防水、保温、隔热、设变形缝、设隔气层等，以防患于未然。

（三）人为活动和动物的影响

人们所从事的生产和生活活动也会对建筑物造成影响，如机械振动、化学腐蚀、战争、爆炸、火灾、噪声等都会对建筑物构成威胁。因此，在进行建筑构造设计时，必须针对各种可能的因素，从构造上采取隔振、防腐、防爆、防火、隔声等相应措施，以避免建筑物及其使用功能遭受不应有的损失和影响。

另外,鼠、虫等也能对建筑物的某些构配件造成危害,如白蚁对木结构建筑的影响等,也必须引起重视。

(四)技术条件的影响

技术条件的影响是指建筑材料、建筑结构、建筑设备、建筑施工方法等建筑技术条件对于建筑物的设计与建造的影响。随着建筑业的发展,新材料、新结构、新设备、新施工方法不断出现,建筑构造做法也在不断改变,需要解决的问题也越来越多、越来越复杂。如砌体结构的构造与砖木结构的构造有明显不同,而钢筋混凝土结构的构造与砌体结构的构造也有很大区别。所以,建筑构造必须与建筑技术条件相适应。

(五)经济条件的影响

建筑构造受经济条件的制约,必须考虑经济效益。在确保工程质量的前提下,既要降低建造过程中的材料、能源和劳动力消耗,以降低造价,又要有利于降低使用过程中的维护和管理费用。同时,在建筑设计中要考虑建筑物的等级和质量标准,标准高的建筑物设备齐全,造价较高,反之造价较低。这就要求在材料选择和构造做法上区别对待。随着建筑技术的不断发展,各类新型装饰材料的出现以及经济条件的改善,人们对建筑的使用要求也越来越高,对建筑构造的要求也将发生很大变化。

二、建筑构造设计原则

建筑构造方案的选择直接影响建筑物的使用功能,建筑物抵御自然侵袭的能力,结构的安全性、可靠性、经济性,以及建筑物的整体艺术效果。因此,建筑构造设计要遵循下列原则。

(一)必须满足使用功能要求

满足使用功能要求是确定构造方案的首要原则。由于建筑物使用性质和所处地区条件、环境的不同,在建筑构造设计过程中会对建筑构造提出保温、隔热、隔声、采光、通风等不同要求。如北方地区要求建筑在冬季能保温;南方地区则要求建筑在夏季能通风、隔热;对要求有良好声音环境的建筑物,如剧院、音乐厅等,则要考虑吸声、隔声等。总之,为了满足使用功能要求,在建筑构造设计时,必须综合有关技术知识进行合理的设计,以便选择最经济合理的构造方案。

(二)必须有利于结构安全

除了要根据荷载大小以及结构的强度、刚度、稳定性等要求确定构件的尺度外,对阳台、楼梯的栏杆、顶棚、墙面、地面的装修,门窗与墙体的结合以及抗震加固等进行设计时都必须在构造上采取必要的措施,使构件与构件之间连接可靠,保证构件的整体刚度,以确保建筑物在使用时的安全。

(三)必须适应建筑标准化的需要

为了提高建设速度、改善劳动条件、保证施工质量,在构造设计时,应大力推广先进技术,选用各种新型建筑材料,采用标准化设计和定型构件,为构配件生产的工厂化、现场施工机械化创造有利条件,以适应建筑标准化的需要。

（四）必须讲求建筑物的综合效益

在建筑构造设计过程中，应该注意建筑物的综合效益问题，既要注意降低建筑造价，减少材料和能源消耗，又要有利于降低日常运行、维修和管理的费用。另外，在提倡节约材料和能源、降低造价的同时，建筑构造设计应以保证建筑物的坚固耐久为前提，必须保证工程质量，绝不可为了追求经济效益而偷工减料，粗制滥造。

（五）必须注意美观

建筑构件的选型、尺寸、质感、色彩以及制作的精细程度直接影响着建筑的整体艺术效果。在建筑构造设计时应认真研究这些方面，以设计出优美的建筑。

总之，在建筑构造设计过程中，要做到坚固实用、技术先进、经济合理、美观大方，并结合实际，充分考虑建筑物的使用功能、所处的自然环境、材料供应情况以及施工条件等因素，对不同设计方案进行分析、比较、选择，最后确定出最佳的方案。

思考题

1. 举例说明何为建筑物，何为构筑物。
2. 建筑物的分类方法有哪些？是如何划分的？
3. 民用建筑可分为哪些类型？
4. 建筑物按耐久年限分为几级？适用范围如何？
5. 建筑构配件有哪几种尺寸？这几种尺寸之间的关系如何？
6. 何为基本模数、扩大模数、分模数？它们的适用范围如何？
7. 影响建筑构造的因素有哪些？
8. 建筑构造设计原则是什么？

第六章　基础与地下室

第一节　基础的基本知识

一、基础的作用及其与地基的关系

基础是建筑物地面以下的承重构件，基础的好坏关系着建筑物的安全和使用年限。地基基础不够稳固、地基处理不当及基础设计时考虑不周，可使建筑物沉降过多或不均匀沉降，致使墙身开裂，严重的可导致建筑物倾斜、倒塌，造成巨大的人员伤亡及物质上的损失。若房屋建成以后才发现基础有问题，则难以补救。因此，在设计基础之前，必须先对地基进行钻探，充分掌握地质资料，在此基础上进行妥善设计并严格按施工规范施工，确保地基质量，以免造成后患。

在建筑工程中，建筑物与土层直接接触的部分称为基础，它承受建筑物上部结构传下来的全部荷载，并把这些荷载连同本身的重力一起传到地基上。承受建筑物重力的土层叫作地基。基础是建筑物的组成部分，基础工程实际是上部结构在地下的延续，而地基则不是建筑物的组成部分，它只是承受建筑物荷载的土壤层，见图 6－1。

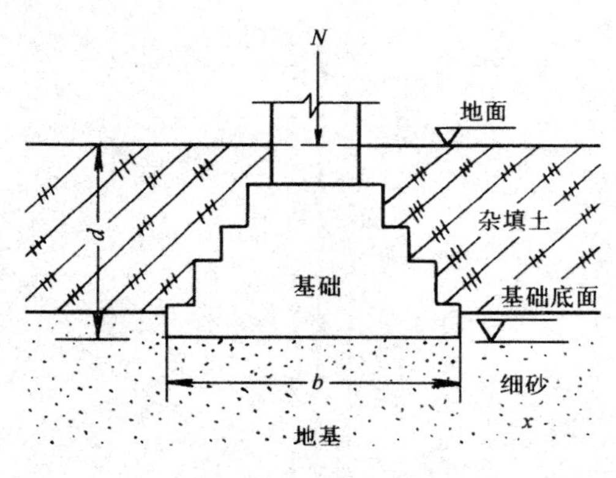

图 6－1　地基与基础

二、地基的分类

地基有天然地基和人工地基之分。若天然土层具有足够的承载能力，不需要经人工改善或加固便可作为建筑物的地基，这样的地基称为天然地基；当建筑物上部的荷载较大或地基的承载能力较弱，缺乏足够的稳定性时，须预先对土壤进行人工加固才能作为建筑物的地基，这样的地基称为人工地基。人工地基通常采用压实法、换土法和打桩法加固。压实法是利用人工方法挤压土壤，排走土中空气，提高土的密实性，从而提高土的承载能力的方法，如夯土法、重锤压实法等；换土法是将软弱土层全部或部分挖去，换成承载能力强的坚实土层，从而提高土壤承载能力的方法；打桩法则是将木桩、砂桩、钢桩或钢筋混凝土桩打入或灌入土中，把土壤挤实或把桩打入地下坚实的土壤层中，从而提高土壤的承载能力的方法。

三、对地基和基础的要求

建筑物在承受全部荷载作用时，对地基有三个基本要求：一是地基的荷载量不能超过地基承载力允许值，这是地基强度问题；二是地基土不能被挤出，不致使建筑物倾倒，这是地基稳定性问题；三是地基不能产生过大变形，不致使建筑物的沉降或不均匀沉降超出建筑物的正常使用范围，这是地基变形问题。由此可见，基础的全部作用，就是满足建筑物对地基的上述三项基本要求。因此，通常要扩大基础与地基的接触面积、选择适当的埋置深度，将建筑的全部荷载分散地传给较良好的土层或人工地基，以满足上述三项基本要求。

对基础的要求是应有足够的强度，以便传递荷载。由于基础属隐蔽工程，如果遭受破坏，检查和加固将十分困难，所以基础多用石料、混凝土等强度较高的材料修建。此外，基础还应满足耐久性要求，并具有防潮、防冻能力和耐腐蚀性。基础的材料和构造方案的选择要与上部结构等级相适应，否则，将严重影响建筑物的使用年限。

地基、基础与上部结构各自功能不同，施工方法也迥异，但三者却是彼此紧密联系、相互制约、共同工作的整体。在具体工程中，要采取统一的技术措施，使三部分能统一协调工作，以满足建筑物的功能需要，达到安全使用的目的。

四、基础的埋置深度

室外地面至基础底面的垂直距离称为基础的埋置深度，简称基础的埋深，见图6－2。建筑物上部结构荷载的大小、地基土质好坏、地下水位的高低以及土壤冰冻深度等均影响着基础的埋深。一般要求基础底面做在地下水位线以上、冰冻线以下。基础根据埋置深度的不同，有深基础、浅基础和不埋基础之分。埋置深度大于5 m的称深基础；埋置深度小于5 m的称浅基础；当基础直接做在地表面上时，称不埋基础。

基础的埋置深度对建筑物的耐久性、经济性和施工技术措施等有很大影响。因此，基础的埋置深度要适当，既要保证建筑物的坚固可靠，又要降低造价、缩短建设周期。影响埋置深度的因素很多，主要考虑下列因素。

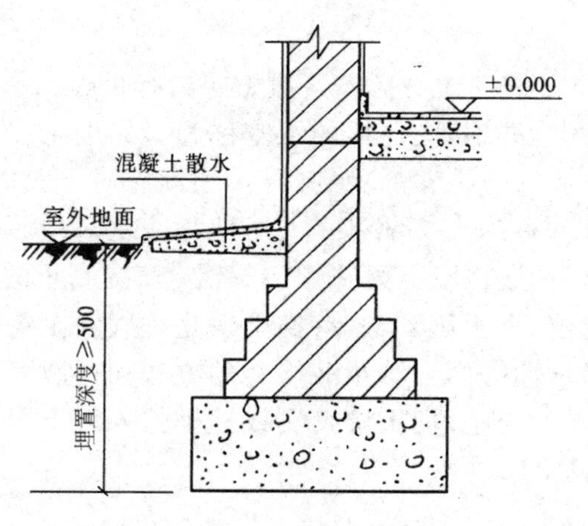

图6－2　基础的埋置深度

（一）工程地质与水文地质条件

地基通常是由几种土层组成的，其承载能力可能各不相同。建筑物基础底面应设置在坚实可靠的质地好的土层上，而不要设置在耕植土、淤泥等软弱土层上。

基础应设置在地下水位线以上，以减少特殊防水措施，利于施工。若基础必须设置在水位线以下时，应采取可靠的防水措施。

（二）建筑物的用途与结构类型

当有地下室、设备基础及地下管沟时，基础的埋置深度首先要满足建筑物的用途方面的要求。基础结构类型也影响基础的埋置深度，如果选择箱型基础等较大的基础时，埋置深度一般较大，而板式基础则埋置深度较小。

（三）作用在基础上的荷载大小及性质

上部荷载较大时，一般要求地基较好，或要求基础埋置深度较大。承受较大水平力的基础需要有足够大的埋置深度，以保证建筑物的稳定。对可能承受拔力的基础（如输电塔的基础），要求加大埋置深度，以保证足够的抗拔力。

（四）相邻建筑物的影响

为了保证原有建筑物的安全，与其相邻的建筑物基础的埋置深度不宜大于原有建筑物的埋置深度。当埋置深度大于原有建筑物的埋置深度时，两基础间应保持一定净距，其数值应根据荷载大小和土质情况而定，一般取底面高差的1～2倍。

（五）地基土冻胀和融陷的影响

基础以下的地基在冬天冻胀，会把基础抬起，春天气温回升，土层解冻，基础就会下沉，使建筑物周期性地处于不稳定状态。土中各处冻结和融化并不均匀，这会使建筑物产生变形，如发生门窗变形、墙身开裂的现象。因此，基础的埋置深度必须在该地区冰冻线以下。

五、常用的基础材料

基础材料的选择决定基础的强度、耐久性和工程造价。因此,合理地选择基础材料是一个重要问题。常用的基础材料有砖、石、混凝土、钢筋混凝土、灰土、三合土等。

(一) 砖

黏土砖是由黏土制成砖坯,经人工干燥后入窑烧至900~1 000 ℃而成的。黏土砖由于具有取材和制作方便、抗压强度较高、抗冻融和耐久性较好的特点,所以当前在中小型建筑中仍为砌筑基础时广泛使用而又价廉的一种地方性材料。

黏土砖的标准尺寸为240 mm×115 mm×53 mm。砌筑时一般灰缝为10 mm,砌后形成长:宽:厚=4:2:1的比例,这样给砌墙时有规律的“错缝搭接”创造了条件。砖的质量标准是按它的极限抗压强度平均值划分的,共划分为MU30、MU25、MU20、MU15、MU10五个等级。

此外,还有粉煤灰砖、煤矸石砖、承压砖等,分别在不同场合中用作基础材料。

(二)石

石材包括自天然石料中开采所得的毛石及经过加工制成的碎石或块状、板状石材。建筑中常用的天然石料有下面几种。

1. 花岗岩

花岗岩主要成分为长石、石英和云母,堆积密度(容重)为2 500~2 700 kg/m^3,抗压强度为120~250 MPa,耐久年限75~200年,质地坚硬、琢磨费工,多用于建筑物基础、地面、外墙等。

2. 石灰岩

石灰岩主要成分为碳酸钙或白云石质,堆积密度为1 000~2 600 kg/m^3,抗压强度为30~140 MPa,耐久年限20~40年,质地较硬、易于琢磨,多用于建筑物基础、墙身、台阶等处。

3. 砂岩

砂岩主要成分为石英颗粒与黏结物质二氧化硅等,堆积密度为2 200~2 500 kg/m^3,抗压强度为47~140 MPa,耐久年限70~200年,其品质好坏因黏结物质的种类而异,多用于基础、墙身、台阶及其他装饰处。

(三) 混凝土

混凝土是一种人造石材,它由胶结材料、粗骨料、细骨料和水按一定的比例拌和均匀,经过浇捣、养护而成。

胶结材料有两大类:一是无机胶结材料,常用的有水泥、石膏、菱苦土、水玻璃等,它们与水或适当的盐类水溶液混合后,经过物理化学变化过程,能由浆状或可塑状,逐渐凝结、硬化,把松散的骨料胶结为整体;二是有机胶结材料,常用的有沥青、焦油、塑料等。

粗骨料和细骨料在混凝土中除了起着承受外力的作用外,在某些混凝土中还起着减小堆积密度、增强隔热性能等作用。常用的粗骨料有碎石和砾石。常用的细骨料为天然砂(河砂、海砂、山砂),在特种混凝土中,也可以采用重晶砂、钢屑、冶金镁砂等。细骨料在混凝土中主要用来填充碎石中的空隙,与碎石共同起着骨架的作用。

普通混凝土的胶结材料是水泥,细骨料是砂,粗骨料用碎石或卵石,堆积密度为 2 000 ~ 2 500 kg/m^3。

混凝土的性质和岩石相似,其抗压强度很高,但抗拉和抗剪强度很低,只适用于制作受压构件,而不适用于制作受弯或受拉构件。

混凝土的耐久年限较长,而且便于机械化施工,是理想的基础材料。为了节省水泥,可在混凝土中掺入毛石,配制成毛石混凝土,在材料供应允许的条件下,较重要的建筑物基础可以采用它。

(四) 钢筋混凝土

混凝土虽然抗压能力较强,但在受弯构件中却不能充分发挥它的特性。而钢筋是一种抗拉性能极好的材料,它的抗拉强度为混凝土的 100 多倍。人们通常在构件的受拉区配置适量的钢筋以充分利用混凝土的抗压能力和钢筋的抗拉能力,这种配有钢筋的混凝土称为钢筋混凝土。钢筋混凝土是建造基础最理想的材料,在相同的条件下,钢筋混凝土基础的构造高度比砖、石或混凝土基础小得多。

钢筋混凝土在 19 世纪后半叶问世,距今 100 多年来,充分显示出耐久性好、耐火性强、可模性强、资源丰富、造价低廉、维护费用少等优点。在较重要的建筑物中或当建筑物上部荷载较大时,常采用钢筋混凝土基础。它的不足之处是密度大,需要使用的模板数量多,隔热、隔声性能差,加固和拆修困难,施工受气温影响较大。

(五) 灰土、三合土

灰土是用石灰和黄土按 3:7 或 2:8 的体积比略加水拌和而成的,造价低廉,在我国北方应用较多。但灰土的抗冻防水性能差,只能用于地下水位线以上和冰冻线以下的基础,潮湿和寒冷地区不宜采用。三合土是用石灰、砂、碎砖(或矿渣、碎石)按 1:2:4 或 1:3:6的体积比加水拌和而成的,在我国南方应用较多。

六、地基基础方案的类型

建筑物采用的地基基础方案大致可归纳为下列四种类型,见图 6 - 3。

(一) 天然地基上的浅基础

当建筑物地基土质均匀、坚实,地基承载力大于 120 kPa 时,一般多层建筑物可将基础直接设置在天然土层上,称为天然地基上浅基础。

(二) 人工地基上的浅基础

如遇建筑物地基土层软弱、压缩性高、强度低、无法承受上部结构荷载,则需要进行人工加固处理后再设置基础,这种设置在人工加固处理后的地基上的基础,称为人工地基上的浅基础。人工加固处理的基本方法有强夯法、振冲法等。

(三) 桩基础

当建筑物地基上部土层软弱、深层土质坚实时,可采用桩基础。上部结构荷载通过桩穿过软弱土层传到下部坚实土层。

（四）深基础

当上部结构荷载很大，一般天然地基上的浅基础无法承受，或相邻建筑不允许开挖基槽施工，以及有特殊用途与要求时，可用深基础。深基础埋置深度大于 5 m 时往往采用特殊的结构和专门的施工方法。

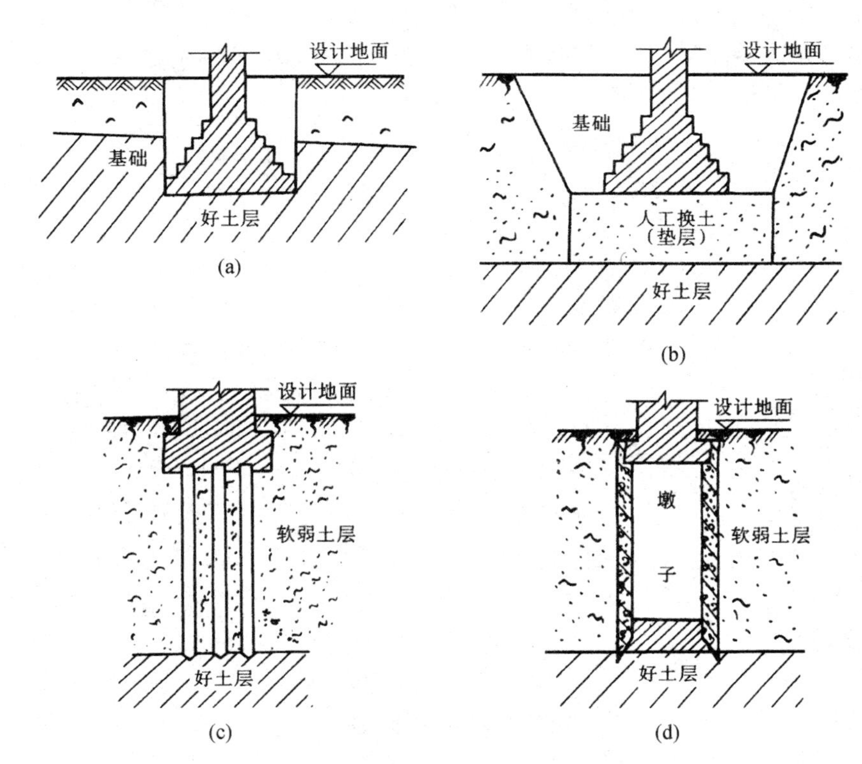

图 6－3　地基基础方案的类型

(a)天然地基上的浅基础；(b)人工地基上的浅基础；(c)柱基础；(d)深基础

第二节　基础的类型与构造

基础的类型很多。按基础的材料和受力特点来划分，可分为刚性基础和柔性基础；依基础的构造形式来划分，可分为条形基础、独立基础、筏板基础、箱形基础、桩基础等。

一、按材料和受力特点分类

（一）刚性基础

由刚性材料制作的基础称为刚性基础。刚性材料一般抗压强度较大，但承受拉力或弯矩的能力较差。在常用材料中,混凝土、砖、毛石等均属刚性材料。因此,砖基础、石基础、混凝土基础统称为刚性基础。

1. **砖基础**

用作基础的砖,其标号不低于MU10,砂浆一般不低于M5.0。图6-4为砖基础构造的剖面图。由于地基承载能力的限制,当基础承受墙或柱传来的荷载后,为使其单位面积所传递的力与地基的允许承载能力相适应,通常以台阶的形式逐渐扩大其传力面积,然后将荷载传给地基,这种逐渐扩展的台阶称为大放脚。砖基础的大放脚一般有两种:等高式大放脚和间隔式大放脚。

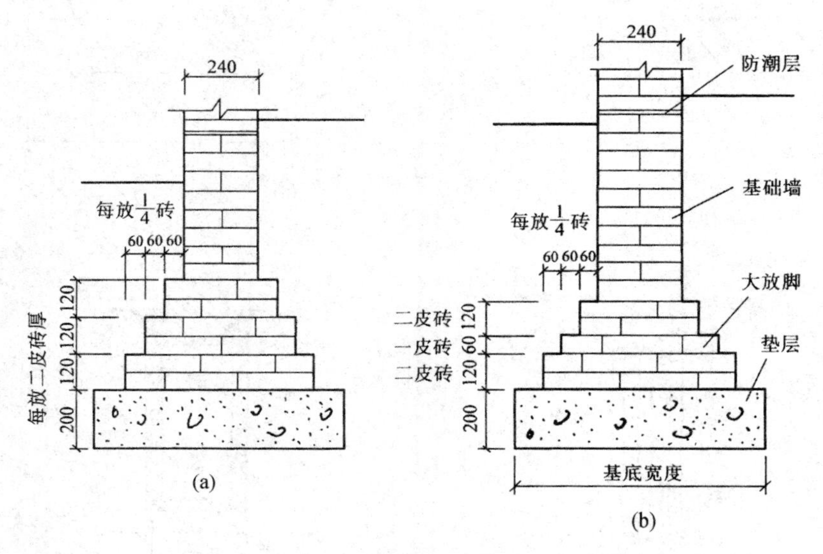

图6-4　砖基础构造的剖面图

(a)等高式大放脚;(b)间隔式大放脚

2. **灰土基础**

灰土是经过消解的生石灰和黏性土按一定比例拌和而成的,其配比常为灰:土=3:7,俗称"三七"灰土。灰土的抗冻、防水性能差,在地下水位线以下或很潮湿的地基上不宜应用。灰土基础的优点是施工方便,造价较低,就地取材,可以节省水泥、砖、石等材料。灰土基础适用于5层和5层以下、地下水位线较低的混合结构房屋及墙体承重的工业厂房。灰土基础构造见图6-5。

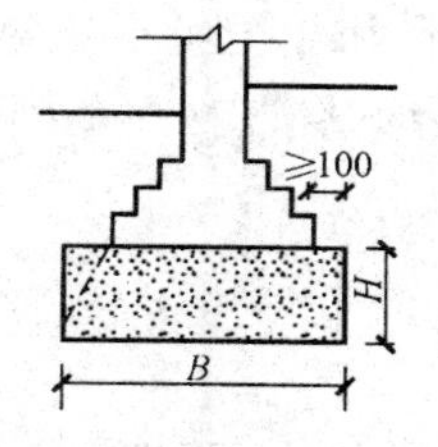

图6-5　灰土基础构造

3. 三合土基础

三合土是由石灰、砂和骨料(如碎砖、碎石)加水混合而成的材料。施工时先按体积配比1:2:4或1:3:6(石灰:砂:骨料)充分拌和均匀,再铺入基槽内分层夯实。每层夯实前虚铺200~250 mm,夯实后净剩150 mm。

三合土的强度与夯实密度和骨料种类有关。骨料以矿渣为最好,其次是碎砖和碎石,卵石较差。三合土基础优点是取材容易、施工简单和造价低,但其强度较低,一般只用于四层及四层以下民用建筑基础。三合土基础构造见图6-6。

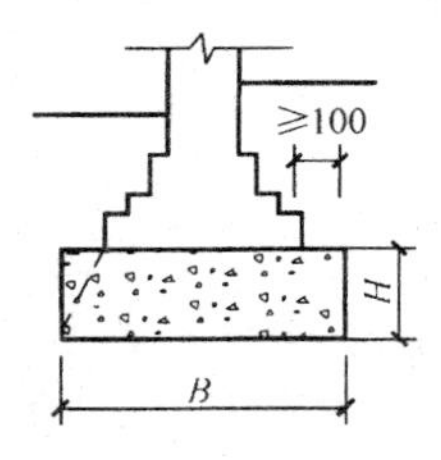

图6-6 三合土基础构造

4. 毛石基础

毛石是指开采的天然石材经粗略加工而成的形状不规则的石料。毛石基础强度高,抗冻、抗水、耐腐蚀性较好,但体积、密度都较大,整体性差,故多用于石材丰富地区按一般标准施工的砖混结构中。毛石基础的台阶宽高比 $b:h \leqslant 1:1.5$。基础墙的厚度和每个台阶高度不宜小于400 mm。由于毛石粒径一般在300 mm左右,考虑砌筑搭接尺寸,施工规范规定毛石的退台宽度 $b \leqslant 200$ mm。毛石基础构造见图6-7。

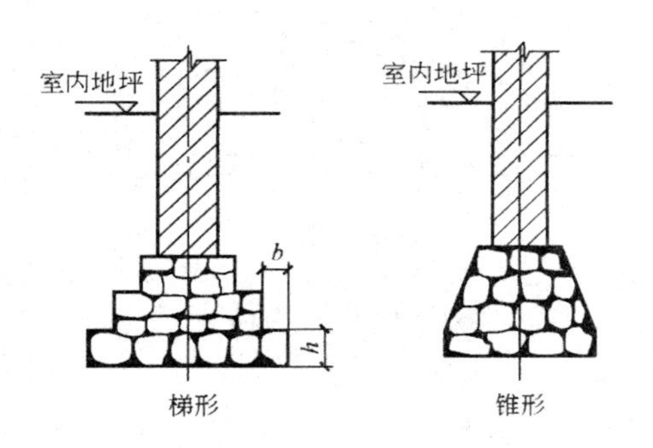

图6-7 毛石基础构造

5. 混凝土(或毛石混凝土)基础

混凝土基础一般不设置钢筋,因此也称为素混凝土基础。混凝土的强度、耐久性、抗冻性都较好,但水泥用量大,造价较其他刚性基础高。当基础体积较大时,为了节省水泥用量,通常加入体积分数为25%~30%的毛石,即成为毛石混凝土基础,见图6-8。当采用阶梯形剖面时,每阶的高度应为300~400 mm。

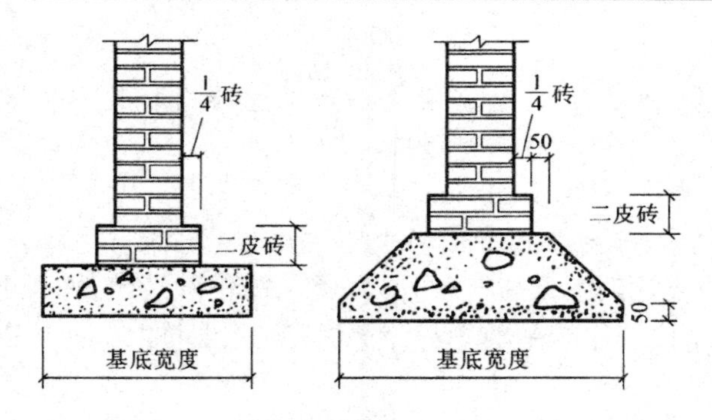

图6-8 混凝土（或毛石混凝土）基础

（二）柔性基础

用钢筋混凝土修建的基础称为柔性基础。在基础内配置足够数量的钢筋来承受拉应力或弯矩，使基础在弯曲时不致破坏。这种基础剖面可以做成扁平形状，用较小的基础高度，把上部荷载传到较大的基础底面上去，故在基础底面积相同的情况下，基础可以减小高度、浅埋，节省了开挖基坑的费用。此基础既便于机械化施工，又能和上部结构结成整体，强度、耐久性、抗冻性都很好。这种基础充分地发挥了钢筋的抗拉性能及混凝土的抗压性能，适用范围十分宽广，所以，重要建筑物或上部荷载较大时，常采用钢筋混凝土基础，见图6-9。

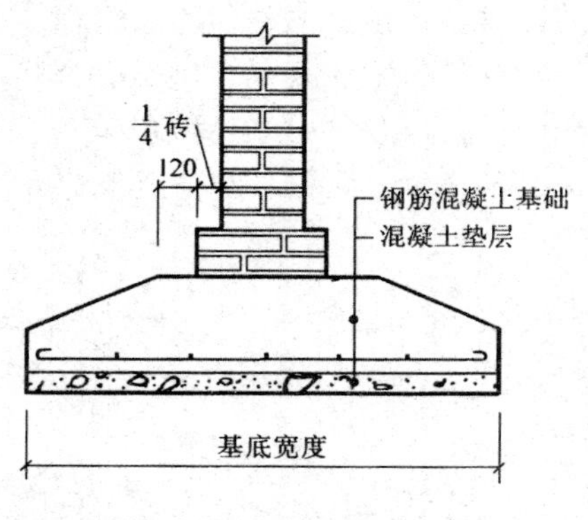

图6-9 钢筋混凝土基础

二、按基础的构造形式分类

根据上部结构的特点、荷载大小和地质条件的不同，基础可分为条形基础、独立基础、筏板基础、箱形基础、桩基础等。

（一）条形基础

当建筑物上部结构为墙承重时，基础沿墙身设置成长条形，这种基础称为条形基础或带形基础，见图6-10。它可用于墙下，也可用于柱下。当用于墙下时，可在基础内设置地圈梁，增强基础抗震能力并防止基础不均匀沉降。柱下条形基础可做成钢筋混凝土基础，它在克服不良地基的不均匀沉降、增强基础整体性方面效果良好。

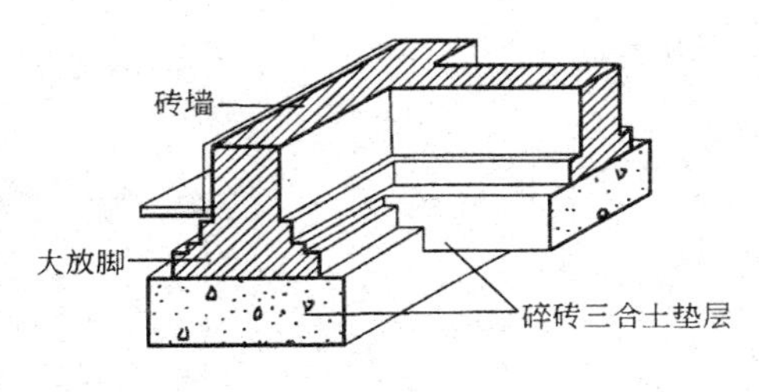

图6-10 条形基础

(二) 独立基础

独立基础可分为柱下独立基础和墙下独立基础,见图6-11。根据施工条件和地质情况,基础可做成板形、阶梯形、锥形、壳体形等多种形式。独立基础一般用于地质条件较好、荷载不大的情况。

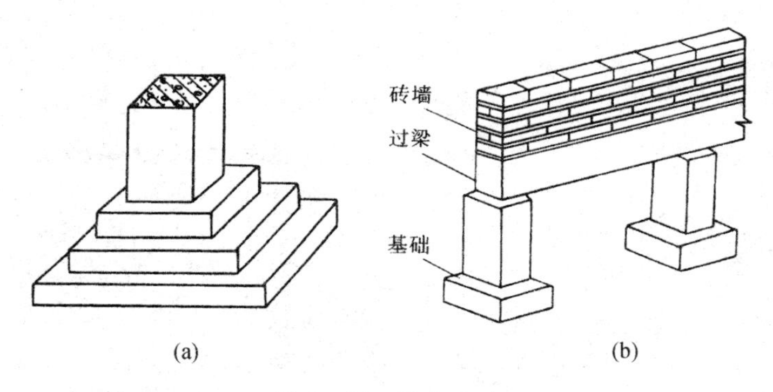

图6-11 独立基础

(a)柱下独立基础;(b)墙下独立基础

(三) 筏板基础

当地质条件差、上部荷载大时,可将部分或整个建筑的基础连成一片,其形式好像是倒置的楼盖,称为筏板基础(也称满堂基础),见图6-12。筏板基础按构造可分为平板式和梁板式两类。

筏板基础,特别是梁板式基础整体刚度较大,能很好地防止不均匀沉降。由于筏板基础整体性好,对于有地下室的房屋或本身需要可靠防渗底板的贮液结构物(如水池、油库)来说,也是理想的基础形式。

(四) 箱形基础

箱形基础是由顶板、底板、壁板等构成的形状像箱子的基础,见图6-13。因为这种基础是一种埋入地下的空腹结构,整体刚度特别大,所以空腹部分常用作地下室。基坑挖出的土量较大,这部分重力补偿了部分上部结构荷载,使得基底压力减小,能够显著减少基础沉降。箱形基础适用于地基较软弱的高层、重型建筑物及某些对沉降均匀性有严格要求的构筑物。

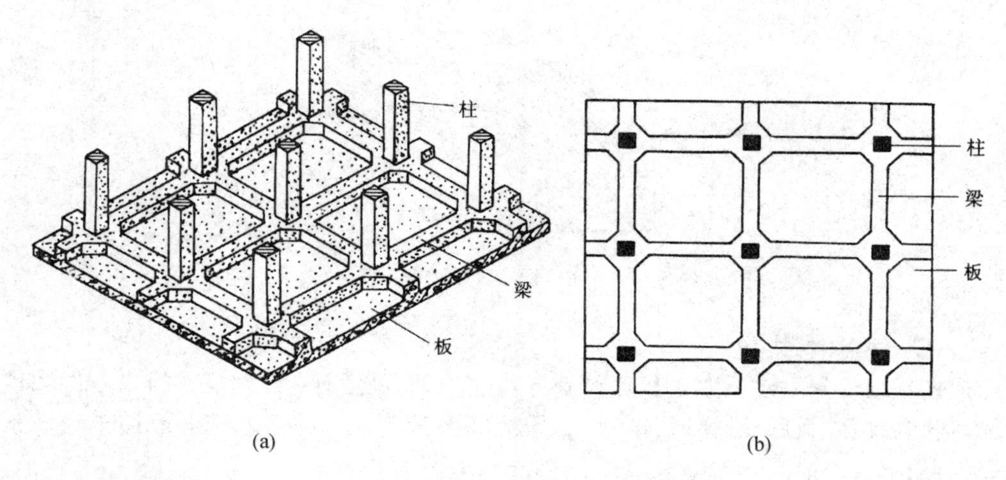

图 6－12　筏板基础

(a)示意图;(b)平面图

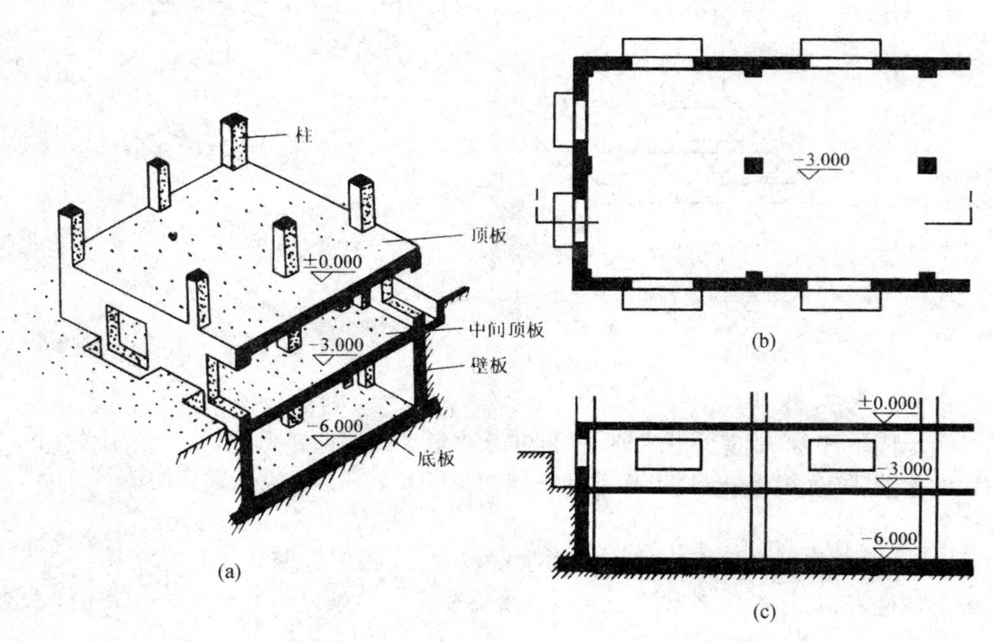

图 6－13　箱形基础

(a)示意图;(b)一层地下室平面图;(c)剖面图

(五) 桩基础

当建筑荷载较大,地基的软弱土层厚度在 5 m 以上,采用浅基础不能满足地基变形的要求,做其他人工地基没有条件或不够经济时,常采用桩基础。桩基础具有承载力大、沉降量小的优点,能满足不同结构形式、地基条件、荷载性质的要求,又有利于结构的防震抗灾，加之机械施工方便，因而桩基础的应用较广泛。

桩基础通常是由若干根桩及将其连成一体的承台组成的。桩的分类方式如下。

1. **按力的传递方式分类**

按力的传递方式，可将桩分为端承桩和摩擦桩，见图6－14。上部结构的荷载主要通过桩端传给软弱土层下的坚硬土层（或基岩）的桩称为端承桩；主要依靠周围的摩擦力将荷载传递给地基的桩称为摩擦桩。

端承桩适用于表层软弱土层不太厚，而下部为坚硬土层的情况。这时上部荷载主要由桩端阻力承受，桩侧承受的向上的摩擦力较小，可以忽略不计。摩擦桩主要适用于软弱土层较厚，而坚硬土层很深的情况，其受力特点是上部荷载由桩侧摩擦力和桩端阻力共同承受。

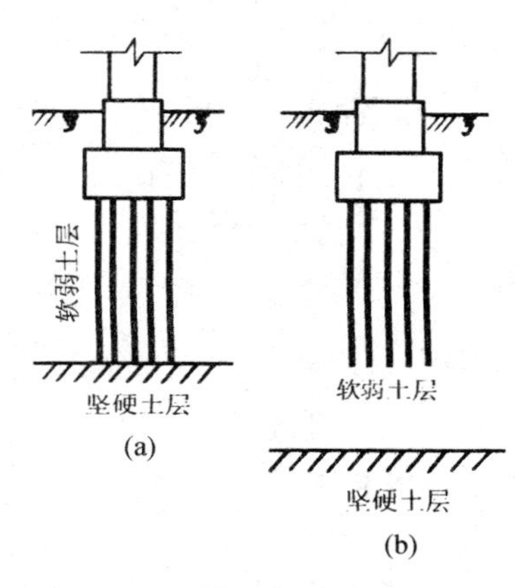

图6－14　桩基础示意图
（a）端承桩；（b）摩擦桩

2. **按桩身材料分类**

（1）木桩：木桩一般较短，需注意防腐。

（2）钢桩：钢桩可分为钢板桩、钢管桩等。

（3）钢筋混凝土桩：这类桩目前应用最为广泛。

3. **按施工方法分类**

（1）预制桩：预制桩中，钢筋混凝土预制桩最为普遍。其施工方法是选用合适的机械将桩沉入土中，沉桩方法有锤击沉桩、静压沉桩和振动沉桩等。

钢筋混凝土预制桩最小断面尺寸为200 mm×200 mm，桩长一般不超过12 m，混凝土标号不低于C20，见图6－15。

（2）灌注桩：灌注桩因现场成孔、现场浇灌混凝土而得名。用于灌注桩的混凝土的标号不低于C15，若在水下灌注，则不低于C20，有时桩内需加一定数量的钢筋。灌注桩按成孔方式可分为钻孔灌注桩、沉管灌注桩、钻孔扩底灌注桩以及人工挖孔灌注桩等。

（3）爆扩桩：爆扩桩先由人工或机械钻孔，一般孔径为300～500 mm，孔深3 m。钻孔后放入用塑料布或玻璃瓶包装的炸药包，并浇灌混凝土至离孔口300 mm处，将炸药包迅速通电引爆，在巨大的气压下，孔底变成一个扩大的圆球体，然后捣实下沉的混凝土，再插入钢筋骨架，二次浇灌混凝土，即成通常所说的爆扩桩，见图6－16。一般民用建筑多用爆扩短桩，其长度为2～3 m。

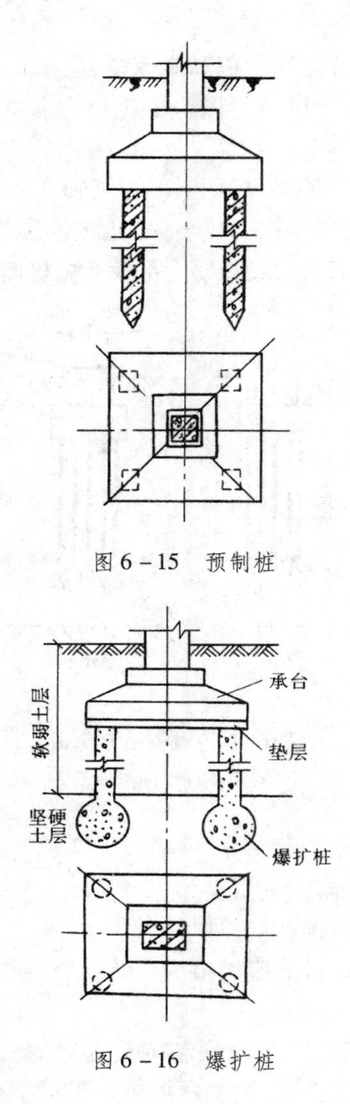

图6－15　预制桩

图6－16　爆扩桩

第三节　地下室的构造

地下室是建筑物处于室外地面以下的房间。设置地下室能够在有效的占地面积内增加使用空间。一些高层建筑的基础埋置深度很大，利用这一深度修建地下室，既可提高建筑用地的利用率，又不需要增加太多投资。地下室适合作为设备用房、贮藏库房、地下商场、餐厅、车库以及战备防空洞等。

一、地下室的类型与基本组成

地下室的类型很多。按埋置深度可分为半地下室和全地下室，见图 6－17；按使用功能可分为普通地下室和人防地下室；从结构上分类，又可分为砖墙结构的地下室和钢筋混凝土结构的地下室。

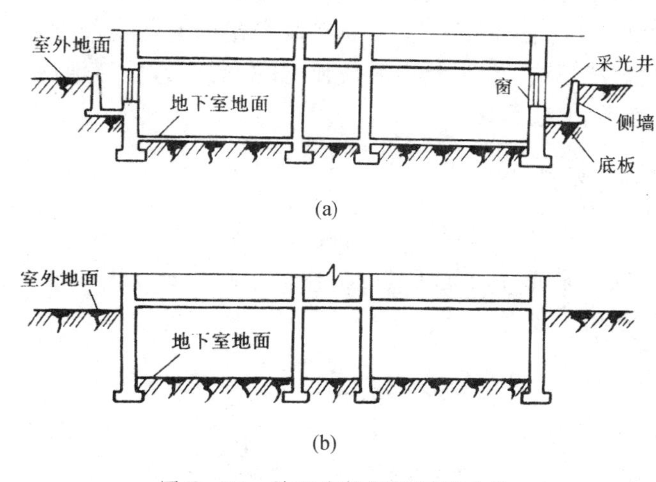

图 6－17　地下室按埋置深度分类

(a)半地下室；(b)全地下室

地下室的基本组成见图 6－18。地下室通常包括墙板、底板、顶板、门窗和楼梯五大部分。

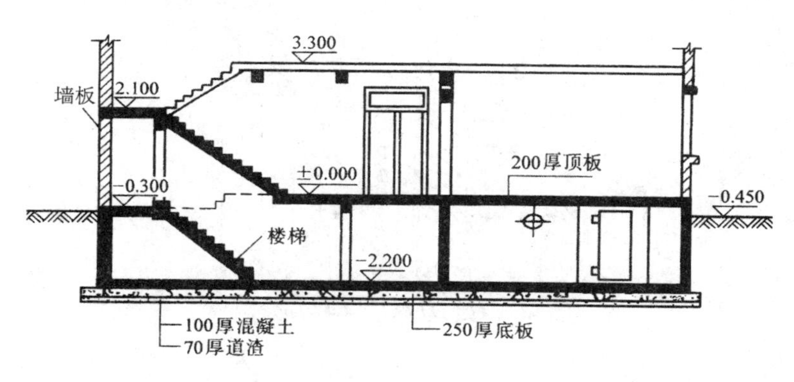

图 6－18　地下室的基本组成

地下室的墙板不仅需要承受上部的垂直荷载，还承受地层土、地下水及土壤冻胀时产生的侧压力。所以，地下室的墙板为砖墙时，其厚度一般不小于 490 mm，并要用高标号砖和砂浆砌筑，还要保证灰缝饱满严密。

地下室的底板不仅需要承受作用在上面的垂直荷载，还需要承受地下水的浮力。因此常采用现浇钢筋混凝土的底板,并应满足强度、刚度和抗渗透性要求。

地下室的顶板采用现浇或预制的钢筋混凝土板。人防地下室的顶板一般为现浇的钢筋混凝土板,为简化施工程序,亦可采用预制的钢筋混凝土板,并在预制板上面浇筑一层配有钢筋网的混凝土。

地下室的门窗与地面上部相同。普通地下室的窗位于室外地坪以下时需设采光井,以达到采光通风的目的。人防地下室一般不允许设窗,门应符合防护等级的要求,出入口一般设三道门。地下室的楼梯可以与地面上的楼梯结合设置,由于地下室的层高较低,故多采用单跑楼梯。人防地下室至少要有两个楼梯通向地面,其中一个是与地面楼梯部分结合设置的楼梯出口,另一个必须是独立的安全出口,与地面建筑物要有一定的距离,中间由地下通道相连接。

二、地下室的采光井

地下室窗外应设采光井,一般每一个窗设一个独立的采光井,当窗的距离很近时,也可将采光井连在一起。采光井由侧墙和底板构成。侧墙一般用砖砌筑,井底板则用混凝土浇筑。采光井的构造见图6－19。

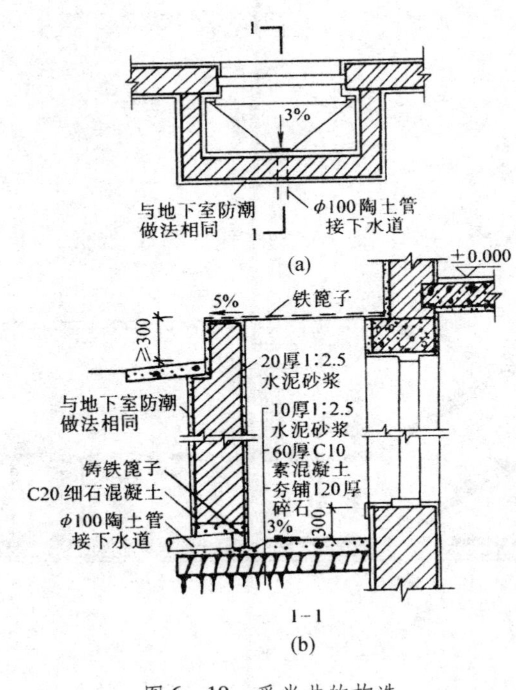

图6－19　采光井的构造

(a)平面;(b)剖面

采光井的深度由地下室窗台的高度决定,一般窗台应高于采光井底板面层250～300 mm;采光井的长度应比窗宽1 000 mm左右;采光井的宽度视采光井的深度而定,当采光井深度为1～2 m时，宽度为1 m左右。采光井侧墙顶面应比室外设计地面高250～300 mm，以防地面水流入井内。

为了排除采光井内的雨水，井底要做3%左右的坡度，用陶土管或水管将灌入井底的雨水引入下水道。排水口处应设有铸铁篦子，以防污物排入下水道引起堵塞。有的建筑物还在井口上加设铁篦子，以防人、畜跌入，有的井口上还设有遮雨设施。

采光井与地下室一样要采取防潮、防水措施。

三、地下室的防潮和防水

由于地下室的墙板与底板设置在地面以下，有时浸在地下水里或和地下水位十分接近，因此地下室的防渗漏及防潮成为十分重要的问题，如果解决得不好，就会影响地下室的使用，轻则引起室内墙皮脱落、墙面发霉，重则造成地下室不能使用，设备、管道受侵蚀，进而造成房屋耐久性变差。保证地下室使用时不潮湿、不进水，是地下室构造设计的重要任务。因此，设计人员必须根据地下水的情况和工程要求，对地下室采取相应的防潮、防水措施。

（一）地下室的防潮

当设计最高地下水位低于地下室地层标高，上层又无形成滞水的可能时，地下水不会直接侵入室内，外墙和地层仅受土壤中潮气的影响（如毛细水和地表水下渗而造成的无压水），只需做防潮处理。对于砌体结构，墙体必须采用水泥砂浆砌筑，灰缝必须饱满，在外墙外侧应设垂直防潮层。做法是在外墙表面先抹一层20 mm厚的1:2.5水泥砂浆找平层（高出散水300 mm以上），再涂刷一道冷底子油和两道热沥青。防潮层需刷至室外散水处，然后在防潮层外侧回填低渗透土壤，如黏土、灰土等，并逐层夯实。这部分回填土的宽度为500 mm左右，以防地表水下渗对地下室的影响。

另外，地下室所有的墙体都必须设两道水平防潮层：一道设在地下室底板附近，一般设置在内、外墙与地下室底板交接处；另一道设在距离室外地面散水以上150～200 mm的墙体中，以防止土层中的水分沿基础和墙体上升，导致墙体潮湿，增大地下室的湿度及底层屋内的湿度。此外，对防潮要求较高的地下室，地坪也应做防潮处理，一般在垫层与地面之间设防潮层，与墙体水平防潮层处于同一水平面上。地下室防潮构造做法见图6－20。

（二）地下室的防水

当丰水期的地下水位高于地下室的地坪时，地下室的外墙和底板被浸在水中，地下室的外墙受到地下水的侧压力，底板则受到浮力。因此，必须考虑对地下室外墙做垂直防水处理，底板做水平防水处理。地下室防水一般采用隔水法，即利用材料本身的不透水性来隔绝各种地下水、地表水（如毛细水、上层滞水以及各种有压力和无压力水）对地下室围护结构的浸透，以起到对地下室的隔水、防潮作用。通常隔水法按防水材料分为柔性防水、刚性防水、涂膜防水、钢板防水等。从结构形式来看，混凝土防水称为本体防水，卷材、涂膜防水统称为辅助防水。

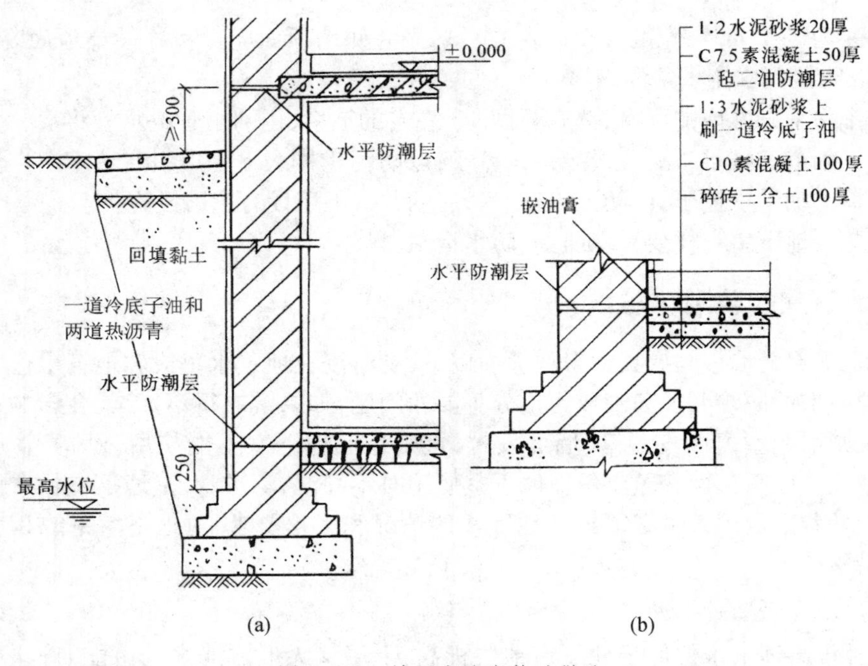

图 6－20　地下室防潮构造做法

(a)墙体防潮;(b)地下室地坪防潮

1. 柔性防水

柔性防水是地下室防水隔水法中构造、施工均较为复杂的一种,主要用于砌体结构或普通钢筋混凝土结构地下室的防水处理。所说的柔性防水一般是指用防水卷材来防水。防水卷材具有一定的强度和延伸率,韧性及不透水性较好,能适应结构的微量变形,抵抗一般地下水的化学侵蚀,因此在防水工程中被广泛采用。

(1)防水卷材的选择

我国防水卷材可分为三大系列:

①石油沥青防水卷材,如纸胎石油沥青油毡、玻璃布油毡等。石油沥青防水卷材一般不宜用于重要的地下室建筑,并且不宜用在表面温度超过 40 ℃及地下水含矿物油或有机溶液处,目前在地下工程中已较少采用。

②高聚物改性沥青油毡,如 SBS 改性沥青油毡、聚酯改性沥青油毡、化纤改性沥青油毡等。

③合成高分子防水卷材,如三元乙丙橡胶防水卷材、氯化聚乙烯－橡胶共混防水卷材、TPO 防水卷材等。合成高分子防水卷材具有密度低、使用温度范围广、延伸率大及对基层伸缩和开裂的适应性强等特点,操作简便,可冷作施工,还可采用单层做法。

工程上应根据防水等级、防水部位、耐久年限以及所处地点的地质水文条件等选择合适的防水卷材。目前工程中应用的以后两种居多。

(2)柔性防水构造设计

柔性防水按防水层铺贴位置的不同,分为外防水和内防水。外防水是将防水卷材铺贴在地下室外墙的外表面(即迎水面),这时防水层因受压力的作用而紧压在结构上,防水效果好,且不占室内空间,但外防水维修困难,因此应把好工程质量关;内防水是将防水卷材铺贴在地下室外墙的内表面(即背水面),防水卷材层受压力的作用容易脱开,故应用较少。

地下室柔性防水构造的做法详见图 6-21。

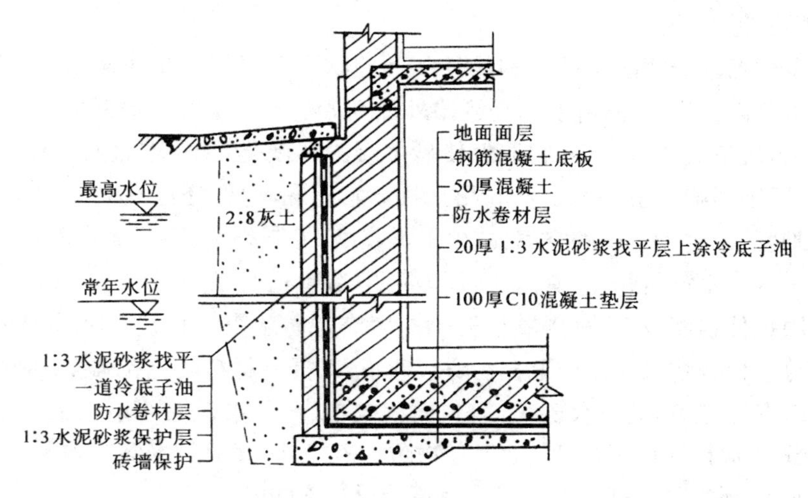

图 6-21　地下室柔性防水构造的做法

2. 刚性防水

刚性防水是用指以水泥、砂、石为原料,或掺入少量外加剂、高分子聚合物等材料配制而成的具有一定抗渗能力的水泥砂浆或混凝土防水材料进行防水处理的方法。它是隔水法中较为简单、施工较为方便的一种。常见的刚性防水材料有:普通防水混凝土、外加剂防水混凝土、膨胀剂防水混凝土、防水砂浆等。

(1)普通防水混凝土

普通防水混凝土是一种不掺外加剂的白防水混凝土,它是在普通混凝土的基础上发展起来的。与普通混凝土的不同点在于:普通混凝土是根据强度要求进行配制的,其中石子骨料相对较弱;普通防水混凝土则适当增加砂率和水泥用量,水泥砂浆除了能满足填充黏结作用外,还能在粗骨料周围形成一定数量质量好的包裹层,将粗骨料充分隔离开,以提高混凝土的密实性和抗渗性。

(2)外加剂防水混凝土

外加剂防水混凝土是在混凝土中掺入微量的有机外加剂来改善其内部组织结构,使之具有较好的和易性,提高密实性以及抗渗性。外加剂主要通过吸附、分散、引气、催化等方式,或与水泥的某种成分发生物理、化学作用,使混凝土得到改性。按所掺外加剂种类的不同,外加剂防水混凝土可分为减水剂防水混凝土、引气剂防水混凝土、密实剂防水混凝土等。设计时应根据外加剂性能并结合工程特性、施工工艺及使用要求,选用合适的外加剂防水混凝土,以满足工程防水需要。

(3)膨胀剂防水混凝土

膨胀剂防水混凝土使用的水泥必须是膨胀剂产品说明(或设计)指定的水泥品种,如明矾石膨胀剂不能用于硅酸盐水泥(纯熟料水泥);硫铝酸钙类膨胀剂、氧化钙类膨胀剂不能用于矿渣水泥;U型膨胀剂适用于52.5级普通硅酸盐水泥,选用42.5级普通矿渣水泥、火山灰质水泥时必须经过试验后方可使用。

(4)防水砂浆

防水砂浆包括聚合物防水砂浆和掺外加剂的防水砂浆等。在普通水泥砂浆中掺入一定量的防水剂以提高抗渗性能,即得到掺外加剂的防水砂浆。外加剂分为氯化物金属盐类防水剂、金属皂类防水剂等,它能促使砂浆凝固和硬化,使可溶性物质固化,并生成憎水性物质,而不影响砂浆的稳定性和耐久性。它有黏附性,还能在凝固过程中封闭砂浆表面的毛细管,减少砂浆中的空隙,减少干燥收缩,抑制裂缝,而不会降低砂浆的强度。防水砂浆与其他防水材料相比,有施工操作简便、造价适宜、容易修补等特点,但其韧性差,较脆,极限拉伸强度较低,易随基层开裂。为满足防水工程日益提高的要求,近年来人们利用高分子聚合物材料制成聚合物防水砂浆,以提高材料的抗拉强度和韧性。防水砂浆适用于埋置深度不大、防水要求不高、面积较小、地下水位低的小型工程,以及不易产生有害裂缝的地上及地下工程。除聚合物防水砂浆外,其他防水砂浆均不适用于耐腐蚀系数高于0.8、环境温度高于100 ℃以及遭受反复冻融的砖砌体工程。

防水混凝土质量的好坏,不仅取决于混凝土材质及其配比,还取决于施工质量。在施工过程中,搅拌、运输、浇筑、振捣、养护等环节对防水混凝土的防水效果都有极大影响。这些环节中应采取严密的监控措施,保证质量,以免造成渗漏等后患。地下室外墙防水混凝土构造做法详见图6-22。

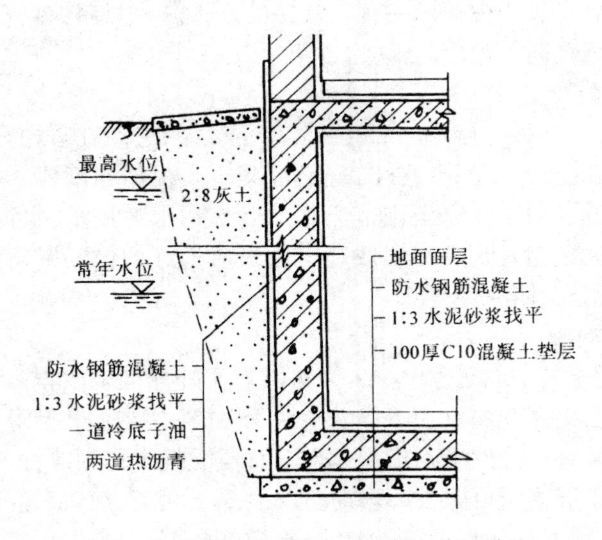

图6-22　地下室外墙防水混凝土构造做法

3. 涂膜防水

涂膜防水泛指在施工现场(混凝土墙体或砖砌墙体的找平层表面),以刷涂、刮涂、滚涂等方法将液态防水涂料在适宜温度下涂刷于地下室主体结构外侧或内侧的防水方法。涂料固化后形成一层无缝薄膜,能防止地下有压水及无压水的侵入。

防水涂料按其液态类型可分为水乳型、溶剂型及反应型。由于涂膜防水材料施工固化前是一种无定形的黏稠状液态物质,在任何形状的复杂管道的纵横交叉部位都易于施工,特别是在阴阳角、管道根部以及端部收头处便于封闭严密,形成一个无缝整体防水层,而且施工工艺简单,对环境污染较小。防水层有一定的弹性和延伸能力,对基层伸缩或开裂等有一定的适应性。

涂膜防水层基层要平整,涂膜厚度要均匀,宜设在迎水面,如设在背水面必须做抗压层。涂膜防水层一般由底涂层、多层涂料防水层及保护层组成。底涂层是做一道与涂料相适应的基层涂料,使涂层与基层黏结良好。多层涂料防水层一般分 2 ~ 3 层进行涂敷,使防水涂料形成多层封闭的整体涂膜。为保证多层涂料防水层在工序进行中或涂膜完成后不受破坏,应采取相应的临时或永久性保护措施,如水泥砂浆保护层、砖墙保护层、聚苯板保护层等。地下室涂膜防水构造见图 6 – 23。

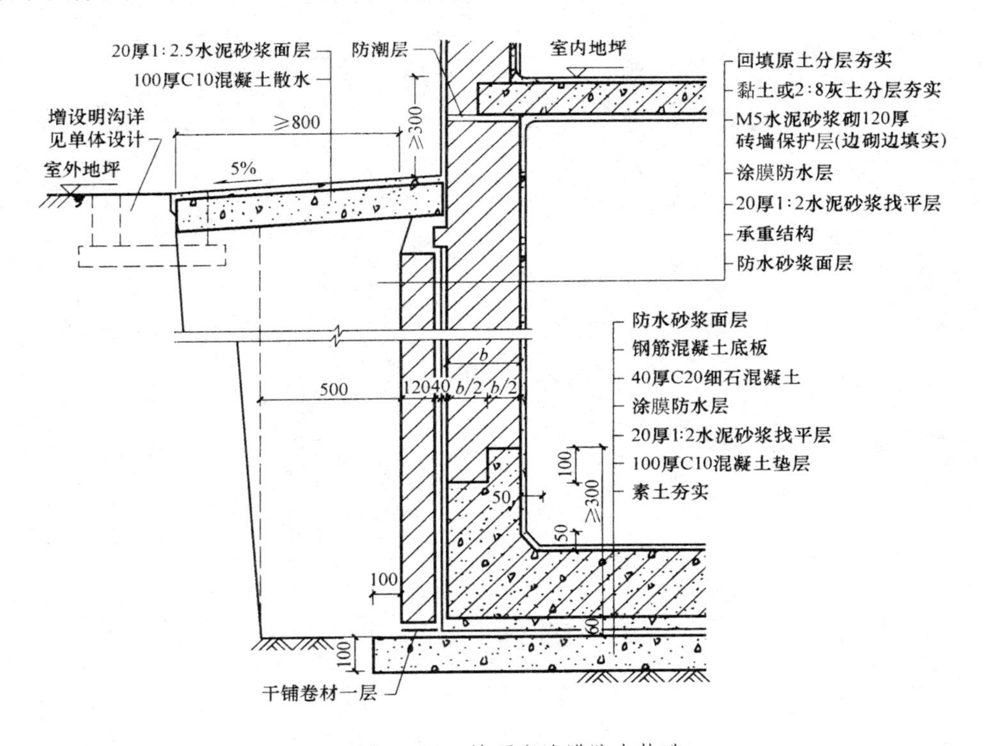

图 6 – 23　地下室涂膜防水构造

注:1. 承重结构按单体设计;2. 防水涂料的选用、涂层厚度、涂刷方法由单体设计确定;3. 砖墙保护层根据情况可改为聚苯乙烯泡沫塑料板保护层

思考题

1. 什么叫基础？基础与地基的关系是什么？
2. 什么叫地基？地基分为几种？
3. 什么叫人工地基和天然地基？
4. 地基与基础应满足什么要求？
5. 基础的埋置深度如何确定？
6. 常用的基础材料有哪些？
7. 举例说明哪些基础为刚性基础。
8. 什么是柔性基础？
9. 基础按构造形式可分为哪几种？
10. 地下室的采光井构造要点有哪些？
11. 地下室的防水按防水材料可分为哪几种？

第七章　墙体

墙体既是建筑物的垂直承重构件，承受着楼板层、屋顶等传来的荷载，同时又是建筑物的围护构件，具有分隔空间和保护房间的功能。因此，墙体不仅要具有足够的强度和稳定性，还应具有保温、隔热、防水、隔声以及防火等性能。

第一节　墙体的类型及设计要求

一、墙体的类型

根据墙体在建筑物中的位置、受力状况、所用材料、构造方式及施工方法的不同，可将其分成不同的类型。

（一）按所处位置分类

墙体按其在建筑平面上所处位置的不同，可分为外墙、内墙和纵墙、横墙。建筑物四周的墙体称为外墙，其作用是分隔室内外空间，抵御风雨，具有保温、隔热等作用，又叫外围护墙；建筑物内部的墙体称为内墙，其作用是分隔室内空间，保证各空间的正常使用。沿建筑物短轴方向布置的墙体称为横墙，有内横墙和外横墙之分，外横墙位于建筑物两端，一般称为山墙；沿建筑物长轴方向布置的墙体称为纵墙，有内纵墙和外纵墙之分。此外，对于一片墙体来说，窗与窗之间或门与窗之间的墙体称为窗间墙，窗洞下面的墙体称为窗下墙，屋顶上四周的墙体称为女儿墙。墙体各部分名称见图 7－1。

（二）按受力状况分类

墙体按受力状况不同分为承重墙和非承重墙两种。直接承受外来荷载的墙体称为承重墙，不承受外来荷载的墙体称为非承重墙。非承重墙包括自承重墙和隔墙，不承受外来荷载、仅承受自身质量的墙体称为自承重墙；而不承受外来荷载，自身质量由梁或楼板层承受，仅起分隔房间作用的墙体称为隔墙。在框架结构中，大多数墙体是嵌在框架之间的，称为填充墙，它具有分隔、围护、隔声、隔热作用。悬挂在建筑物外部的轻质墙称为幕墙，包括金属幕墙和玻璃幕墙。外部的填充墙和幕墙不承受上部楼板层和屋顶的荷载，却承受风荷载和地震荷载。

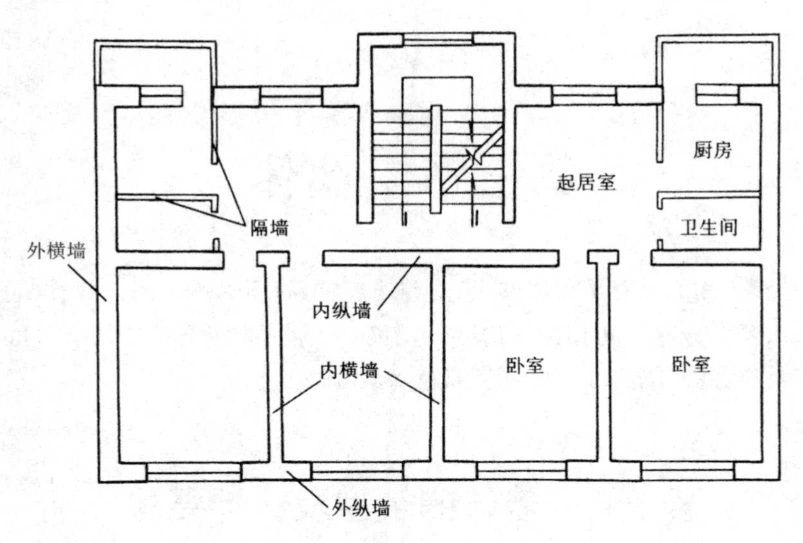

图 7－1　墙体各部分名称

（三）按材料分类

墙体材料种类很多。用砖和砂浆砌筑的墙体称为砖墙，是我国的传统墙体。用石块和砂浆砌筑的墙体称为石墙，在产石地区具有很好的经济价值。用土坯和黏土砂浆砌筑的墙体或在模板内填充黏土夯实而成的墙体称为土墙，其造价低廉，便于就地取材。现浇或预制的混凝土墙在多层、高层建筑中应用较多。利用工业废料制作的各种砌块所砌筑的砌块墙是墙体材料改革的新课题，它不但能废物利用，而且能降低施工成本，现正在深入研究和推广中。

（四）按构造方式和施工方法分类

墙体按构造方式不同可分为实体墙、空体墙和复合墙三种类型，见图 7－2。实体墙是由普通黏土砖及其他实心砌块砌筑而成的墙体，空体墙是由普通黏土砖砌筑的空斗墙或由空心砖砌筑的具有空腔的墙体，复合墙则是由两种或两种以上材料组合而成的墙体。

墙体按施工方法不同可分为块材墙、版筑墙和板材墙三种类型。块材墙是用各种预先加工好的块材和胶结材料（如砂浆等）砌筑而成的墙体，包括实砌砖墙、空斗墙和砌块墙等。版筑墙则是在施工时直接在墙体部位竖立模板，然后在模板内夯筑黏土或浇筑混凝土材料并振捣密实而成的墙体，如夯土墙、灰砂土筑墙等。板材墙是将工厂生产的大型板材（墙板）运到施工现场进行机械化安装的墙体。这种板材较大，一块板材就是一面墙。此类墙体施工速度快，工期短，对机械化程度要求高，是建筑工业化的发展方向。

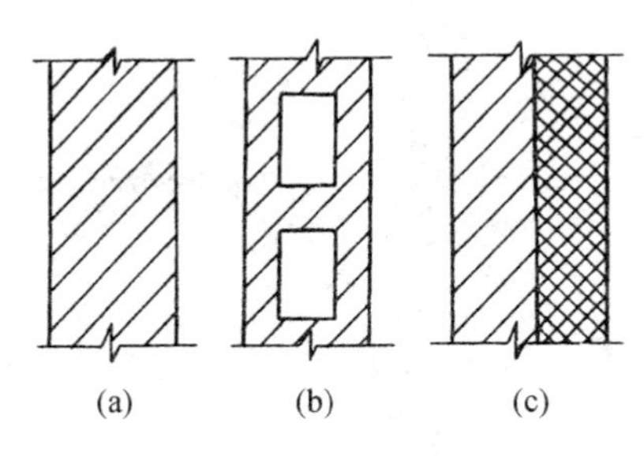

图7-2　墙体类型
(a)实体墙;(b)空体墙;(c)复合墙

二、墙体的设计要求

(一)具有足够的强度和稳定性

强度是指墙体承受荷载的能力,它与所用材料强度等级,墙体尺寸以及构造、施工方式有关。墙体的稳定性与墙体的厚度、高度和长度有关,当墙体高度、长度确定后,可通过增加墙体厚度,提高材料强度等级,增设门垛、壁柱、圈梁、构造柱以及加强墙体与墙体或墙体与其他构件的连接等措施来提高墙体稳定性。

(二)具有必要的保温、隔热性能

我国《民用建筑热工设计规范》将我国划分为五个建筑热工分区,并对不同建筑热工分区提出了不同的热工设计要求:①严寒地区,必须充分满足冬季保温要求,一般可不考虑夏季防热;②寒冷地区,应满足冬季保温要求,部分地区兼顾夏季防热;③夏热冬冷地区,必须满足夏季防热要求,适当兼顾冬季保温;④夏热冬暖地区,必须充分满足夏季防热要求,一般可不考虑冬季保温;⑤温和地区,部分地区应考虑冬季保温,一般可不考虑夏季防热。

(三)满足防火要求

墙体的材料及墙体厚度都应符合《建筑设计防火规范》中所规定的相应耐火极限和燃烧性能要求。如在较大建筑中应按规定划分防火区域,采用不燃材料制作防火墙等,以防止火灾蔓延。

(四)满足隔声要求

为使人们在室内有安静的工作和休息环境,作为房间围护结构的墙体,必须具有足够的隔声性能,以符合有关隔声标准的要求。

(五)其他要求

墙体还应根据具体需要满足防潮、防水、防腐蚀、防射线等要求。此外墙体材料应是经济的,并向高强、轻质方向发展。

第二节　块材墙构造

一、墙体材料

块材墙是用胶结材料(如砂浆等)将一块块的块材按一定技术要求砌筑而成的墙体,其主要材料是砖、砌块、石材与砂浆。

(一) *砖*

砌墙用的砖类型很多,依其材料分有黏土砖、炉渣砖、蒸压粉煤灰砖、页岩砖、蒸压灰砂砖等,依外观形状分有实心砖、多孔砖和空心砖等。常用砌墙砖规格及强度等级见表7-1。

表7-1　常用砌墙砖规格及强度等级

名称		主要规格/mm	强度等级	主要用途
烧结砖	烧结实心砖	240×115×53	MU10～MU30 五级	用于砌筑承重墙、柱、拱、烟囱、沟道、基础等
	烧结多孔砖	190×190×90 240×115×90	MU10～MU30 五级	用于砌筑六层以下的承重墙
	烧结空心砖	290×190×140 290×190×90 240×180×115 240×175×115	MU2.5～MU10 四级	多用于非承重墙,如多层建筑的隔墙或框架结构的填充墙等
非烧结砖	蒸压灰砂砖(简称灰砂砖)	240×115×53	MU10～MU25 四级	不宜用于防潮层以下的基础及高温、有酸性介质侵蚀的建筑部位中
	蒸压粉煤灰砖	240×115×53	MU10～MU25 四级	用于墙体和基础,不能用于长期受热(温度在200 ℃以上)、受急冷急热和有酸性介质侵蚀的建筑部位
	炉渣砖(又称煤渣砖)	240×115×53	MU10～MU20 三级	用于内墙和非承重外墙,其他使用要点与蒸压灰砂砖、蒸压粉煤灰砖相似

(二) 砌块

砌墙用的砌块类型很多,按尺寸和质量大小分为小型砌块、中型砌块和大型砌块;砌块按外观形状可以分为实心砌块和空心砌块。砌块因分类方法不同,名称各异。砌块是利用混凝土、工业废料或地方材料制成的人造块材,外形尺寸比砖大,其生产设备简单、砌筑速度快的优点符合建筑工业化发展中对墙体改革的要求。

常用的是混凝土小型空心砌块,它的强度等级是根据五个砌块试样毛面积截面抗压强度的平均值和最小值进行划分的,分为 MU25、MU20、MU15、MU10、MU7.5、MU5 六级。

(三) 石材

墙体中常用的石材有花岗岩、石灰岩和凝灰岩等。石材耐久性好,抗压强度高。石材的强度等级分为 MU100、MU80、MU60、MU50、MU40、MU30、MU20 七级。

(四) 砂浆

砂浆是墙体的胶结材料,它将块材胶结成为整体,并将块材之间的缝隙填平,使上层块材所承受的荷载连续、均匀、逐层地传至下层块材,以保证整个墙体的强度,同时由于砂浆填满墙体缝隙,提高了墙体的保温、隔声、隔热和抗冻能力。

砌筑墙体常用的砂浆有水泥砂浆、石灰砂浆、混合砂浆和黏土砂浆。水泥砂浆由水泥、砂加水拌和而成,属水硬性材料,强度高,较适合砌筑潮湿环境(如地下室等防潮和强度要求较高的地方)下的墙体。石灰砂浆由石灰膏、砂加水拌和而成,可塑性好,但强度较低,属气硬性材料,遇水强度即下降,较适合砌筑次要的民用建筑中地面以上的墙体。混合砂浆由水泥、石灰膏、砂加水拌和而成,既有较高强度,也有良好的可塑性和保水性,故常用于砌筑地面以上的墙体。黏土砂浆由黏土、砂加水拌和而成,强度很低,一般仅适用于对强度和防潮均要求不高的墙体,如土坯墙等。

砂浆的强度也用强度等级表示,有 M15、M10、M7.5、M5、M2.5 五级,常用的砌筑砂浆有 M10、M7.5、M5、M2.5 四级,M5 以上属于高强度砂浆。

二、砖墙厚度

砖墙主要用作内外承重墙或隔墙。砖墙的厚度应根据强度和稳定性的要求来确定,砖墙的厚度还需要根据保温、隔热、隔声等要求来确定,同时,砖墙的厚度还应与砖的规格相适应。

砖墙厚度主要由砖和灰缝的尺寸组合而成。以常用的实心砖规格(长 × 宽 × 厚)240 mm × 115 mm × 53 mm 为例,砖墙厚度是按半砖的倍数来确定的,如半砖墙、一砖墙、一砖半墙等。

有时为节约材料,砖墙厚度可不按半砖,而按 1/4 砖进位,此时墙体中有些砖需侧砌,如 3/4 砖墙等。常见的砖墙厚度名称见表 7－2。

表 7－2　砖墙厚度名称

砖墙厚度名称	习惯称呼	实际尺寸/mm	砖墙厚度名称	习惯称呼	实际尺寸/mm
半砖墙	12 墙	115	一砖半砖	37 墙	365
3/4 砖墙	18 墙	178	二砖墙	49 墙	490
一砖墙	24 墙	240	二砖半墙	62 墙	615

三、墙体细部构造

墙体的细部构造包括门窗过梁、窗台、勒脚、明沟、散水等。

(一) 门窗过梁

当墙体上开设门窗洞口时，为了承受洞口上部墙体传来的各种荷载，并将这些荷载传给洞口两侧的墙体，常在门窗洞口上设置横梁，该横梁称门窗过梁，简称过梁。

过梁的形式较多，在一般民用建筑中，常见的过梁有砖砌过梁和钢筋混凝土过梁两种。

1. 砖砌过梁

砖砌过梁一般分为平拱过梁和钢筋砖过梁两种。

(1)平拱过梁

平拱过梁将立砖和侧砖相间砌筑，使灰缝上宽下窄、相互挤压而形成拱的作用，是我国的传统式做法，见图 7－3。

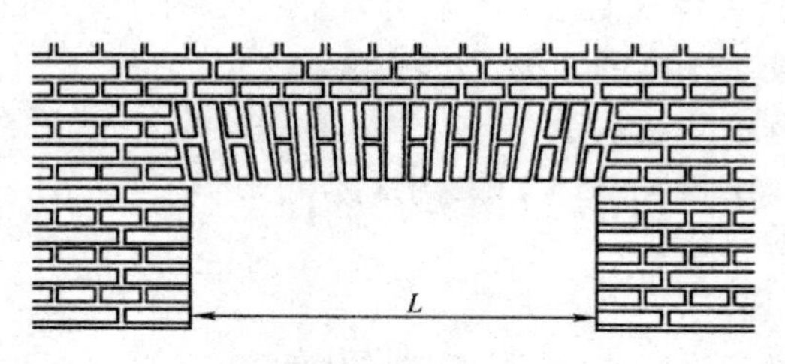

图 7－3　平拱过梁

拱高度不小于 240 mm，灰缝上部宽度不大于 20 mm，下部宽度不小于 5 mm，拱两端下部伸入墙体内 20～30 mm，跨度 L 宜取为 1.0～1.8 m，起拱高度约为跨度的 1/50，受力后拱下落。

(2) 钢筋砖过梁

钢筋砖过梁是在门窗洞口上部的平砌砖缝中配置适量钢筋，形成的可以承受荷载的加筋砖砌体，见图 7－4。钢筋砖过梁的砌筑方法与一般砖墙相同，外观亦与墙体其他部分相同，当采用清水墙面时可以取得整齐统一的效果，但门窗洞口宽度不应超过 2 m。

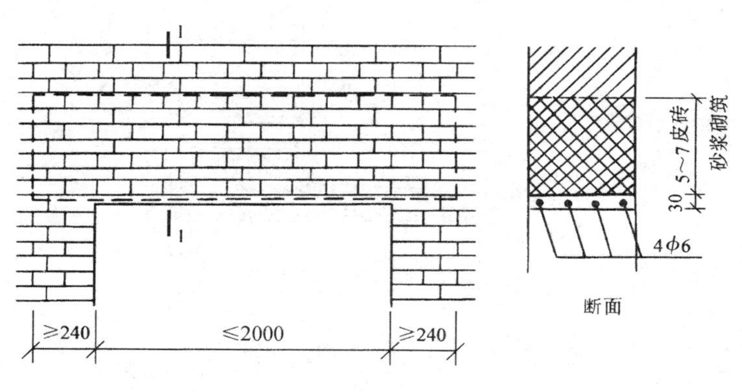

图7－4　钢筋砖过梁

钢筋砖过梁通常是将ϕ6 mm钢筋埋于过梁底面厚度为30 mm的砂浆层内，砂浆层为1:3水泥砂浆，钢筋不少于两根，其间距不大于120 mm，钢筋端部应加弯钩，并伸入洞口两侧墙内不小于240 mm，也可将钢筋放入洞口上部第一皮砖和第二皮砖之间。为使洞口上的部分砌体和钢筋构成过梁，常在相当于1/4跨度的高度范围（一般为5～7皮砖）内用不低于M5的砂浆砌筑。

2. 钢筋混凝土过梁

当门窗洞口较大或洞口上部有集中荷载时，常采用钢筋混凝土过梁，它坚固耐用，施工方便，且跨度不受限制。该过梁的断面尺寸与配筋数可经结构计算确定，常见的过梁高度有60 mm、120 mm、180 mm、240 mm等，过梁的宽度一般应与砖墙厚度相适应，过梁端部应伸入两侧墙内不小于240 mm。

钢筋混凝土过梁有现浇和预制两种，其断面形式有矩形、L形等。矩形过梁一般用于外混水墙或内墙，L形过梁多用于清水墙或外墙。在寒冷地区，为防止因热导率较大在过梁内壁产生冷凝水，可采用L形过梁或组合式过梁，使过梁暴露在外墙面的面积最小，见图7－5。

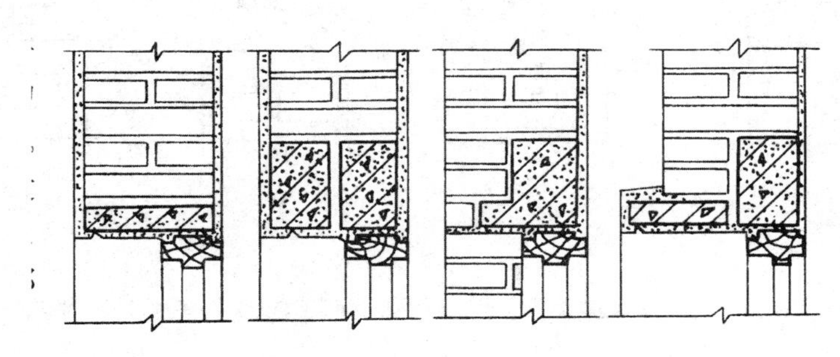

图7－5　钢筋混凝土过梁

为简化构造、节约材料，可将过梁与圈梁、门上的雨篷、窗上的窗楣板或遮阳板等结合起来设计。如在南方炎热多雨地区，常从过梁上挑出300～500 mm宽的窗楣板，既可使窗户少受雨淋，又可遮挡部分直射阳光，见图7－6。

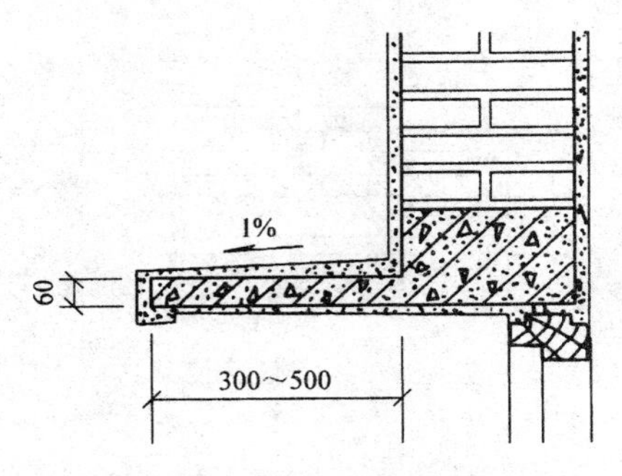

图 7－6　带窗楣板的钢筋混凝土过梁

(二)窗台

为避免顺窗面流下的雨水聚积在窗洞下部侵入墙身或沿窗框下槛与窗洞之间的缝隙向室内渗流,也为了避免污染墙面,常在窗洞下部靠室外一侧设置泄水构件——窗台。

窗台应向外形成一定坡度,以利于排水。窗台有悬挑窗台和不悬挑窗台两种。悬挑窗台常采用顶砌 1 皮砖,并向外挑出 60 mm,表面用 1:3 水泥砂浆抹出坡度并做出滴水,以引导雨水沿滴水线聚集而下落。另一种悬挑窗台是用一砖倾斜侧砌,亦向外挑出 60 mm,自然形成坡度和滴水,用水泥砂浆严密勾缝,称为清水窗台,常用于清水墙面。此外,还有预制钢筋混凝土悬挑窗台等。

由于悬挑窗台下部易积灰,并会因风雨作用而污染窗下墙,影响建筑物立面美观,因此可做成不悬挑而仅在上表面抹水泥砂浆斜面的窗台,利用雨水的冲刷使墙面保持干净。窗台形式见图 7－7。

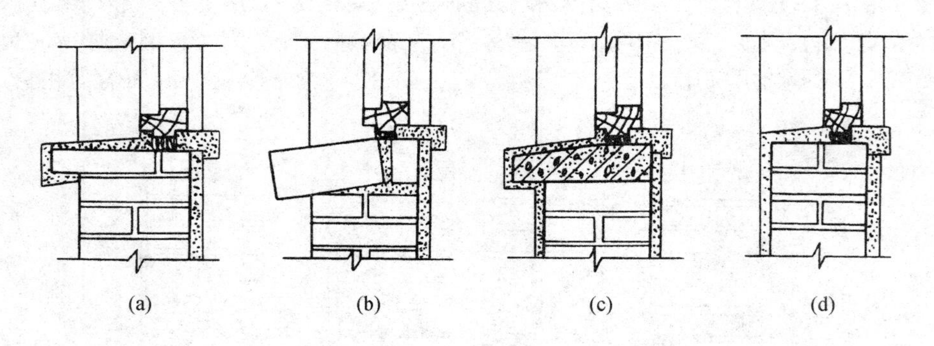

图 7－7　窗台形式

(a)平砌悬挑窗台;(b)侧砌悬挑窗台;(c)预制钢筋混凝土悬挑窗台;(d)不悬挑窗台

此外,窗框下槛与窗台交接部位是防水的薄弱环节,为避免雨水顺缝隙渗入,在做窗台排水坡时应将防水材料嵌入窗框下槛外缘刨出的槽口内或嵌在槽口下,但不能使防水材料高于槽口。

(三)勒脚

建筑物墙体下部接近室外地面的那部分墙体称为勒脚。一般情况下,其高度是指室内地坪与室外地面之间的高差,也有的将底层窗台至室外地面的高度视为勒脚。勒脚具有保护墙体和增加建筑物立面美观的作用。距室外地面最近的勒脚容易受到人、物和车辆的碰撞以及雨、雪的侵蚀,遭到破坏,影响建筑物的耐久性和美观。因此,墙体在构造上应采取相应的防护措施,具体做法有如下几种。

1. 石砌勒脚

勒脚容易遭到破坏的部位可采用坚固的材料来代替砖块,如用石块进行砌筑,或以天然石板、人造石板等做贴面处理,起到保护作用,见图 7－8(a)、(b)。

2. 抹灰勒脚

为防止室外雨水对勒脚的侵蚀,常在勒脚外表面做水泥砂浆抹面或其他强度较高并有一定防水能力的抹灰处理。为加强抹灰与墙体的连接,防止其起壳、脱落,可做咬口处理。这种做法造价经济、施工简便、应用甚广,见图 7－8(c)、(d)。

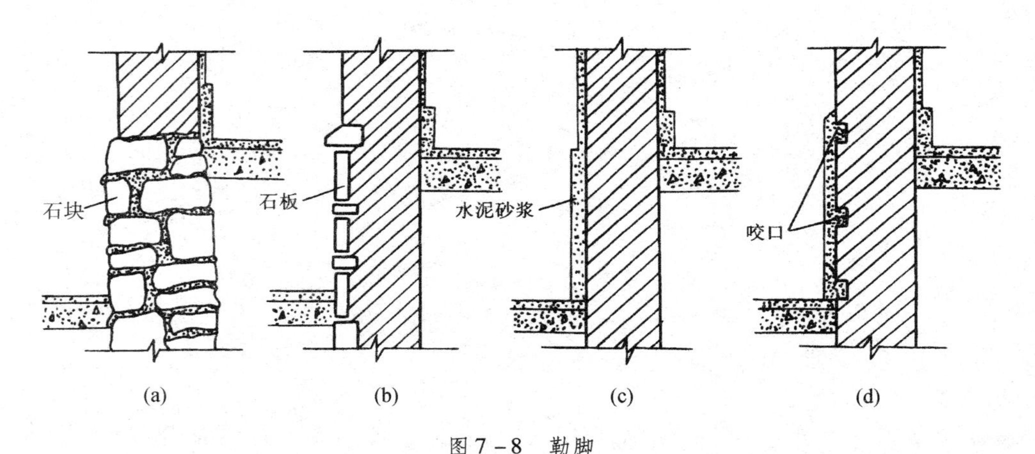

图 7－8　勒脚

(a)石块砌筑勒脚;(b)石板贴面勒脚;(c)抹灰勒脚;(d)带咬口抹灰勒脚

3. 设置防潮层

除雨、雪外,地表水和地下水由毛细作用所形成的地下潮气也会对勒脚造成侵蚀,甚至地下潮气沿墙体上升,使墙体冻融破坏,室内抹灰粉化、脱落,墙体表面发霉、滋生细菌,影响人体健康和建筑物的耐久性。地下潮气对墙体的影响见图 7－9。因此,墙体在构造上应采取防潮措施,通常是设置防潮层,其种类有水平防潮层和垂直防潮层两种。

(1)水平防潮层

水平防潮层是指建筑物墙体靠近室内地坪处沿水平方向通长设置的防潮层,可隔绝地下潮气等对墙体的影响。水平防潮层根据材料的不同,有油毡防潮层、防水砂浆防潮层和配筋细石混凝土防潮层等,见图 7－10。

油毡防潮层具有一定的韧性、延伸性和良好的防水性。但油毡层降低了上下砌体之间的黏结力,破坏了墙体的整体性,对抗震不利。另外,油毡的老化会使油毡防潮层的耐久年限变短,其使用寿命仅 20 年左右,因此油毡防潮层目前已较少采用。

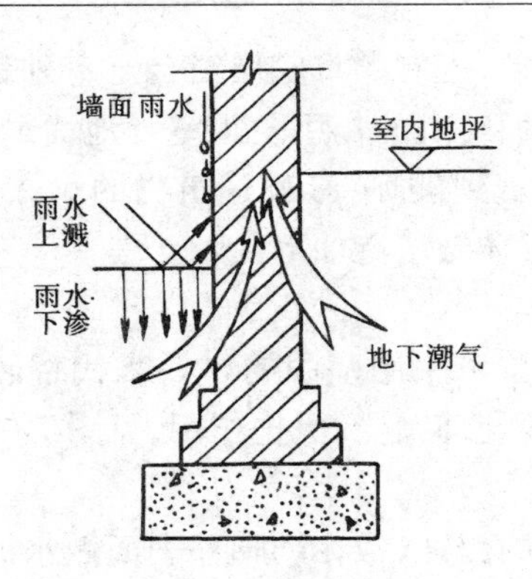

图7－9　地下潮气对墙体的影响

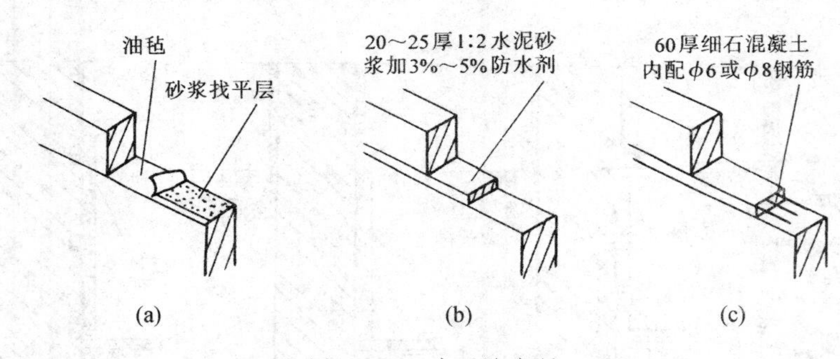

图7－10　水平防潮层

(a)油毡防潮层；(b)防水砂浆防潮层；(c)配筋细石混凝土防潮层

防水砂浆防潮层是在需要设置防潮层的位置上铺设防水砂浆层或用防水砂浆砌筑2～3皮砖。防水砂浆是在1:2水泥砂浆中掺入占水泥用量3%～5%的防水剂配制而成的，铺设厚度为20～25 mm，砌筑灰缝厚度为15～20 mm。防水砂浆防潮层克服了油毡防潮层的缺点，墙体的整体性好，较适用于抗震地区中。但由于砂浆属脆性材料，易开裂，故不适于基础会产生微小变形的建筑中。

配筋细石混凝土防潮层是在需要设置防潮层的位置铺设厚度为60 mm的C15或C20细石混凝土，内部配置3～4根ϕ6 mm～ϕ8 mm钢筋以抗裂。由于它的防潮性能和抗裂性能都很好，且能与墙体结合为一体，故适用于整体刚度要求较高的建筑中。

水平防潮层应设置在距室外地面150 mm以上的勒脚中，以防止地表水的溅渗。同时，考虑到建筑物室内实铺地坪下垫层的毛细作用，一般将水平防潮层设置在底层地坪的结构层(如混凝土层)厚度之间的砖缝中，使其更有效地起到防潮作用，在设计中常以标高－0.060表示。水平防潮层位置见图7－11。

(2) 垂直防潮层

当相邻室内地坪出现高差或室内地坪低于室外地面时，为避免地表水和地下潮气的侵蚀，不仅要按地坪高差的不同在墙体设两道水平防潮层，而且要对高差部分的垂直墙面做防潮处理。具体做法是在高地坪房间填土前，于两道水平防潮层之间的垂直墙面上用水泥砂浆抹灰,其厚度为15～20 mm,待干燥后,再涂冷底子油一道、热沥青两道(或一毡两油等行之有效的防潮处理),而在低地坪房间的墙面上采用水泥砂浆抹面。垂直防潮层位置见图7－12。

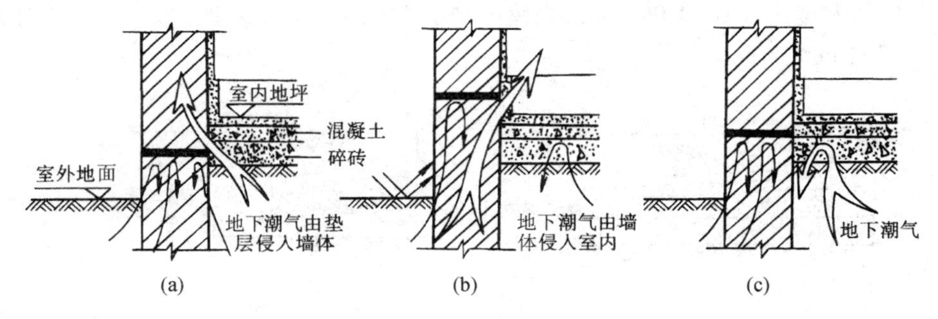

图7－11　水平防潮层位置

(a)位置过低;(b)位置过高;(c)位置合适

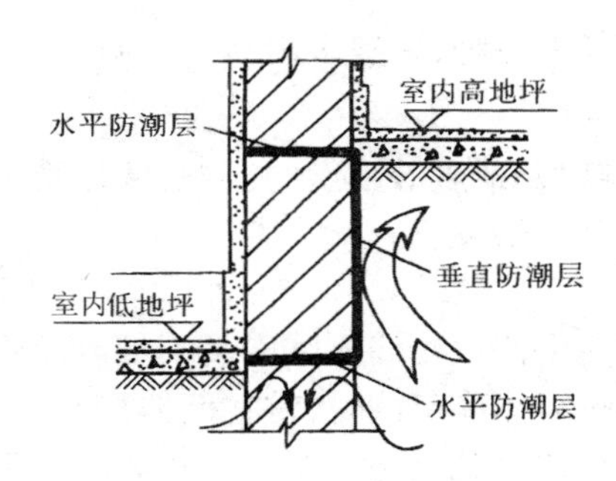

图7－12　垂直防潮层位置

(四)明沟

明沟是设置在外墙四周的小型排水沟,又称阳沟。其作用是将通过排水管流下的屋面雨水和地面积水有组织地导向集水口,使其流向排水系统,以保护外墙基础。明沟一般用素混凝土现浇,外抹水泥砂浆,或用砖石砌筑,水泥砂浆抹面,见图7－13。

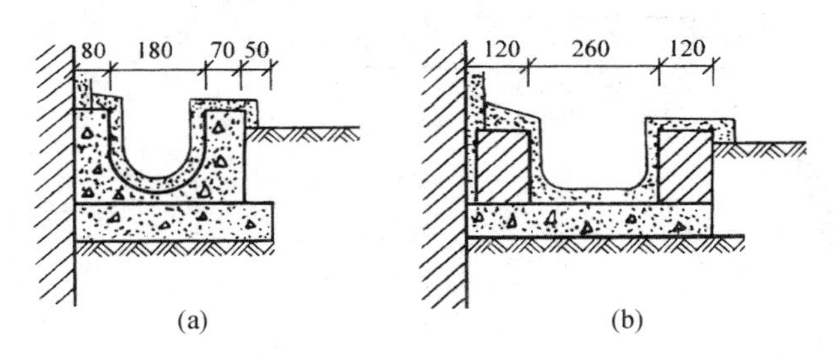

图7－13　明沟

(a)混凝土明沟;(b)砖砌明沟

(五) 散水

为防止雨水侵蚀墙基,常在外墙四周将地面做成向外倾斜的坡面,以便将屋面雨水排至远处,这一坡面称为散水或护坡。散水所用材料与明沟相同,见图 7 – 14。散水坡度为 3% ~5% ,宽度为 600 ~1 000 mm,当屋面排水方式为自由落水时,散水宽度应比屋面槽口宽出 200 mm 左右。

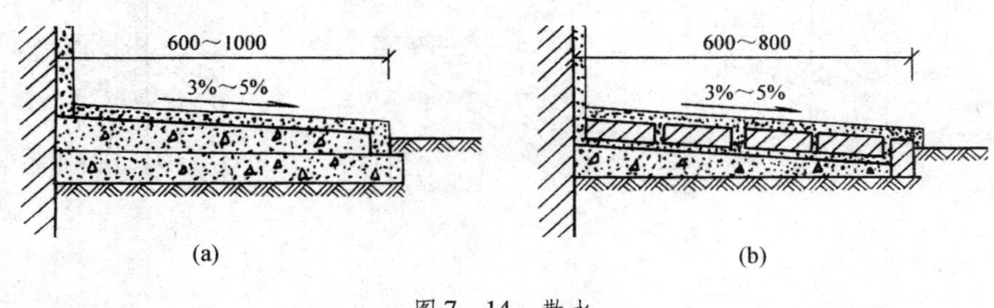

图 7 – 14 散水
(a)混凝土散水;(b)砖砌散水

房屋四周的明沟或散水任做一种,一般多雨地区做明沟,而干燥地区则多做散水。

(六) 墙体的加固

当因承受集中荷载、开洞以及地震等因素的影响,墙体稳定性有所降低时,须考虑对墙体采取加固措施,通常采用以下办法。

1. 增设壁柱和门垛

当墙体的窗间墙上出现集中荷载而墙体厚度又不足以承受该荷载,或当墙体的长度和高度超过一定限度从而影响墙体稳定性时,常在墙体局部适当位置增设凸出墙面的壁柱以提高墙体强度。壁柱突出墙面的尺寸一般为 120 mm × 370 mm、240 mm × 370 mm、240 mm × 490 mm 等,亦可根据结构计算确定,见图 7 – 15(a)。

在墙体上开设门洞时,为便于门框的安置和保证墙体的稳定,应在门靠墙的转角部位或丁字墙交接的一边设置门垛,门垛凸出墙面不少于 120 mm,宽度与墙体厚度相同,见图 7 – 15(b)。

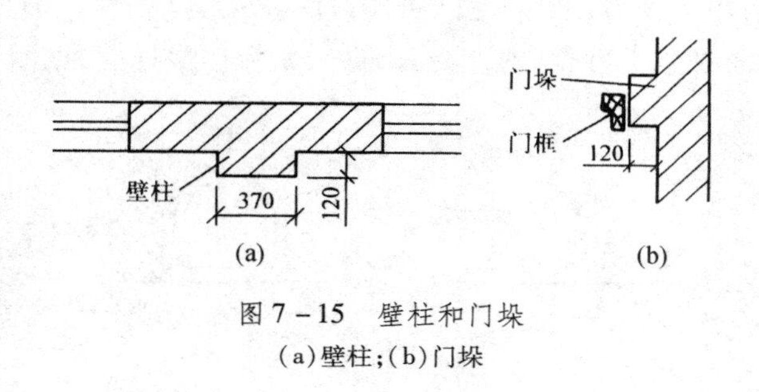

图 7 – 15 壁柱和门垛
(a)壁柱;(b)门垛

2. 设置圈梁

圈梁又称腰箍,是沿外墙四周及部分内墙设置的在同一水平面上的连续封闭梁,起着墙体配筋的作用。圈梁配合楼板层共同作用可提高建筑物的空间强度及整体性,增加墙体稳定性，减少基础不均匀沉降或较大振动荷载等对建筑物的不利影响。尤其对抗震设防地区，利用圈梁加固墙体更加必要。

圈梁有钢筋砖圈梁和钢筋混凝土圈梁两种。

钢筋砖圈梁是将前述的钢筋砖过梁沿外墙和部分内墙连通一周砌筑而成的。高度一般为 4 ~ 6 皮砖，宽度与墙体厚度相同，采用不低于 M5 的砂浆砌筑。其内部纵向不宜少于 6 根 ϕ6 mm 钢筋，钢筋水平间距不宜大于 120 mm，并应分上、下两层设在圈梁顶部和底部的水平灰缝内。

钢筋混凝土圈梁的高度应为砖厚的整倍数，且不宜小于 120 mm，常见高度为 180 mm、240 mm；宽度应与墙体厚度相同，在寒冷地区可略小于墙体厚度，以便在圈梁外侧砌砖保温，防止圈梁出现冷凝水，但不宜小于墙体厚度的 2/3。圈梁内部纵向不宜少于 4 根 ϕ8 mm钢筋，钢筋水平间距不宜大于 300 mm。当圈梁被门窗洞口截断时，应在洞口上部增设相同截面的附加圈梁，其配筋和混凝土强度等级均不变。附加圈梁与圈梁的搭接长度（l）不应小于其垂直间距（h）的 2 倍，且垂直间距（h）不得小于 1 m，见图 7 – 16。

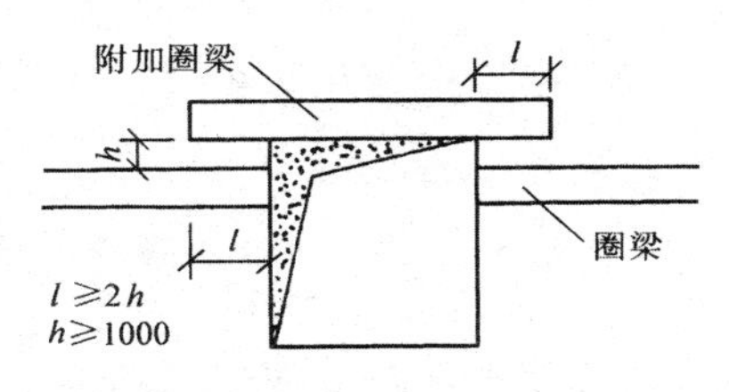

图 7 – 16　附加圈梁

3. **构造柱**

圈梁是水平构件，构造柱是竖直构件，它们共同组成一个骨架，以提高建筑物的整体性、刚度和抗震能力，构造柱的断面尺寸一般不小于 240 mm × 180 mm。常用断面尺寸有 240 mm × 240 mm、240 mm × 360 mm、360 mm × 360 mm。

（1）构造柱的配筋

纵筋宜采用 4ϕ12 mm，箍筋直径不小于 ϕ6 mm，间距不大于 250 mm，并在上下搭接处加密。建筑物设计烈度为 7 度、超过 6 层，设计烈度为 8 度、超过 5 层及设计烈度为 9 度时，构造柱纵筋宜采用 4ϕ14 mm，箍筋直径不小于 ϕ8 mm，间距不大于 200 mm。一般情况下房屋转角的构造柱钢筋直径均比其他构造柱钢筋直径大。

（2）构造柱与墙体的连接

沿柱高度方向每隔 250 mm（4 皮砖）留有马牙槎，在混凝土浇筑后，混凝土与墙体相互咬合，使构造柱与墙体形成一个整体。构造柱现浇混凝土的等级不低于 C15，常选用 C20、C25、C30。

沿柱高度方向每隔 500 mm（8 皮砖）设每 120 mm 墙不少于 2ϕ6 mm 拉结筋与墙体压砌。其伸入墙体内的压长不宜小于 1 m，若遇到门窗洞口压长不足 1 m 时，则应有多长压多长。

（3）构造柱的锚固

构造柱不单设基础，但应伸入室外地面以下 500 mm 的基础内，或锚固于室外地面以下 500 mm 的圈梁内。

钢筋混凝土构造柱的构造,见图 7 – 17。

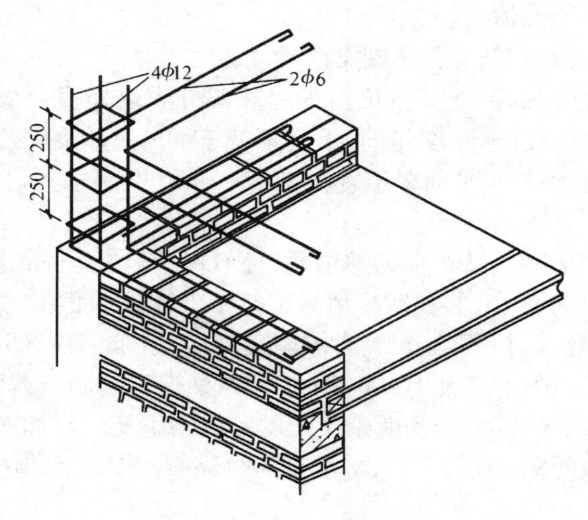

图 7 – 17　钢筋混凝土构造柱

4. 砌体拉结筋

对于没有设置构造柱的相互交接的墙体,考虑到墙体防震及稳定性要求,在砌筑时应设置拉结筋。其具体要求如下:

(1)对于设计烈度为 7 度、层高超出 3.6 m 或长度超过 7.2 m 的大房间以及设计烈度为 8 度、9 度的房间,如内外墙交接处及外墙转角处未设构造柱 ,则应沿墙高度方向每隔 500 mm,按每 120 mm 墙 1φ6 mm 设拉结筋,其在墙内的压长不宜小于 1 m。

(2)后砌的非承重墙和与之连接的墙体之间应配置 2φ6 mm 拉结筋,其竖向间距为 500 mm,钢筋在墙内的压长不宜小于 500 mm。对设计烈度为 8 度及 9 度,长度大于 5.1 m 的非承重墙,墙顶还应与楼板层及大梁拉结,以保证非承重墙与相关结构之间的有效连接。

第三节　隔墙构造

隔墙是建筑物内部分隔房间的非承重墙,其自身质量由楼板层或梁来承受。隔墙的基本要求是稳定、自重轻、厚度薄、隔声、防火。根据房间的使用要求,有时还需具有防水、防潮、隔热等性能。此外,为适应房间使用性质的改变,有的隔墙应便于拆卸。

隔墙按其构造方式分为砌筑隔墙、立筋隔墙和板材隔墙三种。

一、砌筑隔墙

砌筑隔墙是利用黏土砖或各种砌块砌筑而成的墙体。

(一)砖砌隔墙

砖砌隔墙有半砖和 1/4 砖之分,其构造见图 7 – 18。

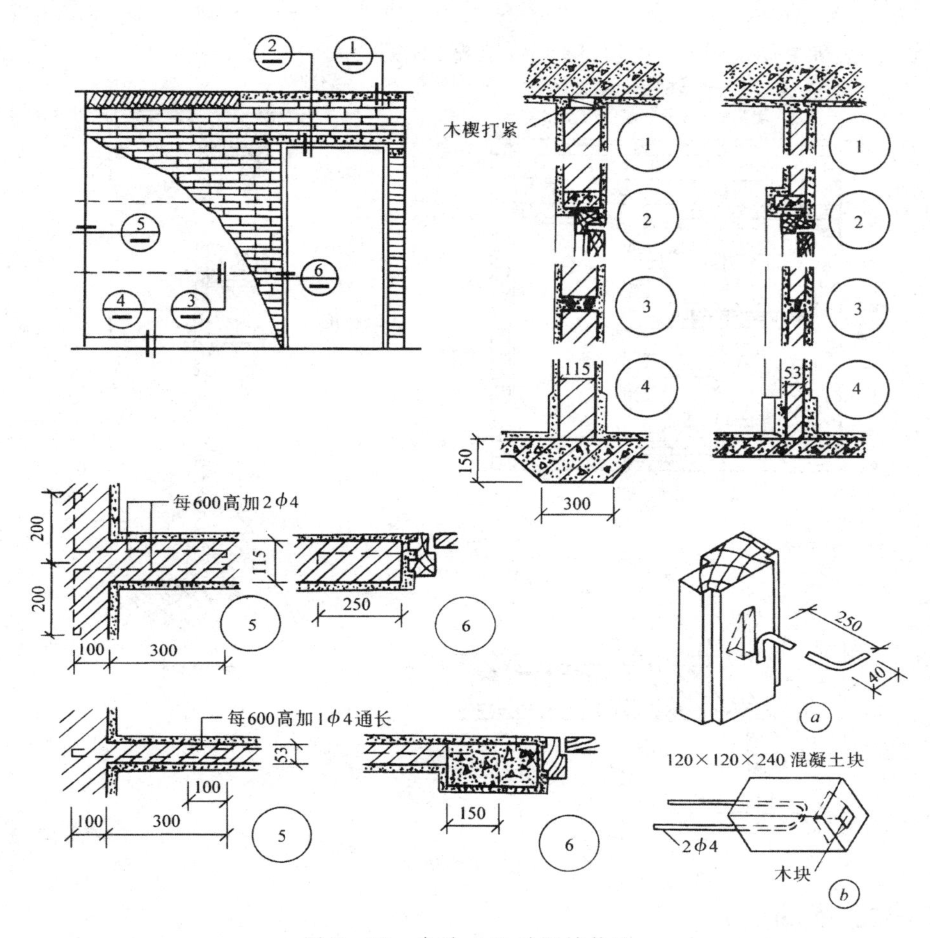

图 7－18　半砖、1/4 砖隔墙构造

半砖隔墙用黏土砖顺砌而成，砌筑砂浆强度等级不低于 M5。半砖隔墙墙体较薄，当高度大于 3.6 m 和长度大于 5 m 时，应采取加固措施以确保其稳定。

1/4 砖隔墙用黏土砖侧砌而成，砌筑砂浆强度等级不低于 M5，构造措施基本与半砖隔墙相同。1/4 砖隔墙墙身更薄，稳定性差，只宜做成高度不超过 3 m、面积不大、不设门窗的隔墙，如住宅中厨房、卫生间之间的隔墙，并应采取加固措施。

为保证砖砌隔墙不承重，当砖墙砌到楼板层底或梁底时，可将砖斜砌 1 皮，或将空隙用木楔对口打紧，然后用砂浆填缝。

（二）砌块隔墙

为减轻建筑物自重和节约用砖，可采用轻质砌块，如加气混凝土块、粉煤灰砌块、空心砖等砌筑隔墙。墙厚由砌块尺寸决定，加固措施同半砖隔墙，每隔 1 200 mm 墙高铺 30 mm厚砂浆一层，内配 2 根 ϕ4 mm 通长钢筋或钢丝网一层，墙高超过 4 m 时，在门过梁处设通长钢筋混凝土带，见图 7－19。轻质砌块隔墙隔声性能不如同等厚度的砖砌隔墙，且防潮性能也较差，故在砌筑时应先在墙身下部实砌 3 ~5 皮黏土砖，以避免墙身直接受潮。不够整块砌块砌筑时宜用实心黏土砖填充，避免使用破碎空心砖。

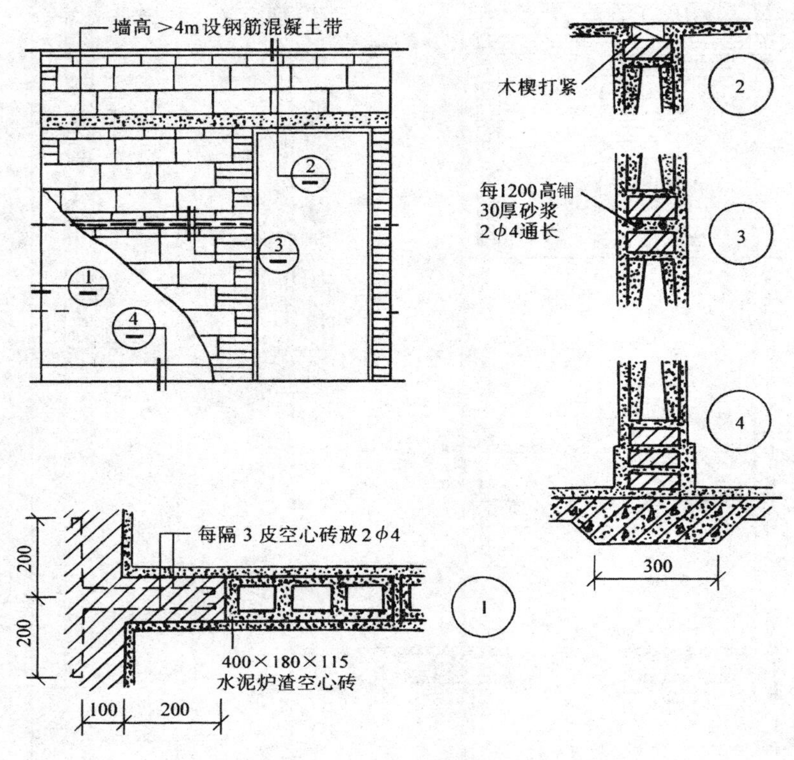

图 7 – 19　砌块隔墙构造

二、立筋隔墙

立筋隔墙由骨架和饰面两部分组成，骨架有木骨架和金属骨架，饰面有板条抹灰、钢丝网板条抹灰、胶合板、纤维板、石膏板等。

(一) 板条抹灰隔墙

板条抹灰隔墙由木骨架、板条和抹灰组成，见图 7 – 20。

木骨架由上槛、下槛、墙筋、斜撑及横撑组成，在上、下槛之间每隔 400 mm 或 600 mm 立竖向墙筋，在墙筋间沿高度方向每隔 1.5 m 左右设一道斜撑或横撑以加固墙筋，从而构成木骨架，然后在其两侧钉板条，最后抹灰。

板条尺寸通常为 1 200 mm ×24 mm ×6 mm 和 1 200 mm ×38 mm ×9 mm 两种。前者用于墙筋间距 400 mm 时，后者用于墙筋间距 600 mm 时。板条钉在墙筋上，板条间需留有 9 mm 左右的间隙，以便抹灰层挤入，增加黏结应力。因板条有湿胀干缩的特点，故板条接头处需留 3 ~5 mm 宽的缝隙。同时应将接头处的缝隙错开，避免过长的通缝，防止抹灰开裂和脱落。

抹灰一般为纸筋灰或麻刀灰。隔墙下部一般加砌 2 ~3 皮砖，并做出踢脚。

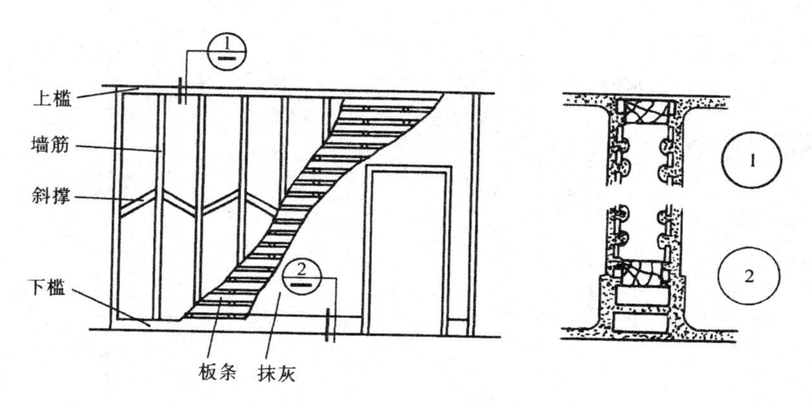

图 7－20　板条抹灰隔墙

(二)钢丝网板条抹灰隔墙

为提高隔墙的防火、防潮能力与节约木材,可在木骨架两侧钉以钢丝网或钢板网,表面采用水泥砂浆或其他防潮、防火材料,这种隔墙称为钢丝网板条抹灰隔墙。

钢丝网板条抹灰隔墙的构造与板条抹灰隔墙相似,只是板条间距可以增大,并在板条外钉钢丝网。若采用钢板网,可省去板条,直接将钢板网钉在墙筋上,但墙筋间距应按钢板网规格排列。最后在钢丝网(或钢板网)上抹水泥砂浆等面层。钢丝网板条抹灰隔墙变形小、强度高、抹灰层开裂的可能性小,有利于防潮、防火。

(三)立筋面板隔墙

立筋面板隔墙指面板采用胶合板、纤维板、石膏板或其他轻质薄板,骨架为木骨架或金属骨架的一种隔墙。它自重轻、厚度小、防火、防潮、易拆装,且均为干作业,可直接支撑在楼板层上,施工方便、速度快,得到广泛应用。为提高隔声性能,可铺钉双层面板,或采取错开骨架以及在骨架间填岩棉、泡沫、塑料等弹性材料等措施。

三、板材隔墙

板材隔墙是用各种轻质竖向通长板材用黏结剂拼合在一起形成的隔墙。板材多采用板条,高度相当于房间净高。板材隔墙不依赖于骨架而直接进行装配,安装方便,施工速度快。常见的板材有预应力钢筋混凝土薄板、炭化石灰板、加气混凝土板、多孔石膏板、水泥钢丝网夹芯板及各种复合板材等。

安装时,一般在楼板层(或地坪层)上用一对对口木楔将板条楔紧,再用细石混凝土堵严,板条之间的缝隙用水玻璃黏结剂(水玻璃:细矿渣:细砂:泡沫剂 = 1:1:1.5:0.01)或胶聚合水泥砂浆(1:3 水泥砂浆加入适量防水添加剂)进行黏结,板条下缝隙用细石混凝土堵严。

对于有防水要求的房间,应采用防水板材,其骨架做法和饰面做法也应采取防水措施,如隔墙下应用混凝土做墙垫且应高出室内地坪 50 mm 以上。

板材隔墙的表面一般先刮腻子,修补平整后再喷(或刷)色浆或裱糊墙纸。水泥钢丝网夹芯板隔墙如图 7－21 所示。

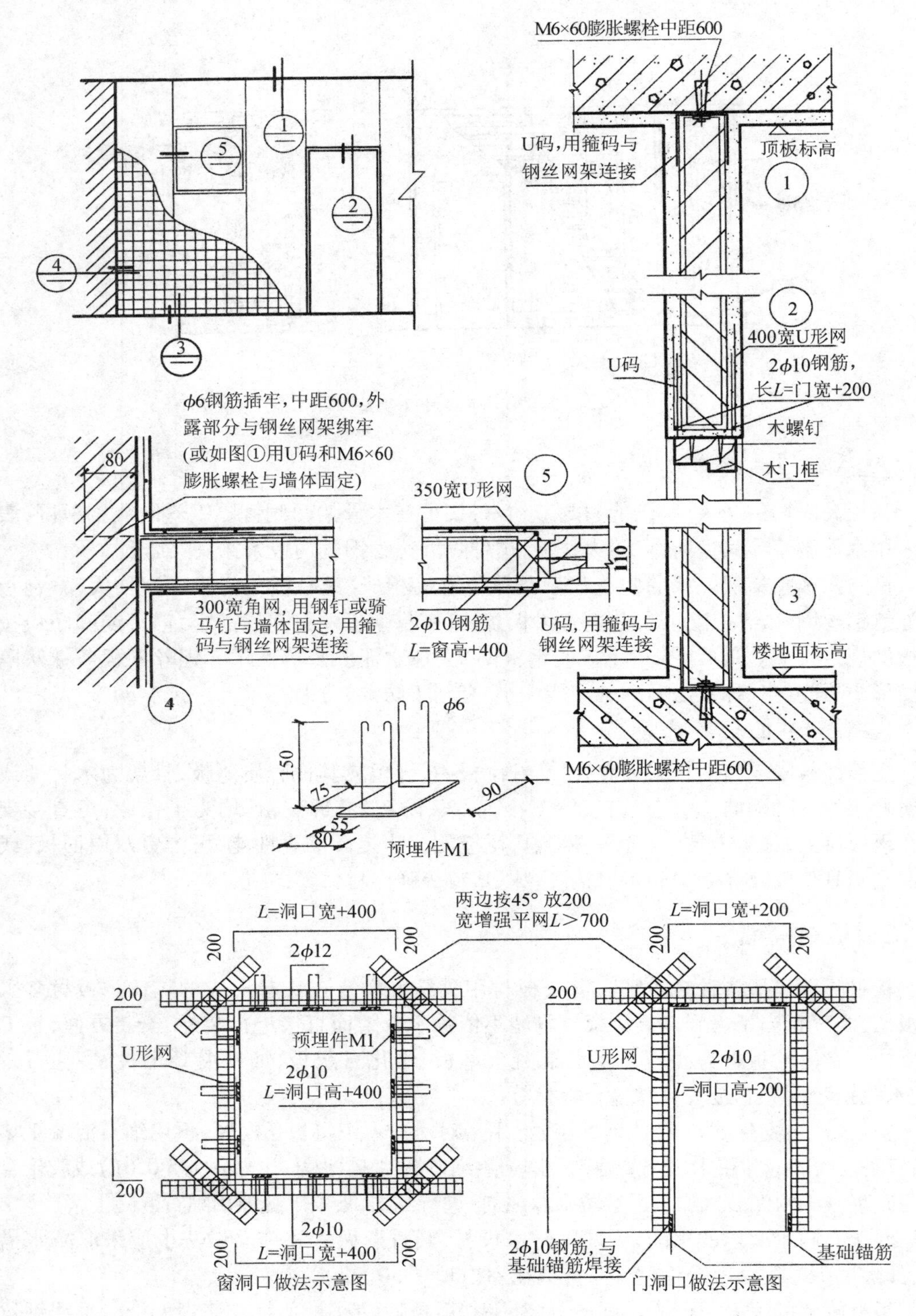

图7－21　水泥钢丝网夹芯板隔墙

第四节 墙体保温

节能是现代建筑在功能方面要考虑的问题之一。因此要求作为围护结构的外墙应具有良好的热稳定性,使室内温度在外界环境气温变化的情况下保持相对的稳定,减少建筑对室内温度调节设备的依赖。

炎热地区的外墙应有足够的隔热能力,可以通过选用热阻大、质量大的外墙(如砖墙、土墙等)减少外墙内表面的温度波动,也可以在外墙表面选用浅色、光滑、平整的材料以增加其对太阳光的反射能力。

寒冷地区冬季室内温度高于室外,热量从高温一侧向低温一侧传递。因此采暖建筑的外墙应有足够的保温能力。为了减少热损失,墙体构造在考虑承重的同时又要满足保温的要求。

一般墙体的保温构造方案可分为以下两大类。

一、单一材料保温结构

作为围护结构的墙体是由一种热导率小的材料,例如空心板、空心砌块、轻质空心砌块、加气混凝土等构成的结构,在构造上比较简单,施工也比较方便,既能承重,又能保温。但随着建筑节能标准的提高,许多单一材料已经难以达到节能标准所规定的要求或会造成较大的浪费。例如,对于多层建筑240墙已能够达到承重的要求,而从外墙保温的要求考虑必须做490墙。因此,发展高效保温节能的复合材料保温结构是很有必要的。

二、复合材料保温结构

复合材料保温结构是由保温层和主体结构复合而成的,保温层主要起保温作用,由强度高的材料来起承重作用。这种结构的保温材料可选择的灵活性比较大,板块状、纤维状、松散颗粒材料均可。

复合材料保温结构根据保温层的位置可分为内保温、中间保温、外保温三种类型,保温层的位置可见图7-22。

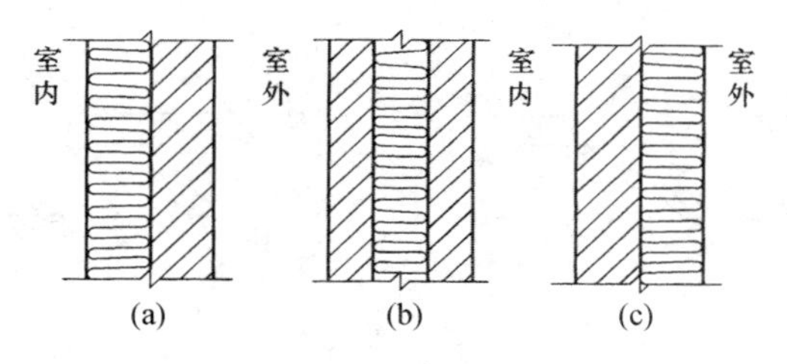

图7-22 保温层的位置

(a)内保温;(b)中间保温;(c)外保温

（一）内保温

保温层在室内一侧，这种保温构造不存在雨水渗入保温材料的危险，对保温层要求不高，纸面石膏板、石膏砂浆抹面均可满足使用要求。但室温对外界气温变化的反应比较灵敏，室温波动较大。一般适用于间歇使用的房间。

（二）外保温

保温层在室外一侧，这种保温构造由于在保温节能和经济性方面具有优越性而受到广泛的推广和应用。

外保温使墙体或屋顶的主要部分受到保护，减少了自然界温度、湿度、紫外线等对主体结构的影响，提高了结构的耐久性。墙体内侧为蓄热系数大的承重结构，当供热不均匀时，墙体内表面温度不致急剧变化，提高了房间的热稳定性能，因此外保温适用于经常使用的房间。由于外保温构造层次使水蒸气"进难出易"，因此其对防止或减少保温层内部产生水蒸气凝结十分有利。外保温使热桥处的热损失减少，由于基本消除了热桥的影响，可节省保温材料，降低建筑造价。同时，因保温材料贴在墙体外侧，墙体薄，室内面积相对增大。外保温可在基本不影响室内的情况下施工，特别适用于旧房改造。

但外保温对保温材料的要求较高，要求其不受雨水冲刷和大气污染的影响，所以在保温材料外表面需覆盖一层防水层或饰面。

（三）中间保温

保温材料放置在结构中间，是一种使用最广泛的墙体保温方法。其优点是对保温材料的要求不高，聚苯乙烯、玻璃棉、岩棉等材料均可使用。但这种保温方法要求内、外侧墙体之间需有连接件连接，构造较复杂，且对处于室外的墙体的防渗性能要求较高，否则，雨水渗入保温层中，潮气很难散发出去，从而影响墙体保温效果。

（四）围护结构异常部位的保温设计

在围护结构中，存在着不少传热异常的部位，例如门窗缝隙、结构转角、交角以及结构内部的热桥（钢或钢筋混凝土骨架、圈梁、过梁、板材的肋条等，热桥的形式见图 7－23）。这些部位由于构造上的特点，其传热损失比主体部分大得多。因此，必须对这些部位采取相应的保温措施。

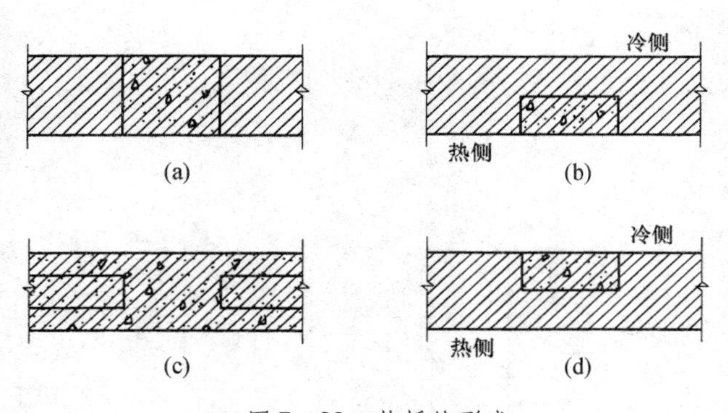

图 7－23　热桥的形式

（a）贯通式热桥；（b）热桥在热侧（冬季采暖）；（c）贯通式热桥；（d）热桥在冷侧（夏季空调）

热桥是热量容易通过的部位,其内表面温度常低于主体部分。在热桥部位最容易产生冷凝水。因此,在设计时应注意尽量避免出现贯通式热桥,尽量将非贯通式热桥布置在温度高的一侧,尽量减小热桥断面面积。对出现热桥的部位,应采取局部保温措施(图7－24)。

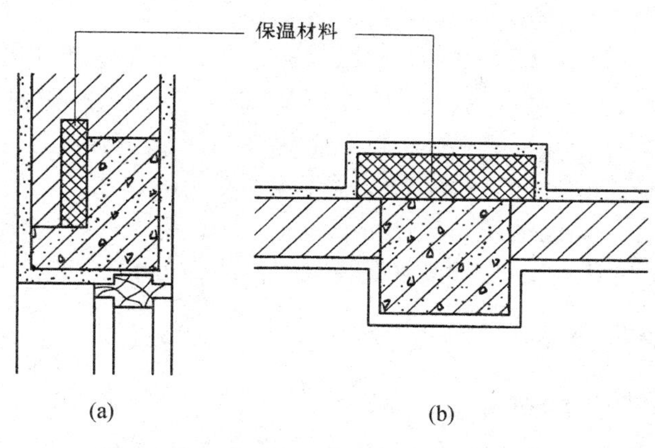

图7－24　热桥局部保温措施
(a)过梁部位;(b)柱子部位

第五节　墙面装修

一、墙面装修的作用

墙面装修是墙体构造中不可缺少的组成部分,其作用主要有以下几种。

(一)保护墙体,提高墙体的坚固性、耐久性

墙体材料有微小孔隙,墙体于施工时也会留下许多缝隙,导致墙体的吸水性增加。在雨水作用下,墙体的强度下降。潮湿还会加速墙体表面的风化作用,影响墙体的耐久性。对墙面进行装修处理,可使墙体不直接受到各种自然因素和人为因素的影响,提高墙体的防潮、抗风化、保温、隔热以及耐大气污染性能,增强墙体的坚固性、耐久性,延长其使用年限。

(二)堵塞孔隙,改善墙体的使用功能

墙体材料的孔隙不仅影响墙体的耐久性,而且会增加墙体的透气性,这对墙体的热工性能和隔声性能都是很不利的。同时,粗糙的墙面难以保持清洁,也会降低墙面的反光能力,对室内采光不利。因此,对墙面进行装修处理,增加墙体厚度,利用装修材料堵塞墙体孔隙,会大大提高墙体的保温、隔热和隔声性能。平整、光滑、色浅的内墙装修还可以增加墙面对光的反射。此外,采用不同材料的室内装修,还会产生对声音的吸收或反射作用,改善室内的音质效果。

(三)美化环境,提高建筑的艺术效果

在建筑的外观设计中,除考虑到形体比例、墙面划分、虚实对比等处理外,利用墙面装修来增加建筑立面的艺术效果也是一种重要的手段。这些,往往要通过材料的质感、色彩和线型等来表现,以达到美观的目的。

所谓质感是指人们对材料质地的感觉,它通过材料表面纹理的粗细、凹凸,材料对光线吸收、反射的程度,以及材料因不同的加工方法所产生的各种感观效果来体现。色彩跟人的心理与健康息息相关,能引起人们视觉感观的兴奋。不同的色彩使人产生不同的感受。它不仅影响建筑的外观,而且对周围环境和整个城市面貌都有影响。色彩靠颜料来实现,因而设计中应优先选择与周围环境相适应的、耐久的且稳定性好的颜料。线型是指立面处理上的变形缝、凹凸线条以及各种纹样装饰。

二、墙面装修的分类

(一)按装修部位不同分类

可分为室外装修和室内装修两类。室外装修用于外墙表面,具有保护墙体和美观的作用,装修材料要求采用强度高、抗冻性强、耐水性好、抗日晒及具有抗腐蚀性能的建筑材料。室内装修主要是为了改善室内条件,使室内美观,其装修材料由室内使用功能决定,对浴室、厕所、厨房等有水房间,应采用具有防水、防潮性能的建筑材料;对一些有特殊要求的房间,则应分别采用具有防腐蚀、防辐射、防火等性能的建筑材料。

(二)按施工方式的不同分类

常见的墙面装修可分为抹灰类、贴面类、涂料类、裱糊类和铺钉类五类,其常用材料见表7-3。

表7-3 墙面装修常用材料

类别	室外装修	室内装修
抹灰类	水泥砂浆、混合砂浆、聚合水泥砂浆等	纸筋灰(或麻刀灰)、膨胀珍珠岩灰浆、石膏、石灰砂浆、混合砂浆等
贴面类	陶瓷马赛克、玻璃马赛克、水磨石板、花岗岩板等	釉面砖、人造石板、天然石板等
涂料类	石灰浆、水泥浆、溶剂型涂料、乳液型涂料等	大白浆、石灰浆、乳液型涂料及各种水溶性涂料
裱糊类	—	塑料墙纸、纺织物面墙纸、金属面墙纸、天然木纹面墙纸等
铺钉类	金属薄板、石棉水泥板、玻璃等	胶合板、纤维板、石膏板、装饰吸声板等

三、墙面装修构造

(一)抹灰类墙面装修

抹灰类墙面装修是指采用水泥、石灰膏等作为胶结材料,加入砂或石渣用水拌和成

砂浆或石渣浆，然后抹到墙面上的一种操作工艺，是一种传统的墙面装修方法。其主要优点是材料来源广，施工简便，造价低；缺点是耐久性差，易开裂，且多系手工湿作业，工效低，劳动强度较大。

墙面抹灰层一般由底层、中层和面层组成，见图7－25。

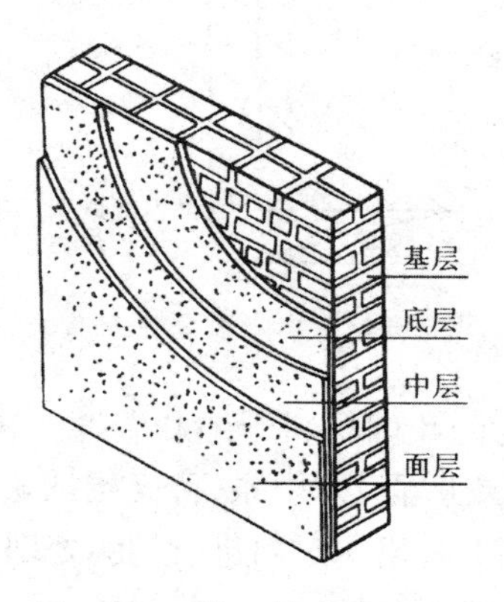

图7－25　墙面抹灰层的组成

为保证抹灰层平整、牢固、颜色均匀，避免开裂、脱落，抹灰层不宜太厚，外墙抹灰层一般厚20～25 mm，内墙抹灰层厚15～20 mm，且施工时应分层操作。

底层主要与基层黏结，并起初步找平作用，厚度为10～15 mm，又称找平层或打底层，其用料应视基层材料而定。

中层用于进一步找平，减少底层砂浆或石渣浆干缩导致面层开裂的可能，厚度一般为5～12 mm，所用材料应视装修要求而定。

面层主要起装饰作用，又称罩面，厚度为3～5 mm，要求表面平整，无裂痕，色彩均匀并可做成光滑、粗糙等不同质感，以取得不同装饰效果。

在较易受到碰撞、摩擦或防潮、防水要求较高的内墙（如门厅、厨房、卫生间等处的内墙）下段墙面，常采取适当的保护措施，称为墙裙，其高度一般为1.2～1.8 m。墙裙构造可见图7－26。

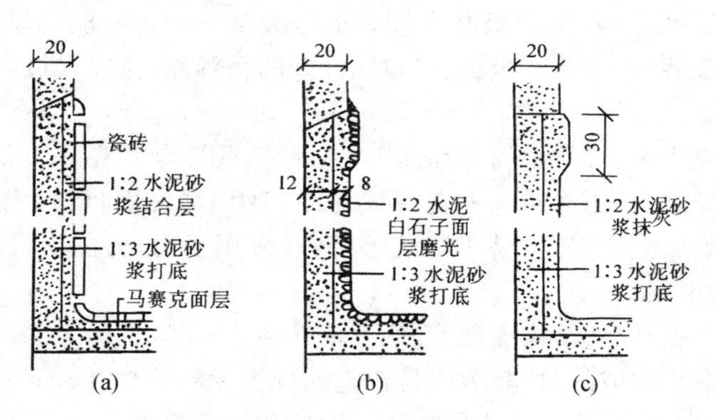

图7－26　墙裙构造

（a）贴瓷砖；（b）水磨石；（c）水泥砂浆抹灰

对经常受到碰撞的内墙阳角或门洞转角等处，常抹以高 1.5 m 的 1∶2 水泥砂浆并处理成小圆角形式，称为水泥砂浆护角，如图 7－27 所示。

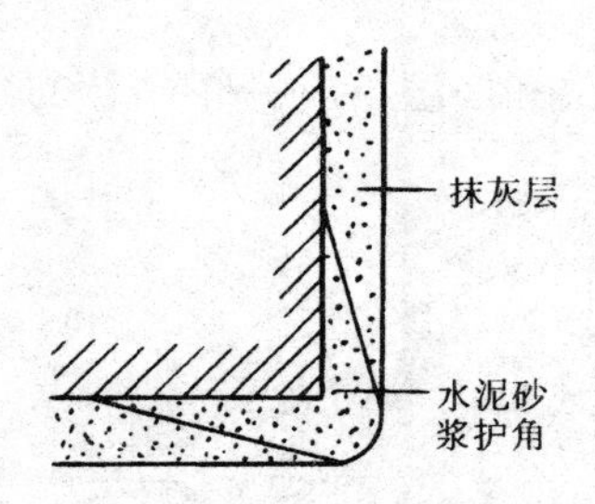

图 7－27　水泥砂浆护角构造

由于外墙抹灰面积较大，为防止因材料干缩和温度变化引起面层开裂，可将抹灰层做分格处理，称为引条线，即在底层上埋设木引条，待面层抹灰完成再取出。为提高引条线抗渗透能力，通常利用防水砂浆或其他防水材料进行勾缝处理。引条线做法可见图 7－28。

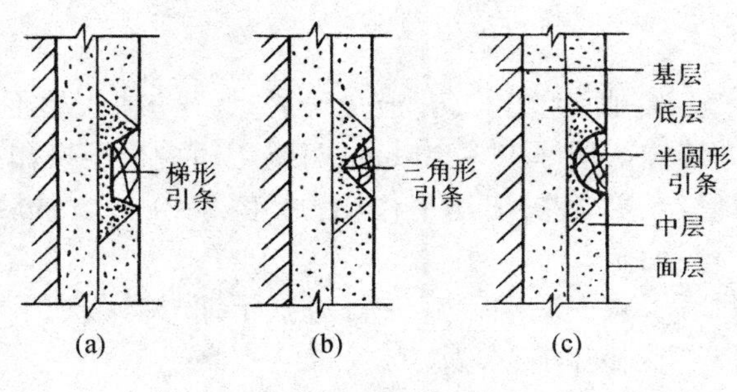

图 7－28　引条线做法

（二）贴面类墙面装修

贴面类墙面装修指利用各种天然石板或人造板、块对墙面进行的装修处理。它具有耐久性强、施工方便、质量高、装饰效果好、易清洗等优点。常用的贴面材料有瓷砖、马赛克（锦砖）、水磨石板以及花岗岩板和大理石板等天然石板。一般将质感细腻的瓷砖、大理石板等用于内墙装修，将质感粗犷、耐腐蚀性好的马赛克、花岗岩板等用于外墙装修。

1. 陶瓷面砖类

陶瓷面砖种类很多，最常用的有釉面砖、墙地砖、陶瓷马赛克等。

釉面砖又称瓷砖，是用优质陶土烧制而成的一种内墙贴面材料，表面挂釉，具有吸水率低、色彩稳定、表面光洁美观、易于清洗等特点，多用于厨房、浴室、医院手术室等处的墙裙、墙面和池槽面层。

墙地砖属于半瓷制品，结构较致密，吸水率为 4%～8%。墙地砖多数是以陶土为原料，经加工成型、煅烧制成的，按其表面是否施釉分为无釉墙地砖和彩色釉面陶瓷墙地砖两种，前者称为无光面砖，后者称为彩釉砖。近年我国又出现了许多新型墙地砖，如劈离砖等。

陶瓷马赛克是用优质陶土烧制而成的，由很多不同色彩、不同形状的小瓷片拼制而成。生产时将小瓷片拼贴在300 mm×300 mm的牛皮纸上，常用作地面装修，也可用于外墙装修。陶瓷马赛克易脱落，现已很少采用，取而代之的是玻璃马赛克，它是一种半透明的玻璃饰面材料，质地坚硬，色彩柔和典雅，性能稳定，可组成各种花饰，且具有耐热、耐寒、耐腐蚀、不龟裂、表面光滑、雨后自洁、不褪色、造价低等优点。玻璃马赛克的使用质量和效果均优于陶瓷马赛克，是目前外墙装修中较为理想的材料之一，被广泛采用。

2. 天然石板、人造石板

常见的天然石板有大理石板、花岗岩板等，具有强度高、结构致密、色彩丰富且不易被污染等优点，但其加工复杂、要求高、价格昂贵，属于高级装修饰面。

由于大理石是石灰变质岩，在大气中易受水汽、二氧化碳、二氧化硫的侵蚀，易风化和溶蚀，经精磨、抛光的表面很快会失去光泽，因此，除白色大理石（又称汉白玉）外，一般大理石板用于室内较好。花岗岩具有良好的耐酸、耐磨和耐久性，不易风化变质，外观色泽可保持百年以上。经过精磨、抛光的花岗岩板，可用于室内外的墙面、柱面、地面；经过粗加工的花岗岩板，宜用于室外，如室外勒脚饰面和室外台阶踏步。

人造石板具有天然石板的花纹和质感，且质量小、强度高、耐酸碱、造价低、易按设计意图制作，常见的有水磨石板、仿大理石板等。

（三）涂料类墙面装修

涂料指涂敷于墙体表面、与基层黏结并形成完整而牢固的保护膜的面层物质，对被涂墙体起保护、装饰作用。

建筑涂料的品种繁多，应根据建筑物的使用功能、所处部位、构件材料、地理环境、施工条件等，选择装饰效果好、黏结力强、耐久性好、对大气无污染和造价较低的涂料。建筑物所处地理环境及施工季节不同，对涂料选择也不同。如炎热多雨的南方，选用的涂料要耐水性好、防霉性能较好，以免发生霉变；严寒的北方，要求涂料的抗冻性高。雨季施工应选择能迅速干燥并具有较好初期耐水性的涂料，冬季施工需选择成膜温度低的涂料。总之，必须在了解涂料使用性能的前提下合理、正确地选用合适的涂料。

涂料按其主要成膜物质的不同，可以分为无机涂料和有机涂料两大类。

1. 无机涂料

常用的无机涂料有石灰浆、大白浆、可赛银浆、无机高分子涂料等。无机高分子涂料有JH80－1、JH80－2等。

2. 有机涂料

有机涂料依其主要成膜物质和稀释剂的不同，可分为溶剂型涂料、水溶性涂料和乳液型涂料三种。

溶剂型涂料有传统的油漆涂料，也有现代发展起来的苯乙烯内墙涂料、聚乙烯醇缩丁醛内（外）墙涂料、过氯乙烯内墙涂料等。常见的水溶性涂料有聚乙烯醇水玻璃内墙涂料、聚合物水泥砂浆饰面涂层、改性水玻璃内墙涂料、108内墙涂料、SJ－803内墙涂料、JGY－821内墙涂料、801内墙涂料等。乳液型涂料又称乳胶漆，多用于内墙装修，常见的有乙丙乳胶涂料、苯丙乳胶涂料等。

建筑物内外墙面用涂料做饰面是最简便的一种装修方式,具有材料来源广、造价低、操作简单、省工、省料、工期短、维修与更新方便等优点,是一种很有发展前途的墙面装修类型。

(四) 裱糊类墙面装修

裱糊类装修是将各种装饰性的墙纸、墙布等卷材类材料用黏结剂裱糊在墙面上的一种装修类型。

1. 墙纸

墙纸又称壁纸,墙纸的种类很多,常见的有以下几种。

(1)塑料墙纸。塑料墙纸由面层和衬底层组成,具有色彩艳丽、图案雅致、美观大方等艺术特征,且不怕水、抗油污、耐擦洗、易清洁,是理想的室内装饰材料。它是当前国内外最流行的室内墙面装修材料之一。

(2)纺织物面墙纸。纺织物面墙纸是采用各种动植物纤维以及人造纤维等做面层,复合于纸质衬底层上制成的墙纸,具有质感细腻、古朴典雅、清新秀丽等优点,适合于高档房间的装修,缺点是不耐脏且不能擦洗。

(3)金属面墙纸。采用铝箔、金粉等原料制成各种花纹图案,并同可衬托金属效果的漆面相间配制成面层,然后将面层与纸质衬底层复合压制而成的墙纸为金属面墙纸。此墙纸可形成多种图案,色彩艳丽,耐酸,防油污,多用于高档房间的装修。

(4)天然木纹面墙纸。将名贵木材加工成极薄的木皮,贴于布质衬底层上制成的墙纸为天然木纹面墙纸,其具有特殊的装饰效果。

2. 墙布

墙布指以纤维织物直接作为墙面装饰的材料。

(1)玻璃纤维墙布。玻璃纤维墙布是以玻璃纤维织物为基层,表面涂以合成树脂,经印花制成的一种装饰卷材。其具有加工简单、耐水、耐火、抗拉、可擦洗、造价低等优点,且织纹感强,装饰效果好。缺点是覆盖力较差,易透色,日久变黄。

(2)无纺贴墙布。采用棉、麻等天然纤维或涤纶等合成纤维,经无纺成型、上树脂、印花制成的一种饰面材料。其具有表面挺括、富有弹性、不易折断、耐磨、耐潮、耐晒、可擦洗、不褪色、强度高等优点,并且具有一定的吸声性能和透气性能。

(五) 铺钉类墙面装修

铺钉类装修指利用各种天然木板或人造薄板,借助于铺钉、粘贴等固定方式对墙面进行的装饰处理,常见的有以下几种。

1. 木制板墙面装修

木制板墙面装修指采用各种硬木板、胶合板、纤维板以及各种装饰面板等做的装修,有美观大方、装饰效果好且安装方便等优点,唯防潮、防火性能欠佳。一般多用作宾馆、大型公共建筑的大厅墙面装修。

木制板墙面装修构造与木筋骨架隔墙构造相似,在墙身外沿立木墙筋,并根据面板材料及规格设置横筋。墙筋或横筋断面为 50 mm×50 mm,墙筋间距 450~500 mm,面层铺钉面板。为防止木质饰面受潮,常在墙身立筋前于墙面抹一层 10 mm 厚灰浆,并涂刷热沥青两道,或不抹灰,直接在墙面上涂刷热沥青。

2. 金属薄板墙面装修

金属薄板墙面装修指利用薄钢板、不锈钢板、铝板或铝合金板进行的墙面装修。

铝板、铝合金板不仅质量小,而且可进行防腐、轧花、涂饰、印制等加工处理制成各种花纹板、波纹板、压型板以及冲孔平板等。铝板和铝合金板不但外形美观,而且经久耐用,故在建筑上应用较广,如商店、宾馆的入口和门厅以及大型公共建筑的外墙装修。

薄钢板必须经过表面处理后才能使用。

不锈钢板具有良好的耐蚀性和耐磨性;它强度高,具有比铝高3倍的抗拉能力;同时,它质软富有韧性,便于加工;此外,不锈钢板表面呈银白色,美观华丽。因此,不锈钢板多用于高级宾馆等建筑的门厅内墙、柱表面的装修,但由于价格昂贵,目前国内使用尚少。

金属薄板墙面装修构造一般也是先立墙筋,然后外钉面板。墙筋多用金属墙筋,其间距一般为600~900 mm。金属板与墙筋用自攻螺钉或膨胀铆钉固定,也可用电钻打孔后靠木螺钉固定。

思考题

1. 墙体按所处位置、受力状况、所用材料、构造方式及施工方法的不同可分为哪几种类型?
2. 墙体的设计要求有哪几种?
3. 过梁的作用是什么?常见的过梁有几种?
4. 窗台的作用是什么?窗台构造中应考虑哪些问题?
5. 什么叫勒脚?勒脚的做法有哪几种?
6. 水平防潮层有哪几种做法?有何特点?
7. 什么情况下需设置垂直防潮层?其构造如何?
8. 试述明沟与散水的作用。
9. 什么叫圈梁?有何作用?
10. 墙面装修有哪些类型?

第八章　楼板层与地坪层

第一节　楼板层的组成与分类

一、楼板层的作用及组成

楼板层是多层建筑中楼层间的水平分隔构件。它一方面承受着楼板层上的全部动静荷载,并将这些荷载连同自重传给墙或柱;另一方面还对墙身起着水平支撑作用,帮助墙身抵抗由风或地震所产生的水平力,以增强建筑的整体刚度。作为楼板层,还应为人们提供一个美好而舒适的环境。此外,建筑中的各种水平设备管线也都安装在楼板层内。

为了满足使用功能的要求,楼板层通常由以下几个基本部分组成,见图8-1。

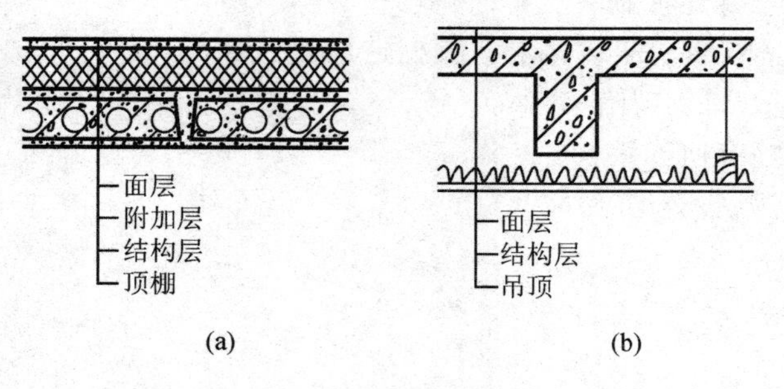

图8-1　楼板层的组成

(a)预制钢筋混凝土楼板层;(b)现浇钢筋混凝土楼板层

(一) 面层

又称楼面,是楼板层上表面的铺筑层,也是室内空间下部的装修层,是楼板层中与人和家具等直接接触的部分,起着保护结构层、分布荷载和室内装饰等作用。

(二) 结构层

位于面层和顶棚之间,是楼板层的承重部分,又称楼板。一般由板或梁和板组成。

结构层承受整个楼板层的全部荷载，并将这些荷载传给墙或柱，同时对楼板层的隔声、防火等起主要作用。

（三）附加层

根据对楼板层的具体功能要求而设，所以又称功能层。附加层通常设置在面层和结构层之间或结构层和顶棚之间，主要有管线铺设层、隔声层、防水层、保温或隔热层等。管线铺设层是用来铺设水平设备暗管线的构造层，隔声层是为隔绝撞击声而设的构造层，防水层是用来防止水渗透的构造层，保温或隔热层是改善热工性能的构造层。

（四）顶棚

位于楼板层的最下层，也是室内空间上部的装修层，起着保护结构层、装饰室内、安装灯具、保证室内的使用条件等作用。

二、楼板层的类型

根据结构层使用材料的不同，楼板层可分为木楼板、砖拱楼板、钢筋混凝土楼板和钢衬板组合楼板等几种类型，见图 8－2。

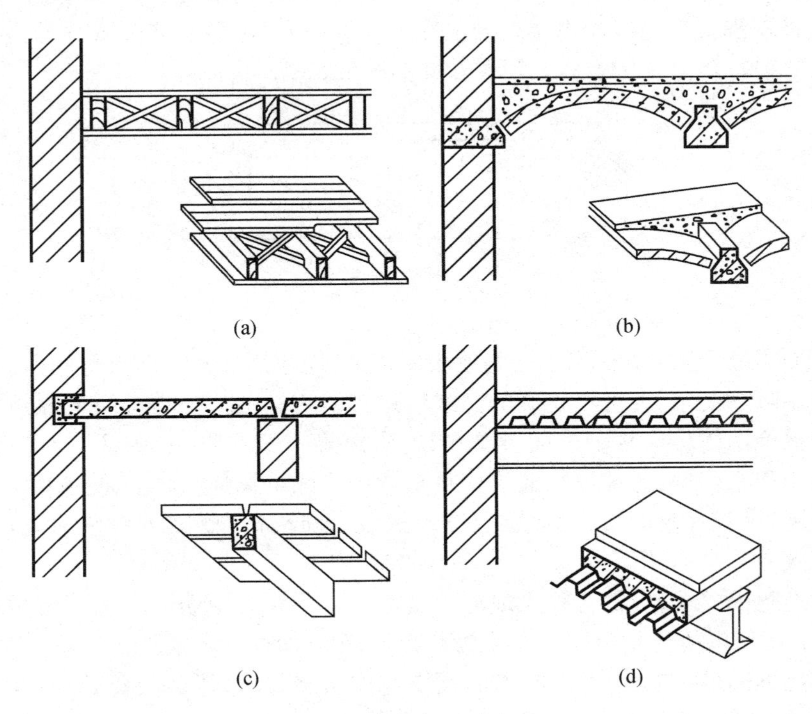

图 8－2　楼板层的类型

(a)木楼板；(b)砖拱楼板；(c)钢筋混凝土楼板；(d)钢衬板组合楼板

木楼板是在木搁栅之间设置剪刀撑，形成有足够的整体性和稳定性的骨架，并在木搁栅上下铺钉木板所形成的楼板。这种楼板具有自重轻、表面温暖、构造简单等特点，但其耐火性和耐久性较差，而且消耗木材量大，所以目前除在林区或有特殊要求时，很少采用木楼板。

砖拱楼板是先在墙或柱上架设钢筋混凝土小梁，然后在钢筋混凝土小梁之间用砖砌成拱形结构所形成的楼板层。这种楼板层节约钢材、水泥、木材，造价低，但自重大，承载能力差，对抗震不利，而且施工复杂，现已基本不用。

钢筋混凝土楼板强度高，刚度好，既耐久又防火，而且便于工业化施工，是目前采用最广泛的结构类型。本章主要介绍钢筋混凝土楼板的构造。

钢衬板组合楼板是把钢板作为楼板层的受弯构件和底模，上面现浇混凝土，即以凹凸相间的压型薄钢板做衬板组成的楼板层。

三、楼板层的设计要求

楼板层是房屋的水平承重结构，它的主要作用是承受人、家具、设备等的动静荷载，并把这些荷载和自重传给承重墙或柱。楼板层应满足以下要求：

（一）从结构上考虑，楼板层必须具有足够的强度，能够承受自重和不同要求下的荷载，以确保使用安全；同时，还应有足够的刚度，使其在荷载作用下的弯曲挠度不超过许可范围。通常现浇式钢筋混凝土楼板的挠度 $f = L/250 \sim L/350$，装配式钢筋混凝土楼板的挠度 $f \leqslant L/200$，其中 f 为挠度，L 为楼板层的跨度，见图 8－3。

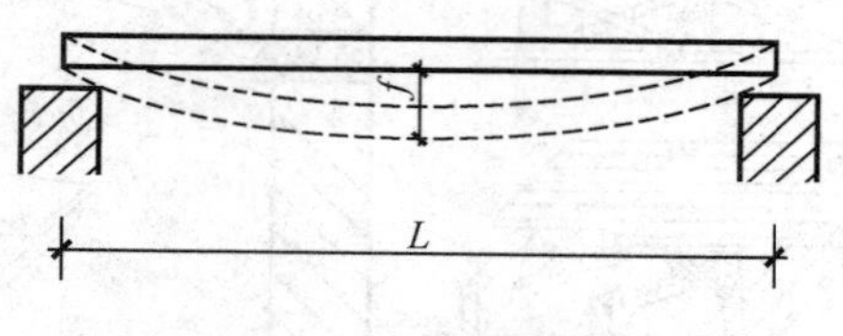

图 8－3　楼板层的挠度

（二）设计楼板层时，应根据不同的使用要求，考虑隔声、防水、防火等问题。

为了满足隔声要求，要选择正确的方式以达到隔声的效果。楼板层的隔声包括隔绝空气传声和隔绝固体传声两个方面，楼板层的隔声量一般在 40～50 dB。空气传声的隔绝可通过采用空心构件，并铺垫焦渣等材料来达到。隔绝固体传声应通过减少对楼板层的撞击来达到，设置弹性面层，在面层上铺设橡胶、地毯都可以减少一些冲击量，以达到满意的隔声效果。

为了满足防火要求，应符合防火规范的规定。非预应力钢筋混凝土楼板耐火极限为 1.0 h，预应力钢筋混凝土楼板耐火极限为 0.5 h，现浇式钢筋混凝土楼板为 1～2 h。

为了满足不同房间的使用要求，有时还要考虑防水要求，楼板层要做到不渗不漏，或者选用的材料有防腐蚀性能。

（三）在多层或高层建筑中，楼板层的造价占建筑造价的 20%～30%，因此在楼板层设计时应力求经济合理。结构布置、构件选择和构造方案确定应与建筑的质量标准和房间使用要求相适应，以避免因不切实际的处理而造成浪费。同时要求在楼板层设计时要尽量为建筑工业化创造有利条件。

第二节　钢筋混凝土楼板

钢筋混凝土楼板按其施工方式不同分为现浇式、装配式和装配整体式三种类型。

一、现浇式钢筋混凝土楼板

现浇式钢筋混凝土楼板是在施工现场浇筑，经支模、绑扎钢筋、浇注混凝土等施工程序后养护达到一定强度，拆除模板而成型的楼板层。

这种楼板层的整体性好，容易适应各种形状楼层平面，特别适用于有抗震设防要求和整体性要求较高的建筑物。现浇式钢筋混凝土楼板的缺点是现场湿作业，模板耗用量大，施工复杂，施工工期较长。其主要适用于面层布置不规则、尺寸不符合模数要求、管道穿越较多以及对整体刚度要求较高的高层建筑。

现浇式钢筋混凝土楼板根据受力和传力情况不同，有板式楼板、肋梁楼板、井式楼板、无梁楼板和钢衬板组合楼板等几种形式。

（一）板式楼板

将楼板层现浇成一块平板，并直接支承在墙体上，荷载可直接通过楼板层传给墙体，不需要另设梁。板底平整、美观，施工方便，适用于较小的房间（如住宅中的厨房、卫生间等）以及公共建筑的走廊。

（二）肋梁楼板

当房间的空间跨度较大，为使楼板层的受力与传力较为合理，常在楼板层下设梁以增加支点，从而减小跨度。这样，楼板层上的荷载先由楼板层传给梁，再由梁传给墙或柱。这种设梁的楼板层称为肋梁楼板。荷载传递路线：楼板层→梁（或次梁→主梁）→墙或柱。

楼板层根据受力特点和支承情况，分为单向板和双向板，见图 8－4。为满足施工要求和经济要求，对各种肋梁楼板的最小厚度和最大厚度，一般规定如下：

当 $l_2/l_1>2$ 时，在荷载作用下，楼板层基本上只在 l_1 方向有变形，而在 l_2 方向变形很小，这表明荷载主要传递到楼板层的长边上，即单向受力，楼板层称为单向板。

当 $l_2/l_1\leqslant 2$ 时，楼板层在两个方向都发生变形，说明楼板层在两个方向都受力，因此楼板层称为双向板。双向板比单向板受力合理，能充分利用构件的材料。

l_1 为楼板层的短边长度，l_2 为楼板层的长边长度。

肋梁楼板通常在纵横两个方向都设置梁，梁有主梁和次梁之分，如图 8－5。主梁和次梁的布置应整齐有规律，并应考虑建筑物的使用要求、房间的大小形状及荷载作用情况等。一般主梁沿房间短跨方向布置，次梁则垂直于主梁布置。

对短向跨度不大的房间，也可以只沿房间短跨方向布置一种梁，如图 8－6。

楼板层为单向板时的肋梁楼板称为单向板肋梁楼板，楼板层为双向板时的肋梁楼板称为双向板肋梁楼板。

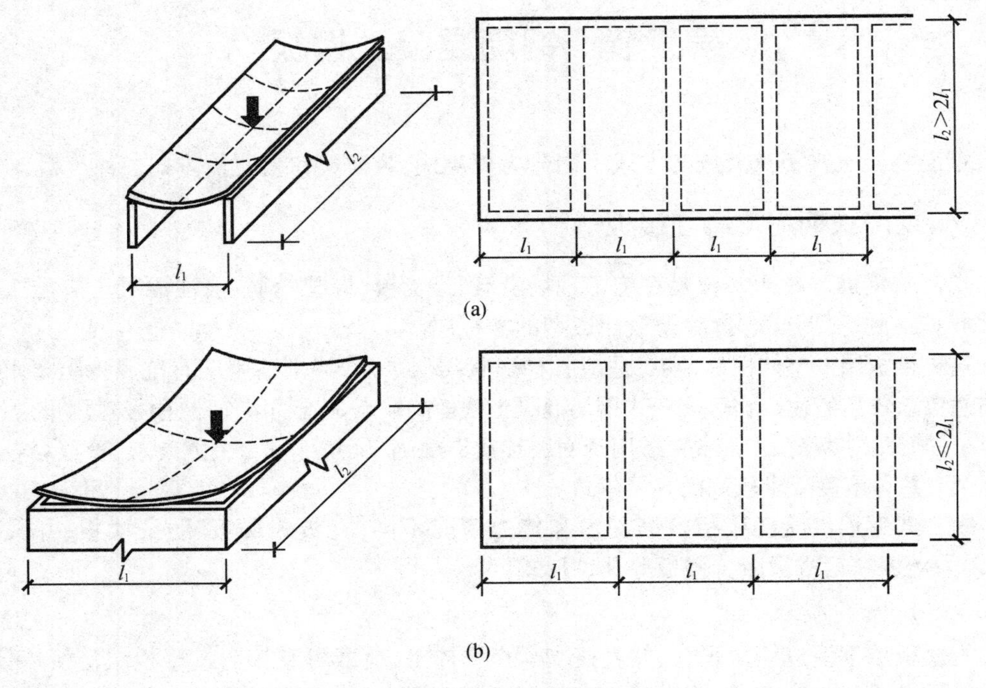

图 8 – 4　肋梁楼板

(a)单向板;(b)双向板

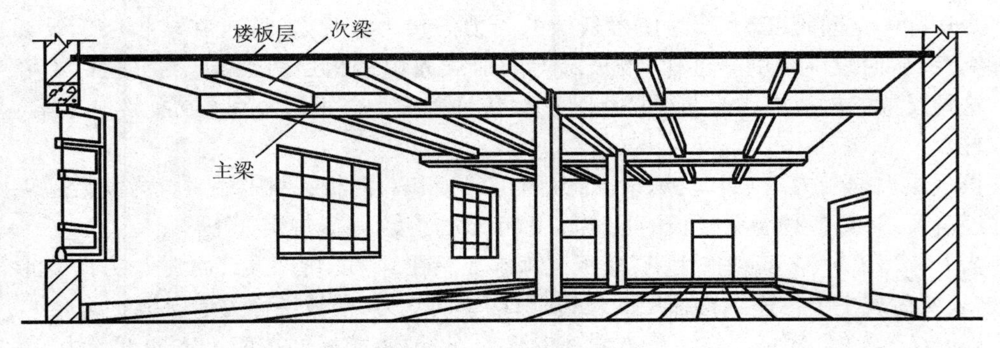

图 8 – 5　纵横两个方向都设置梁

单向板肋梁楼板由板、次梁和主梁组成,见图 8 – 7。其荷载传递路线为楼板层→次梁→主梁→墙或柱。主梁的经济跨度为 5 ~ 8 m,次梁的经济跨度为 4 ~ 6 m。次梁的跨度即主梁间距,楼板层的跨度即次梁间距,一般取 1.7 ~ 2.5 m。

双向板肋梁楼板无主、次梁之分,由楼板层和梁组成,荷载传递路线为楼板层→梁→墙或柱。当双向板肋梁楼板的跨度相同,即 $l_1 = l_2$,且两个方向的梁截面尺寸也相同时,就形成了井式楼板。它适用于正方形或近于正方形的平面,如图 8 – 8,楼板层的跨度为

3.5～6 m,梁的跨度可达 20～30 m。由于井式楼板可以用于较大的无柱空间,因此常用于大厅、会议室、小型礼堂等处。

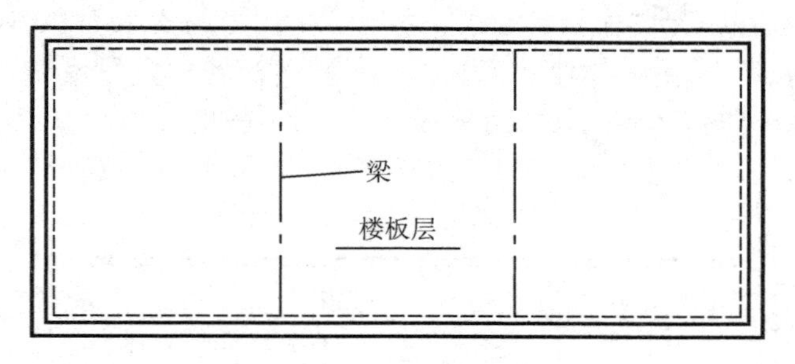

图 8－6　沿一个方向设置梁

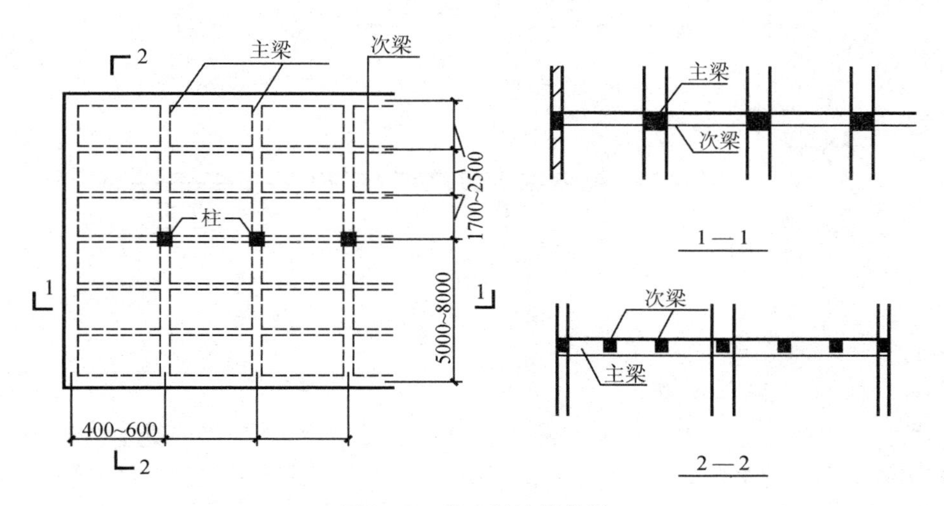

图 8－7　单向板肋梁楼板

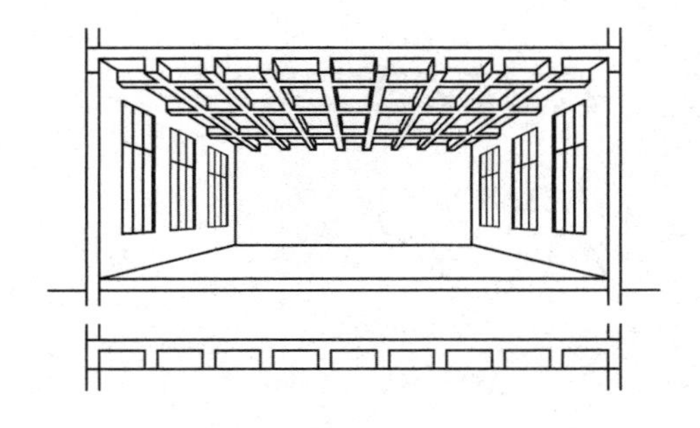

(a)

(b)

图 8－8　井式楼板

(a)正交正放梁格;(b)正交斜放梁格

（三）无梁楼板

无梁楼板是框架结构中将楼板层直接支承在柱上和墙上的楼板层，见图 8－9。当荷载较大时，应采用有柱帽无梁楼板，以增加楼板层在柱上的支承面积，如图 8－10 所示。当楼面荷载较小时，可采用无柱帽无梁楼板。无梁楼板的柱应尽量布置成方形网格，间距不大于 6 m，楼板层四周应设圈梁，由于板跨较大，一般楼板层厚应不小于 120 mm。无梁楼板净空高度大、顶棚平整、施工简便，适用于商店、仓库、展览馆等。

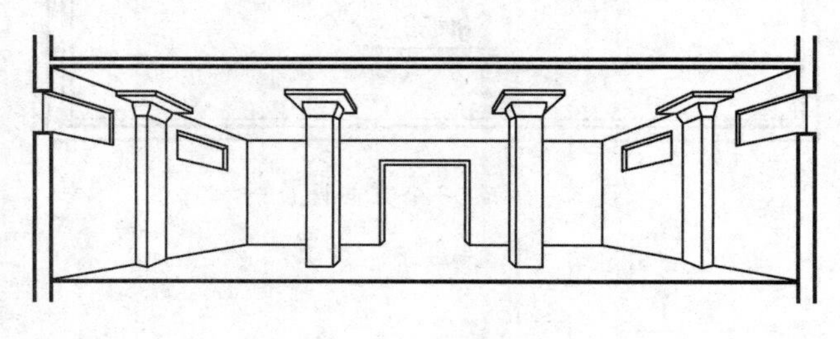

图 8－9　无梁楼板

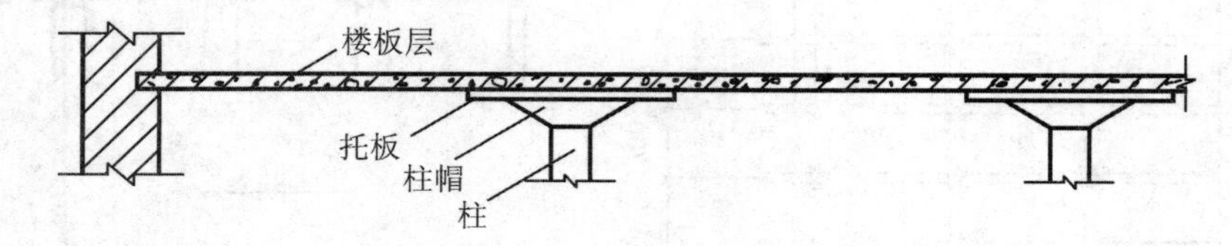

图 8－10　有柱帽无梁楼板

（四）钢衬板组合楼板

钢衬板组合楼板是利用凹凸相间的压型薄钢板做衬板，与现浇混凝土浇筑在一起，支承在钢梁上构成的整体式楼板层，主要适用于大空间、高层民用建筑及大跨度工业厂房，目前在国际上已普遍采用。但由于压型薄钢板造价较高，因此在国内采用较少。

钢衬板有单层钢衬板和双层孔格式钢衬板之分，见图 8－11。

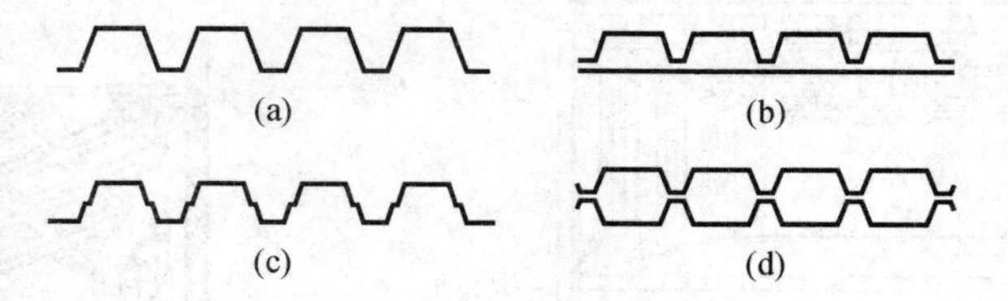

图 8－11　钢衬板的形式

(a)楔形板；(b)楔形板与平板形成的孔格式衬板；(c)肢形压型板；(d)孔格式衬板

1. 钢衬板组合楼板的组成

这种楼板层主要由面层、组合楼板和钢梁三部分组成，见图 8－12。其中的压型薄钢板承受施工时的荷载，是楼板层的受拉钢筋，也是楼板层的永久性模板。这种楼板简化了施工程序，加快了施工进度，并且具有较强的承载力、刚度、整体稳定性和耐久性。此外，可以利用钢衬板肋间的空隙铺设室内电力管线，也可以在钢衬板底部焊接架设悬吊管道、通风管和吊顶的支托，从而充分利用楼板层中的空间。其缺点是耗钢量较大，适用于大空间建筑和高层的框架或框剪结构的建筑，在国际上已普遍采用。

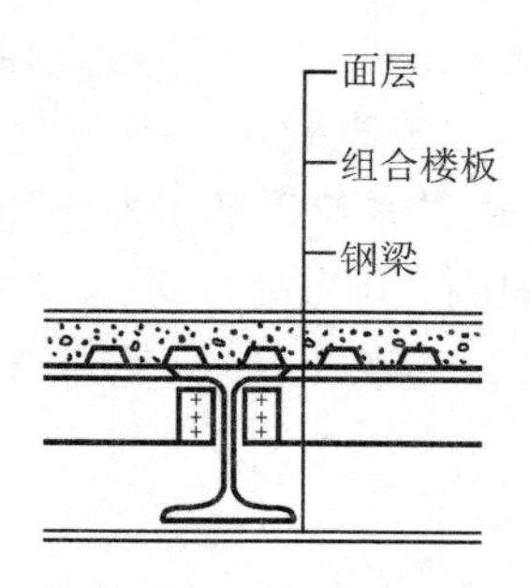

图 8－12　钢衬板组合楼板的组成

2. 钢衬板组合楼板的构造

钢衬板组合楼板的构造形式根据压型薄钢板形式的不同分单层钢衬板组合楼板（见图 8－13）和双层钢衬板组合楼板（见图 8－14）两种类型。

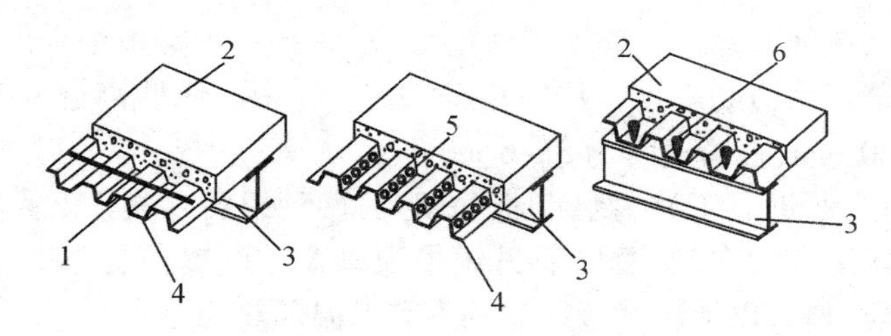

图 8－13　单层钢衬板组合楼板

1. 钢筋；2. 现浇混凝土；3. 钢梁；4. 钢衬板；5. 凹槽；6. 抗剪栓钉

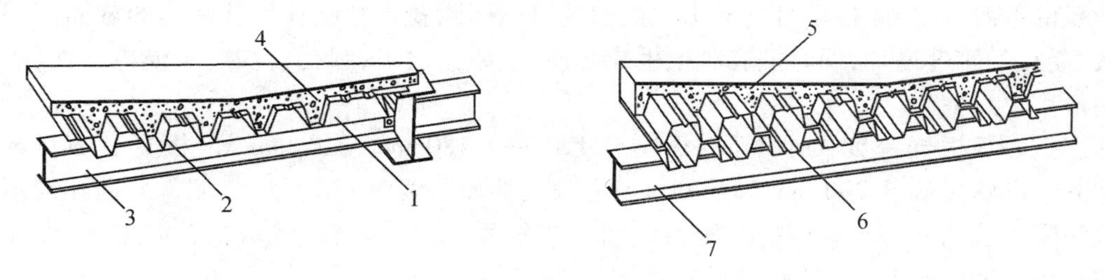

图 8－14　双层钢衬板组合楼板

1. 空调通道；2. 封闭空腔；3、7. 钢梁；4、5. 现浇混凝土；6. 钢衬板

钢衬板与钢衬板之间和钢衬板与钢梁之间的连接，一般采用焊接、膨胀铆钉固接和压边咬接等方式。

二、装配式钢筋混凝土楼板

装配式钢筋混凝土楼板是指在施工现场外（如预制构件加工厂）预先制作，然后再运到施工现场装配而成的钢筋混凝土楼板。这种楼板层具有节约模板、加快施工进度、便于建筑工业化的优点，但楼板层的整体性较差。

（一）特点及适用范围

装配式钢筋混凝土楼板是在预制构件加工厂等处预制而成的楼板层。楼板层的这种施工方法缩短了施工工期，提高了施工机械化水平，有利于建筑工业化的推广，也便于制成预应力构件。所谓预应力就是通过张拉钢筋来对混凝土预加压力，使材料充分发挥各自效能。预应力构件比非预应力构件节约钢材 30% ~50%，节约混凝土 10% ~30%，可减轻自重、降低造价。

（二）构件的类型

1. 实心板

实心板规格较小，跨度一般在 2.5 m 以内，板厚为跨度的 1/30，一般为 60 ~ 80 mm。实心板搁置在外墙上时，其支承长度不小于 120 mm；搁置在内墙上时，不小于 100 mm；搁置在梁上时不小于 80 mm。

实心板由于其跨度小，只能用作过道板、架空搁板和管沟盖板等。

2. 槽形板

在实心板的两侧或四侧设边肋即形成槽形板，它是一种梁板结合的预制构件。作用在槽形板上的荷载都由边肋承担，板厚一般为 25 ~ 30 mm，纵肋高通常为 150 ~ 300 mm，板宽为 500 ~ 1 200 mm，板跨通常为 3 ~ 6 m。

槽形板有正置（板肋朝下）和倒置（板肋朝上）两种放置方法。正置板由于板底不平，一般用于观瞻要求不高的房间，否则需另做吊顶遮盖。倒置板受力不如正置板合理，但可在槽内填充轻质材料，以解决楼板层的隔声和保温隔热问题。

3. 空心板

根据抽孔形状的不同，空心板分为方孔板、椭圆孔板和圆孔板。方孔板能节约一定数量的混凝土，但脱模困难且易出现板面裂缝。椭圆孔板和圆孔板孔间肋的截面面积增大，使板的刚度增加，同时抽芯脱模也较方便，但相比之下，圆孔板抽芯脱模更方便，故应用最广。

空心板根据跨度大小不同，板厚有 120 mm、180 mm、240 mm 等，板宽有 500 mm、600 mm、900 mm、1 200 mm 等几种。空心板两端伸入墙内 120 mm，入墙部分的孔需用砖或混凝土块堵塞。空心板的两侧做成凹口或斜面形式，铺设后灌以细石混凝土，以加强空心板之间的联系，见图 8 - 15。

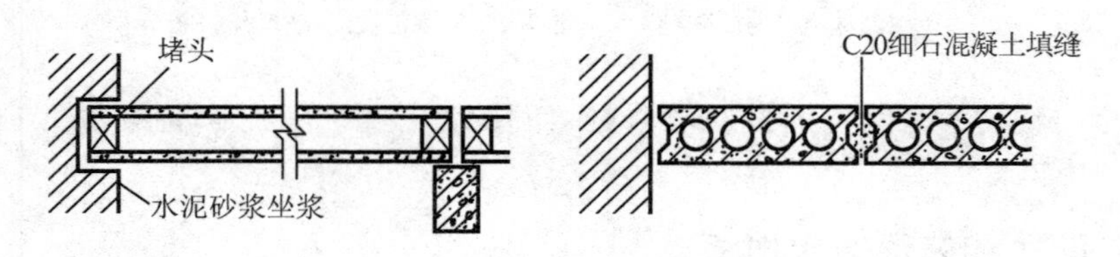

图 8 - 15 空心板

4. **楼板层的布置原则**

楼板层的类型、规格越少越好。空心板布置时，只能两端搁置于墙体上，应避免出现空心板的三边支承情况，空心板的纵边不得伸入墙体内，否则在荷载作用下，空心板会产生纵向裂缝，且使压在边肋上的墙体因受局部承压影响而削弱承载能力。因此空心板的纵长边只能靠墙。

楼板层直接搁置在墙上，对一个房间进行楼板层的布置时，通常以房间的短边为板跨进行布置，如房间为 3 600 ×4 500 mm，采用板长为 3 600 mm 的楼板层铺设。为了减少楼板层的规格，也可考虑以长边作为板跨，如另一个房间的开间为 3 000 mm、进深为 3 600 mm，此时仍可选用板跨为 3 600 mm 的楼板层。

三、装配整体式钢筋混凝土楼板

装配整体式钢筋混凝土楼板是把现场安装的部分预制构件整体浇筑而形成一体的楼板层。它既有整体性好、施工简单、工期较短的优点，又避免了现浇式钢筋混凝土楼板湿作业量大、施工复杂和装配式钢筋混凝土楼板整体性较差的缺点。常用的装配整体式钢筋混凝土楼板有密肋填充块楼板和预制薄板叠合楼板两种类型。

四、楼板层的细部构造

（一）楼板层与隔墙

当房间的隔墙设置在楼板层上时，必须考虑结构的安全适用。首先考虑采用轻质隔墙。其次是隔墙的位置应尽量对楼板层的受力有利，避免使隔墙的质量完全由一块楼板层承担，当出现这种情况时，可适当移动隔墙位置，并于隔墙下设置梁或将隔墙搁在楼板层的纵肋上，见图 8－16。

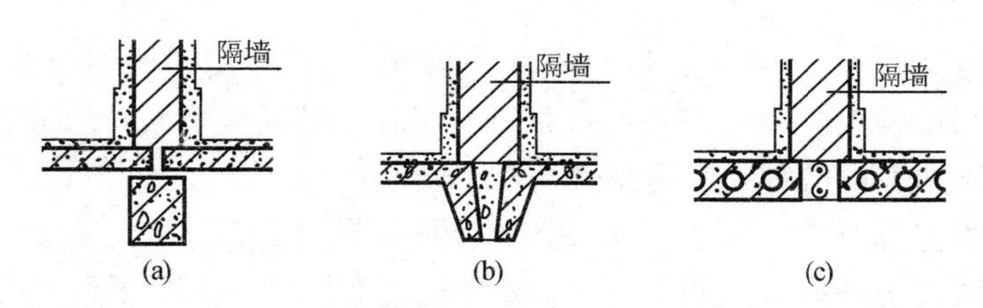

图 8－16　隔墙在楼板层上的搁置

（a）隔墙支承在梁上；（b）隔墙支承在纵肋上；（c）板缝配钢筋

（二）顶棚

顶棚又称天花板，是楼板层的最下层，也是室内装修之一。对于顶棚，除了要求其表面光洁、美观，某些有特殊要求的房间还要求顶棚具有隔声、防火、保温、隔热、隐蔽管线等功能。

顶棚一般为水平式，也可以根据需要做成弧形、折线形等。顶棚有直接式和悬吊式两种构造形式。应根据建筑物的使用功能、经济条件以及室内设备的隐蔽性和隔声需要来选择顶棚的形式。

1. 直接式顶棚

直接式顶棚指直接在钢筋混凝土楼板下表面喷刷涂料、抹灰或粘贴装修材料的一种构造方法。当楼板层底面平整或装修要求不高时,直接在楼板层底面喷或刷石灰浆、大白浆或涂料;当楼板层底面不够平整或装修要求较高时,可在楼板层底面进行抹灰装修;对某些有保温、隔热、吸声要求的房间及装修要求较高的房间,可在楼板层底面直接粘贴装饰墙纸、泡沫塑料板、岩棉板、铝塑板等。

为了增加室内美观效果,在顶棚和墙面交接处通常粉出线脚进行装饰,见图8-17。

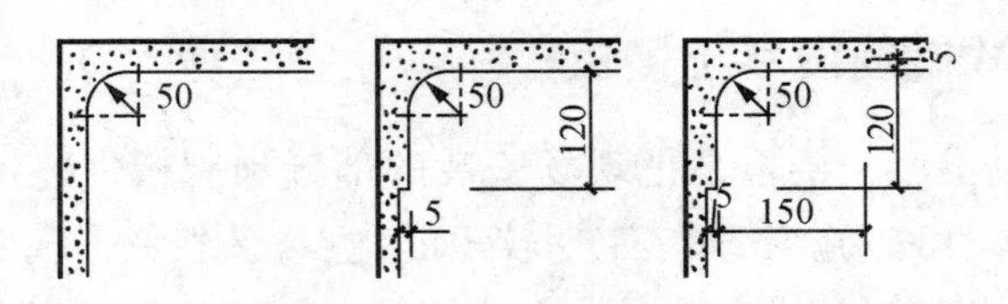

图8-17 直接式顶棚线脚构造

2. 悬吊式顶棚

当楼板层底部需隐蔽管道,或有特殊的功能要求、艺术处理,或需降低局部顶棚高度时,常将顶棚悬吊于楼板下一定距离,形成悬吊式顶棚,即吊顶。吊顶按所采用材料、装修标准以及防火要求的不同有木质骨架和金属骨架之分。

吊顶面层分为抹灰面层和板材面层两大类。抹灰面层为湿作业施工,费工费时;板材面层既可加快施工速度,又容易保证施工质量。板材有植物板材、矿物板材和金属板材等。

各类吊顶在选用时应注意以下问题:

1. 高大厅堂和管线较多的吊顶内,应留有检修空间,并按需要铺设走道板和便于进入吊顶的孔。当吊顶内管线较多而空间有限不能进入吊顶检修时,可采用便于拆卸的装配式吊顶或至少应在需要部位设置检修孔。

2. 一般工程应尽量少做吊顶,以简化建筑构造、节约投资。

3. 潮湿房间的吊顶应采用防水材料,钢筋混凝土吊顶宜采用现制板,还应适当增加钢筋的保护层厚度,以免日久锈蚀。吊顶上装排风机时,应将排风管直接与排风竖管相连,避免潮湿气体进入吊顶内部空间。

4. 顶棚抹灰施工比较困难,尤其是预制板底抹灰,应尽量少做,可在清水混凝土板上采取表面刮浆、喷涂等做法。

5. 吊顶内的上下水管道应做保温隔气处理(设备专业),防止产生冷凝水。

6. 吊顶设计应先行,各专业密切配合,避免各种设备和线路"打架",吊顶平面图应确切表明灯具、自动喷洒器、扬声器、空调风口、电扇等位置。

7. 石棉制品(如石棉水泥板等)在一般装修中不宜采用,重要装修和涉外工程装修中不应采用。

（三）楼板层的隔声构造

在建筑中，楼上人走动、拖动家具、撞击物体所产生的噪声（即固体传声）对楼下房间的干扰特别严重。因此，楼板层的隔声主要是隔绝撞击声。

1. 对楼面进行处理

即在楼面上铺设富有弹性的材料，如地毯、橡胶布、塑料毡、软木板等等，使撞击声能减弱，其效果显著，见图8－18。但由于造价较高，该措施目前尚不普及。

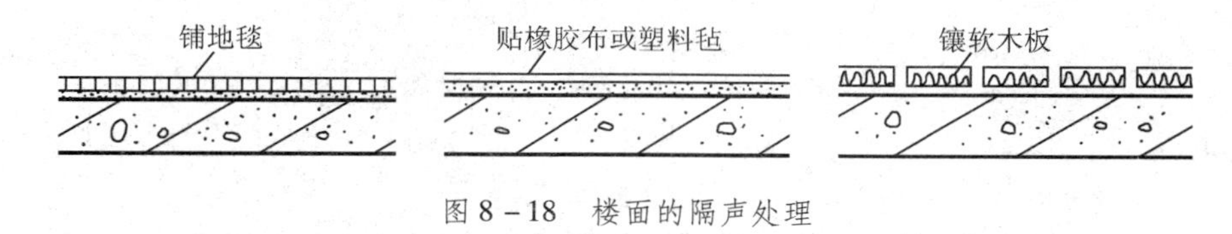

图8－18　楼面的隔声处理

2. 利用弹性垫层进行处理

即在楼板层的结构层与楼面之间增设一道具有弹性的材料做垫层，以减弱撞击声。常用材料有木丝板、甘蔗板、矿棉毡等，使楼面与结构层完全脱开，让楼面形成浮筑层。这种楼板层称浮筑楼板，见图8－19。但必须注意，楼面与结构层应完全脱离，以防止产生"声桥"。

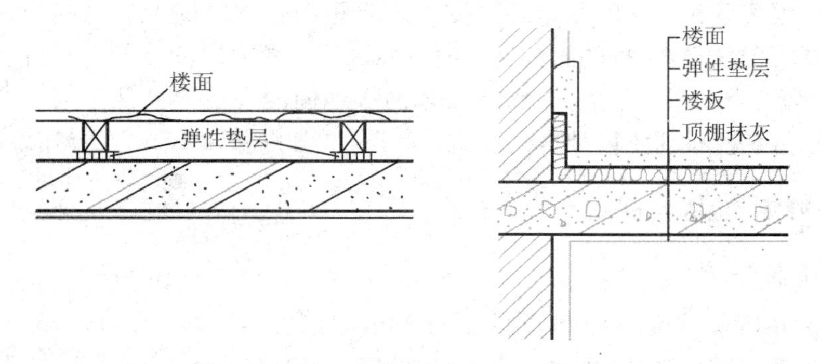

图8－19　浮筑楼板

3. 做吊顶处理

在结构层下做吊顶，可利用吊顶内的空间对声音的隔绝来降低楼板层所产生的固体传声。吊顶的隔声能力取决于它单位面积的质量及其整体性，单位面积的质量越大、整体性越强，其隔声效果越好；同时还取决于吊筋与楼板之间刚性连接的程度，如采用弹性连接等可提高隔声效果，见图8－20（a）。此外，若在吊顶上铺设吸声材料，亦有明显效果，见图8－20（b）。

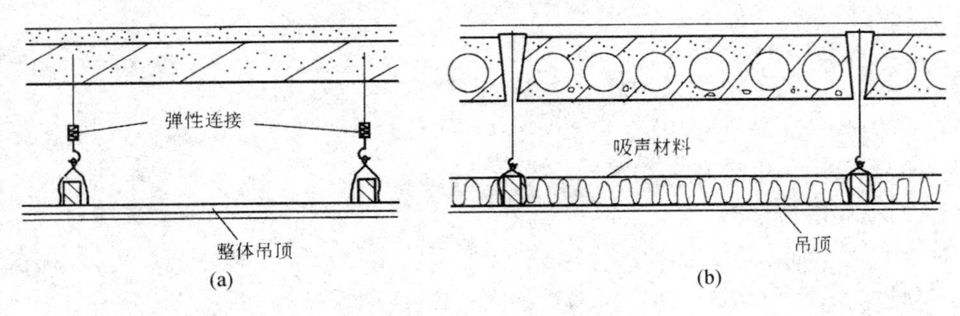

图 8－20　吊顶处理
(a)弹性连接;(b)铺设吸声材料

第三节　楼地层的防潮、防水与保温

楼板层与地坪层统称楼地层,它们是建筑的重要组成部分。

地坪层一般与土壤直接接触,土壤中的水分通过毛细作用上升,会使地坪层受潮。地下水位越高,地坪层受潮就越严重。北方地区为了保持室内温度,房间较封闭,通风不畅,底层房间湿度较大。房间和地坪层受潮将严重影响房间的卫生状况,甚至使家具霉变、地板起翘,甚至影响结构的耐久性。南方地区每当春夏之交,因气温升高加上雨水较多,空气湿度大,当水泥砂浆地面、水磨石地面等地面的表面温度低于空气温度时,会出现返潮现象。因此,针对不同地区的温湿度状况,应分别采取不同的防潮措施。

一、地坪层防潮与保温

(一)设防潮层

在垫层和面层之间铺设一道防潮层,比如铺油毡或热沥青,可以防止潮气到达面层。也可以在垫层下铺设一层粒径均匀的卵石或碎石,切断水分的上升通道,见图 8－21(a)、图 8－21(b)。

(二)设保温层

在土壤较干燥、地下水位低的地区,可以在垫层下铺设一层保温材料,如 1:3 水泥炉渣 150 mm 厚,通过这种办法可以改善地面上下温差过大的矛盾;在地下水位较高的地区,可将保温层设在面层与垫层之间,并在保温层下设防水层,上铺 30 mm 厚细石混凝土,最后做面层,见图 8－21(c)、图 8－21(d)。

(三)架空地坪层

如果地坪层的结构层采用预制板,可以将预制板搁置在地垄墙上或其他构件上,使地坪层架空,不与地基土接触,形成通风间层,通风过程中带走潮气,减少了水凝聚的机会，使室内温湿状况得到明显改善。

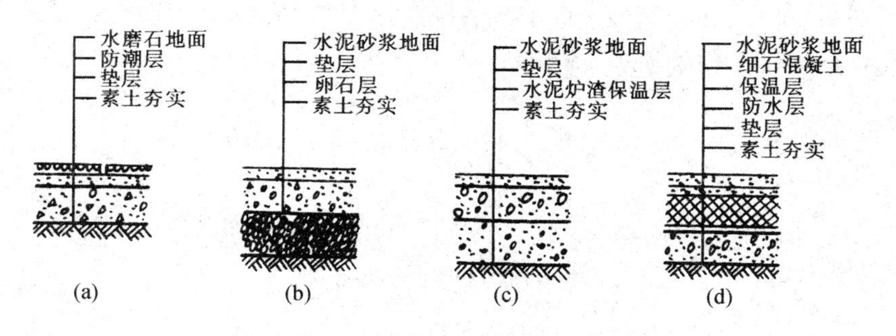

图 8－21　地坪层防潮与保温措施

(a)设防潮层；(b)铺卵石层；(c)设保温层；(d)设保温层和防水层

二、楼板层防水

对于有水侵蚀的房间，如卫生间、厨房等，由于小便槽、水池等上下水管很多且用水频繁，室内容易因积水而发生渗漏现象。因此，设计时须对这些房间的楼板层（以及地坪层）、墙体采取有效的防潮、防水措施。

（一）楼板层排水

为了排除室内积水，楼板层需有一定坡度，一般为 1% ～1.5%，并设置地漏，使水有组织地排向地漏；为了防止室内积水外溢，影响其他房间的使用，有水房间的楼地面标高应比相邻房间或走廊楼地面标高低 20 ~ 30 mm；若有水房间的楼地面标高与其他房间或走廊楼地面标高相平时，可在门口处做一高出楼地面 20 ~ 30mm 的门槛。有水房间楼板层排水可见图 8－22。

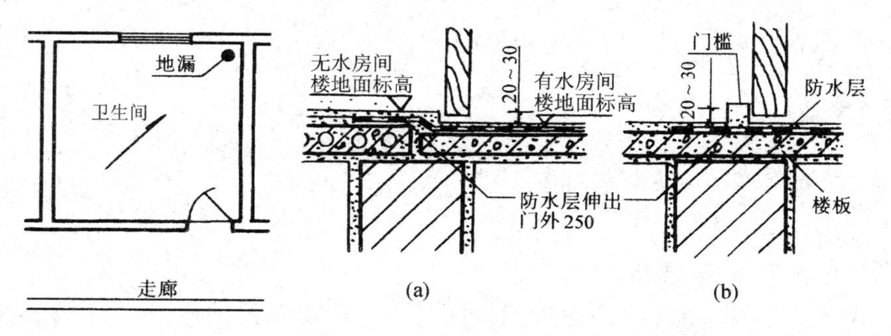

图 8－22　有水房间楼板层排水

(a)楼地面标高；(b)设置门槛

（二）楼板层防水

有水房间楼板层以现浇式钢筋混凝土楼板为佳，面层材料通常为整体现浇水泥砂浆、水磨石或瓷砖等防水性较好的材料。对防水质量要求较高的地方，可在结构层与面层之间设置一道防水层。常见的防水材料有卷材、涂料等。为了防止水沿房间四周侵入墙身,应将防水层沿房间四周墙边向上深入踢脚内 100～150 mm,见图 8－23。当遇到开门处,其防水层应铺出门外至少 250 mm。

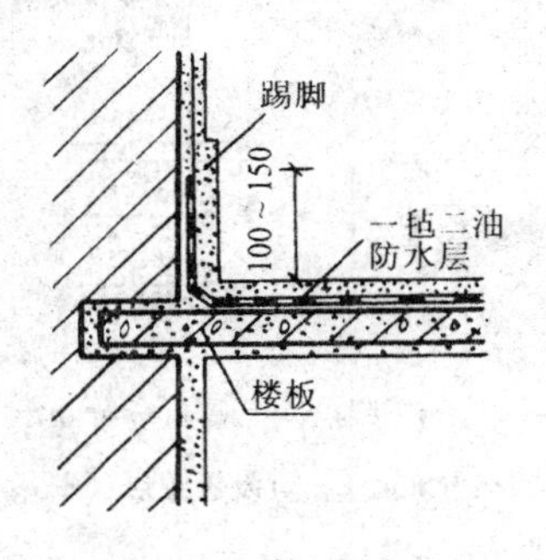

图 8－23 墙身防水

给排水管道穿过楼板层处的防渗漏处理方法有两种,见图 8－24。冷水管道的处理方法通常是在管道穿楼板层处用 C20 干硬性细石混凝土振捣密实,再用二布二油橡胶酸性沥青防水涂料做密封处理;对于热水管道,由于温度变化,会出现热胀冷缩现象,可在穿管位置预埋一个比热水管直径稍大的套管,且高出地面 30 mm 以上,同时在缝隙内填塞弹性防水材料。

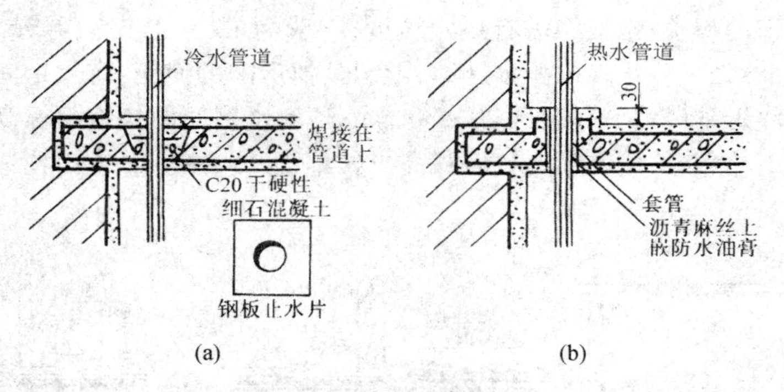

图 8－24 给排水管道穿过楼板层时的防渗漏处理

(a)冷水管道的处理;(b)热水管道的处理

(三)淋水墙面的处理

盥洗室等处的淋水墙面如果处理不当,也是容易渗漏的地方,不仅会影响到墙面装修、墙体结构,也会影响到楼板层的防水。淋水墙面的防水处理通常是采用水泥砂浆抹面,在墙面和楼板层的交接处做墙裙或踢脚。踢脚一般高 150 mm,材料同地面装饰材料,厚度一般比墙面稍大,见图 8－25。小便槽的防水应用细石混凝土制作,槽壁厚 40 mm以上,为提高防水质量,可在槽底加设防水层一道,并将其延伸到墙身,然后在槽表面做水磨石面层或外贴瓷砖,见图 8－26。

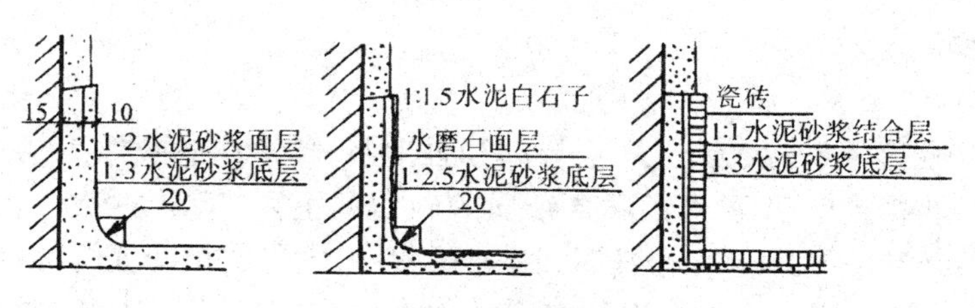

图8－25　踢脚构造图

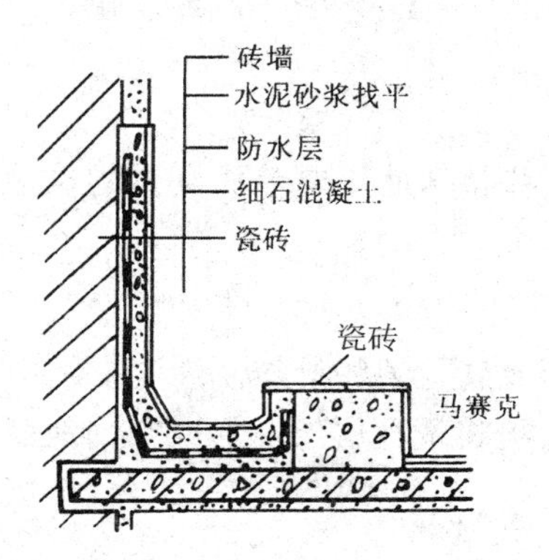

图8－26　小便槽的防水处理

第四节　地坪层构造

一、地坪层的组成

地坪层指建筑物底层与土壤相接的水平部分。它承受着地坪层上的荷载，并均匀地传给地坪层以下的土壤。按地坪层与土壤间的关系不同，地坪层可分为实铺地层和空铺地层两类。

（一）实铺地层

地坪层由面层、垫层和基层三部分组成，对有特殊要求的地坪层，常在面层与垫层之间增设附加层，如保温层、防水层等。

1. 面层

地坪层的面层也称地面，是地坪层最上面的部分，直接承受着地坪层的各种荷载，起着保护垫层和装饰室内的作用。根据使用和装修要求的不同，地坪层有不同做法。

2. 垫层

垫层为基层和面层之间的填充层，主要起加强地基和传递荷载的作用。一般采用C15混凝土制成，厚度为80～100 mm。混凝土垫层属于刚性垫层，有时也可采用灰土、三合土等非刚性垫层。

3. **基层**

基层位于垫层之下，一般为土壤，主要起加强地基、传递荷载的作用。通常是将土层夯实来做基层（即素土夯实，素土指不含杂质的砂质黏土）。基层一般可以就地取材，当实铺地层上荷载较小且土壤条件好时，则采用素土夯实或填土分层夯实，通常是填300 mm的土后夯实成200 mm厚，以均匀有效地承压；当建筑标准较高或地面荷载较大以及室内有特殊使用要求时，应在素土夯实的基础上，再铺设灰土、三合土、碎砖石或卵石等，以加强地基。

4. **附加层**

附加层主要是为了满足某些特殊使用要求而设置的构造层次，如防潮层、防水层、保温层、隔声层或管道铺设层等。

（二）空铺地层

为防止房屋底层房间受潮或满足某些特殊使用要求（如舞台、体育训练场、比赛场等的地坪层需要有较好的弹性），可将地坪层架空形成空铺地层，如图8－27所示。

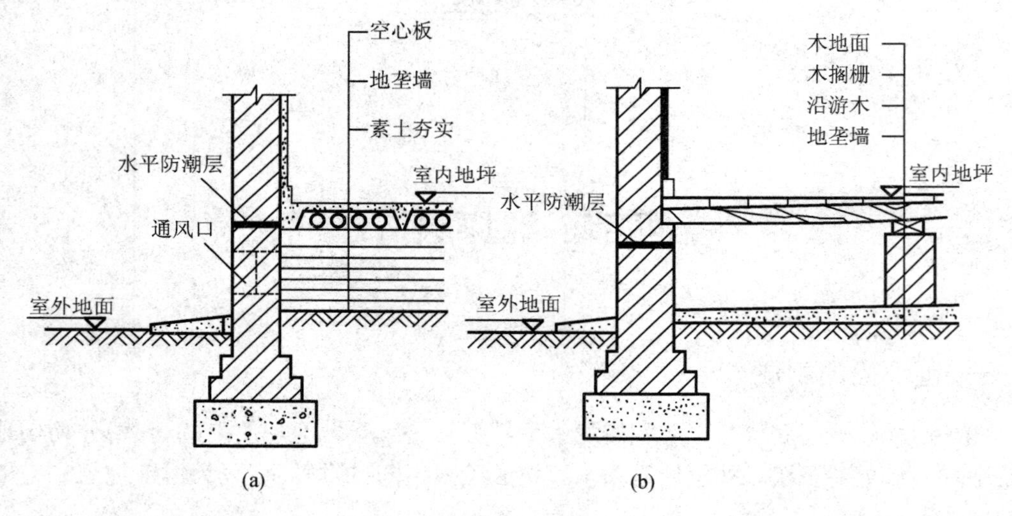

图8－27　空铺地层
（a）钢筋混凝土板空铺地层；（b）木板空铺地层

二、地面的分类

按所用材料和施工方式的不同，地面可分为以下几类。

（一）整体类地面

有水泥砂浆地面、细石混凝土地面、水磨石地面等。

（二）块材类地面

有黏土砖地面、大阶砖地面、缸砖地面、马赛克地面、人造石板地面、天然石板地面、木地板地面等。

（三）卷材类地面

有橡胶地毡地面、塑料地毡地面、化纤地毯地面、无纺地毯地面、手工编织地毯地面等。

（四）涂料类地面

包括各种涂料所形成的地面。

第五节　楼地面装修

楼地面是建筑物的地坪层面层（地面）和楼板层面层（楼面）的总称。地坪层的基本构造层次为面层、垫层、基层和附加层，楼板层的基本构造层次为面层、结构层、附加层和顶棚。面层的主要作用是满足使用要求，基层和结构层的主要作用是承担面层传来的荷载。为满足找平、防水等特殊的功能要求，往往还要在基层、结构层与面层之间增加若干附加层。

一、楼地面的设计要求

楼地面是室内重要的装修层，在建筑物中主要起到分隔空间、保护楼板层与地坪层结构、隔声、保温、找坡、防水、防潮、防渗等作用。楼地面与人、家具、设备等直接接触，承受各种荷载以及物理、化学作用，并且在人的视线范围内所占比例比较大，因此，必须满足以下要求。

（一）具有足够的坚固性和耐久性

楼地面的坚固性、耐久性由室内使用状况和材料特性来决定。一般要求楼地面在人、家具和设备等外力作用下不被破坏和磨损，表面平整、光洁、不起尘、易清洁，其耐久性的国际通用标准一般为10年。

（二）具有一定的保温性能

要求选择热导率较小的地面材料，保证寒冷季节脚部感觉舒适，以便给人以温暖舒适的感觉。

（三）具有一定的弹性

人们在楼地面上行走或驻留时有舒适感。弹性大的地面对隔绝撞击声也有利。

（四）满足装饰性要求

楼地面的色彩、图案、质感效果必须考虑室内空间的形态、家具陈设及建筑物的使用性质等因素，以满足建筑物的装饰性要求。

（五）满足某些特殊要求

有水作用的房间楼地面应抗潮湿、不透水，有火灾隐患的房间楼地面应防火，有酸碱等化学物质作用的房间楼地面应耐酸碱腐蚀。

因此,在设计楼地面时应根据房间不同使用功能的要求,选择有针对性的材料,提出适宜的构造措施,确定不同的施工方案。

二、楼地面的分类

楼地面的种类很多,可以从不同的角度进行分类。如按面层材料可分为水泥砂浆楼地面、细石混凝土楼地面、水磨石楼地面、涂料楼地面等,如按使用功能可分为防静电楼地面、不发火楼地面、防油楼地面、防腐蚀楼地面等,如按装饰效果可分为美术楼地面、席纹楼地面、拼花楼地面等,如按构造方法和施工工艺可分为整体类楼地面、块材类楼地面等。

三、楼地面的构造

(一)整体类楼地面

按设计要求选用不同材料和相应配比,于施工现场整体浇筑而成的楼地面称为整体类楼地面。整体类楼地面无接缝,它通过加工处理可获得丰富的装饰效果,一般造价较低。它包括水泥砂浆楼地面、细石混凝土楼地面、水磨石楼地面等。

1. 水泥砂浆楼地面

水泥砂浆楼地面又称水泥楼地面,优点是构造简单,施工方便,防潮防水效果好,造价低;缺点是吸水性差,易起灰,不易清洁,且热导率较大。

水泥砂浆楼地面有单层和双层两种。单层做法是先抹素水泥砂浆一道做结合层,直接抹15~20 mm厚1:2或1:2.5水泥砂浆,抹平后在终凝前用铁抹压光。双层做法一般是以15~20 mm厚1:3水泥砂浆打底、找平,再以5~10 mm厚1:1.5或1:2水泥砂浆抹面、压光。

2. 细石混凝土楼地面

细石混凝土楼地面强度高、干缩值小、整体性好。与水泥砂浆楼地面相比,其耐久性好,不易起灰,但厚度较大,一般为30~40 mm。细石混凝土强度不低于C20,施工时待初凝后用铁滚滚压出浆,抹平后在终凝前再用铁抹压光或洒水泥粉压光。

在细石混凝土内掺入一定量的三氯化铁可提高其抗渗性,成为耐油混凝土楼地面。其主要优点是经济、施工简单、不易起尘。

3. 水磨石楼地面

水磨石楼地面是将天然石料的石屑做成水泥石屑面层,经磨光打蜡制成的。水磨石楼地面平整光滑,耐磨性、耐用性、耐蚀性和不透水性好,不起尘,防火防水,易于清洁,适用于清洁度要求高、经常用水清洗的场所,如门厅、营业厅、盥洗室等。

水磨石楼地面一般为双层做法,在混凝土层上用15~20 mm厚1:3水泥砂浆打底、找平,然后按设计图案用1:1水泥砂浆固定分格条,再用1:2~1:2.5水泥砂浆10~15 mm厚抹面,浇水养护,达到70%强度左右时磨光,打蜡保护。普通水磨石楼地面采用普通水泥掺白石子,美术水磨石楼地面可用白水泥加入各种颜料或各色石子。

(二)块材类楼地面

块材类楼地面是指用墙地砖、陶瓷马赛克、水泥砖、水磨石板、大理石板、花岗岩板等板材铺砌的楼地面。它是把各种预制块材、板材镶铺在基层或结构层上的楼地面。镶铺时使用的胶结材料起着胶结和找平两种作用。常用的胶结材料有水泥砂浆、沥青玛蹄脂等。块材种类较多,如黏土砖、陶瓷马赛克、大理石板、花岗岩板、缸砖等。

块材类楼地面目前应用十分广泛,具有花色品种多样,耐磨,耐水,易于清洁,施工速度快,湿作业量少,对板材的尺寸与色泽要求高,弹性、保温性都较差,造价偏高等特点。

1. 铺砖楼地面

铺砖楼地面所用的块材主要有黏土砖、大阶砖、预制混凝土块等。铺设方法有两种:当砖块尺寸大且厚时,在砖块下干铺一层 20 ~ 40 mm 厚细砂或细炉渣,校正找平后在板缝内填砂或砂浆。这种做法施工简单、造价较低、便于修换,但不易平整。城市人行道常按此方法施工。当砖块小而薄时,则采用 15 mm 厚 1:3 水泥砂浆粘贴砖块,砖块铺平压实后用 1:1 水泥砂浆灌缝。这种做法坚实平整,但施工较复杂,造价略高于第一种做法。

2. 缸砖、陶瓷马赛克、墙地砖楼地面

缸砖是用陶土焙烧而成的一种无釉砖块,形状有正方形、六边形等。陶瓷马赛克是以优质陶土烧制而成的小尺寸瓷砖。缸砖、陶瓷马赛克都是由陶土经高温烧制而成的,其共同特点是表面致密光洁、耐磨、防水、耐酸碱。楼地面的具体做法为 20 mm 厚 1:3 水泥砂浆找平,3 ~4 mm 厚水泥胶(水泥:107 胶:水 =1:0.1:0.2)粘贴缸砖,校正找平后用素水泥浆擦缝。粘贴陶瓷马赛克时用滚筒压平,使水泥胶挤入缝隙,用水洗去牛皮纸,用白水泥浆擦缝。

墙地砖又称陶瓷地砖,其类型有彩釉墙地砖、无釉墙地砖等。墙地砖有红、浅红、白、浅黄、浅绿、浅蓝等各种颜色。墙地砖色调均匀,砖面平整,抗腐耐磨,施工方便,且块大缝少,装饰效果好。

3. 大理石板、花岗岩板、水磨石板楼地面

大理石板、花岗岩板及花岗岩石屑制成的水磨石板耐磨性好,质地坚硬,色泽丰富艳丽,属于高档地面装修材料,一般多用于高级宾馆及公共建筑的大厅、门厅等处。大理石是石灰石与白云石等经过地壳内高温、高压作用形成的一种变质岩,通常是层状结构,具有明显的结晶和纹理,其结晶主要由方解石和白云石组成,属中硬石材。石板楼地面的做法是在基层或结构层上铺 30 mm 厚 1:3 干硬性水泥砂浆找平,铺好后缝中灌素水泥浆。

4. 木地板楼地面

木地板楼地面具有弹性好、热导率小、不起尘、易清洁、纹理美观、保温效果好等特点,是理想的地面材料。但我国木材资源少,木材作为楼地面仅用于有特殊要求的建筑,如住宅、宾馆、剧场、舞台等。

木地板楼地面按其用材规格分为普通木地板楼地面、硬木条地板楼地面和拼花木地板楼地面三种。普通木材一般指松木、杉木,其质地较软,易加工,但不易开裂和变形。硬木一般指水曲柳、柞木、柚木、榆木、核桃木等,其质地硬,耐磨,不易加工,易开裂和变形,价高,施工要求高。拼花木地板是由水曲柳、柞木、柚木、枫木、榆木等优良木材经加工处理制成具有一定几何尺寸的木块,再拼成一定图案而成的地板。按构造方式不同,铺贴方法有空铺、实铺和粘贴三种。

空铺木地板楼地面一般用于室内地坪,其做法是先砌筑地垄墙到预定标高,地垄墙中距不大于 1.8 m,如图 8 -28。70 mm×100 mm 木搁栅中距 400 mm 搁置在地垄墙上,为了保持整体稳定,在木搁栅之间每隔 100 mm 钉一根 40 mm×50 mm 的横撑,硬木地板条钉于木搁栅上。空铺木地板楼地面的优点是使木地板富有弹性、脚感舒适、隔声、防潮,缺点是施工较复杂、占用空间多、费材料、防火性能差、造价高,主要适用于楼地面要求弹性好,或面层与基底、结构层距离较大的场合,如大型体育馆等。

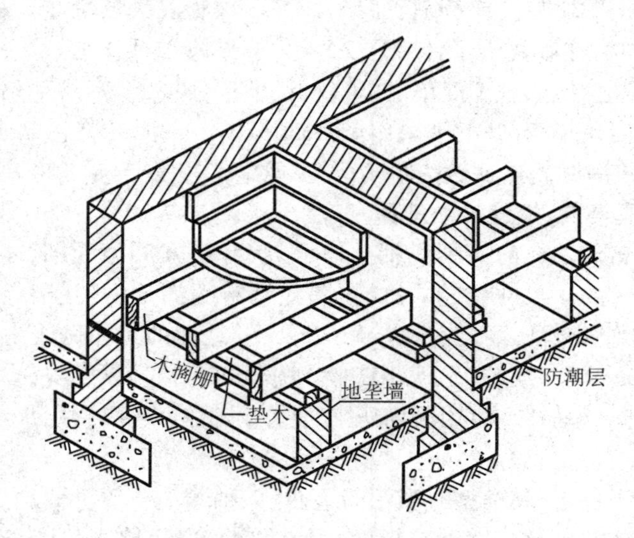

图 8 -28　空铺木地板楼地面

实铺木地板楼地面是将木地板直接钉在钢筋混凝土基层或结构层的木搁栅上,见图 8 -29。木搁栅为 50 mm×60 mm 方木,中距 400 mm, 40 mm×50 mm 横撑中距 1 000 mm 与木搁栅钉牢。为了防腐,可在基层或结构层上刷冷底子油和热沥青,木搁栅及木地板背面满涂防腐油或煤焦油。

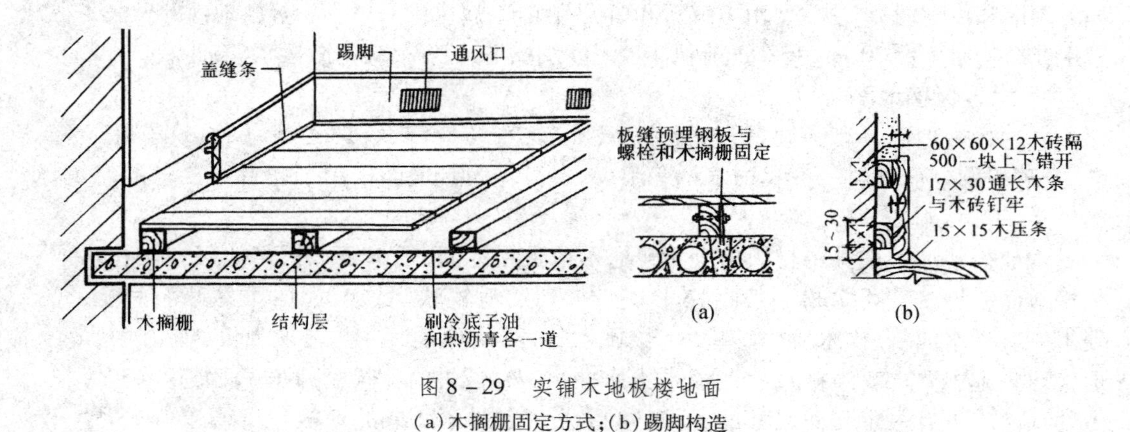

图 8 -29　实铺木地板楼地面

(a)木搁栅固定方式;(b)踢脚构造

粘贴木地板楼地面是在钢筋混凝土楼板上或地坪层的素混凝土垫层上做找平层,再用黏结材料将各种木板直接粘贴在找平层上而成的，如图 8－30。

粘贴式木地板楼地面既省空间又省木搁栅，构造简单，经济适用，但木地板容易受潮起翘，干燥时又易开裂，因此施工时一定要保证粘贴质量。

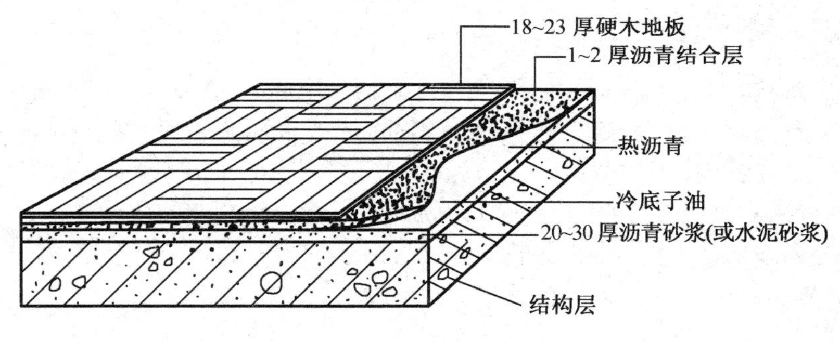

图 8－30　粘贴木地板楼地面

(三)卷材类楼地面

卷材类楼地面主要是以粘贴各种卷材为主。常见的卷材有塑料地毡、橡胶地毡以及各种地毯等。这些材料表面美观、装饰效果好，具有良好保温、消声性能。

1. 塑料地毡楼地面

塑料地毡是以聚乙烯树脂为基料，加入增塑剂、稳定剂、颜料等经塑化热压而成的。有卷材(又称地板革)，也有片材(可在现场拼花)。地板革宽度为 2 m 左右，厚度为 1 ~ 2 mm，可直接干铺在地面上，也可同片材一样，用黏结剂粘贴到水泥砂浆找平层上。塑料地毡具有质量轻、机械强度高、耐腐蚀性好、吸水性小、表面光滑、清洁、耐磨、绝缘等优点，缺点是不耐高温、怕明火、易老化，多用于住宅和公共建筑。

2. 橡胶地毡楼地面

橡胶地毡是以天然橡胶或合成橡胶为基料，掺入软化剂，在高温、高压下解聚后，再加入着色剂后加工而成的一种地面材料，可以干铺或用黏结剂粘贴在水泥砂浆面层或结构层上。橡胶地毡楼地面的特点是耐磨、防滑、防水、防潮、吸声、柔软有弹性，适用于展览馆、疗养院等公共建筑，也可制成车间、实验室的绝缘地面以及游泳池边、运动场等防滑地面。

3. 地毯楼地面

常见的地毯有羊毛地毯、化纤地毯、无纺地毯、麻纤维地毯等。羊毛地毯的特点是柔软、温暖、舒适、豪华、富有弹性，但价格昂贵，易虫蛀霉变。其余种类地毯的特点是：由于经过改性处理，可得到与羊毛地毯相近的耐老化、防污染等特性，而且具有价格较低、资源丰富、耐磨、耐霉、耐燃、颜色丰富、毯面柔软强韧等特点，因此应用范围较羊毛地毯广，可用于室内外，还可做成人工草皮。总之，地毯楼地面现在广泛应用于宾馆、写字楼、办公用房、住宅等建筑。

(四)涂料类楼地面

涂料类楼地面是水泥砂浆地面或混凝土地面的表面处理方式，通常是为了改善水泥砂浆地面或混凝土地面在质量上的不足，如易开裂、易起尘、不美观等。施工时在水泥砂浆地面或混凝土地面上涂抹一层溶剂性涂料或聚合物涂料，硬化后可形成一整体面层。

涂料类楼地面按施工方法和涂层厚度分为两类：涂料楼地面和涂布楼地面。涂料楼地面以涂刷方式施工，涂层较薄；涂布楼地面是涂刮厚质涂料，一般涂刮 3 ~ 4 遍。

四、楼地面变形缝构造

楼地面变形缝应贯通楼地面各层，宽度不小于 20 mm。在施工时，应先在变形缝位置安放与缝宽相同的木条，木条应刨光后涂焦油，待楼地面施工完毕并达到一定强度后取出木条。一般在缝内填以沥青麻丝或其他弹性材料，也有的在缝内嵌入“V”形镀锌钢板，缝表面也可用沥青胶泥嵌缝，或用钢板、硬聚乙烯塑料板覆盖。

楼地面变形缝构造见图 8 – 31。图 8 – 31(a)、图 8 – 31(b)为一般做法构造；图 8 – 31(c)为有防水层的楼地面变形缝的构造。

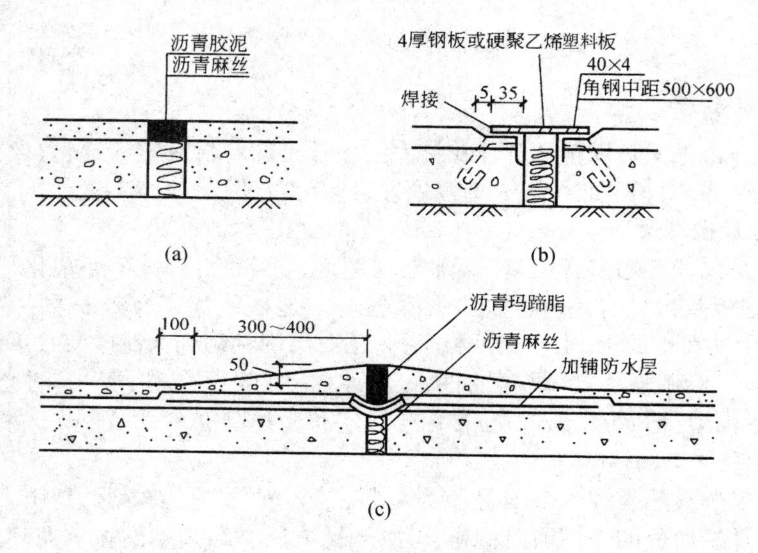

图 8 – 31　楼地面变形缝构造

第六节　阳台与雨篷

一、阳台

阳台是楼房中挑出于外墙或部分挑出于外墙的平台。阳台周围设栏板或栏杆，给人们提供了一个舒适的室外活动空间，可以起到观景、纳凉、晒衣、养花、储物等作用。

(一) 阳台的类型

阳台按其与外墙的关系分为挑阳台、凹阳台、半挑半凹阳台，按其在建筑物外墙上所处的位置可分为中间阳台和转角阳台，按其在建筑物中的功能分为生活阳台和服务阳台。与宾馆的房间、住宅的居室等相连，供人们纳凉、观景的阳台称为生活阳台；与住宅的厨房相连，供人们储存物品、晒衣的阳台称为服务阳台。

（二）阳台的设计要求

1. 结构安全

挑阳台的悬挑长度不宜过大，应保证在荷载作用下不发生倾覆现象，悬挑长度一般以1.2～1.8 m为宜。低层、多层住宅阳台栏杆净高不低于1.05 m，中高层住宅阳台栏杆净高不低于1.1 m，但也不大于1.2 m。阳台栏杆应防坠落（垂直栏杆间净距不应大于110 mm）、防攀爬（不设水平栏杆），同时也应考虑地区气候特点。南方地区宜采用有助于空气流通的空花式栏杆，北方地区宜采用实体式栏杆。

2. 坚固耐用

阳台所用材料和构造应经久耐用，承重结构宜采用钢筋混凝土，金属构件应做防锈处理，表面装修应注意色彩的耐久性和抗污染性。

3. 排水便利、造型美观

为防止落入阳台上的雨水或其他积水流入室内，设计时要求阳台地面标高低于室内地面标高30 mm以上，并将阳台地面抹出1%～5%的排水坡，将水导向排水孔，使积水能顺利排出。

阳台也是建筑物的一种修饰构件。可以利用阳台的形状、排列方式、栏杆形式、色彩图案等，给建筑物带来一种韵律感，使建筑物更为美观。

（三）阳台的结构

1. 搁板式

搁板式适合于凹阳台，做法是将阳台板搁置于两侧墙体上，阳台板的板型和尺寸与楼板层一致，施工方便，见图8－32（a）。

2. 挑板式

挑板式有两种做法：一种是利用预制楼板延伸外挑做阳台板，这种做法构造简单、施工方便，但预制楼板较长，板型增多，且对寒冷地区保温不利，见图8－32（b）。另一种做法是将阳台板与过梁、圈梁整浇在一起。施工时必须注意阳台板的稳定，可借梁上部砌体质量进行平衡，也可以设与过梁或圈梁垂直浇在一起的托梁压入房间的横墙内，以此来平衡阳台板的质量和对过梁或圈梁的倾覆力矩，托梁长度不应小于阳台悬挑长度的1.5倍，见图8－32（c）。挑板式阳台板底平整美观，而且阳台可做成半圆形、弧形、梯形等各种形状。

3. 挑梁式

由横墙上（或纵墙上）向外挑梁，梁上铺板。挑梁和板可现浇也可预制，一般与楼板施工方法一致。为了不使挑梁外露，影响美观，一般在挑梁端头设一横梁，称为面梁。见图8－32（d）。

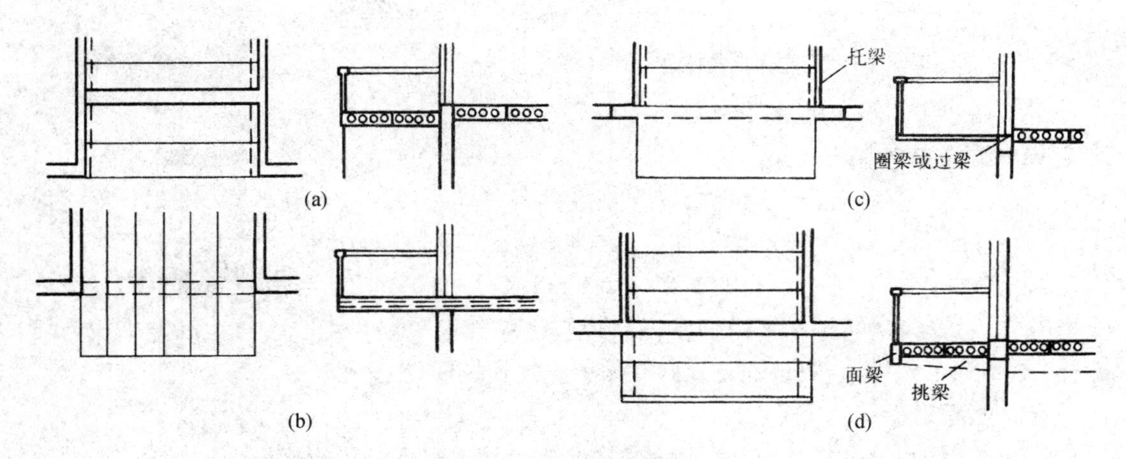

图 8 – 32　阳台的结构

(a)搁板式;(b)挑板式(预制楼板延伸外挑做阳台板);(c)挑板式(阳台板与过梁、圈梁整浇在一起);(d)挑梁式

(四) 阳台细部构造

1. 栏杆形式

阳台栏杆是在阳台外围设置的竖向构件,其作用是供人们倚扶,保障人身安全,另外对建筑物也起围护装饰作用。栏杆有实体式、空花式和混合式之分,见图 8 – 33,实体式栏杆又称栏板。从材料上看,栏杆有砖砌栏板、钢筋混凝土栏杆和金属栏杆之分。金属栏杆一般用方钢、圆钢、扁钢和钢管等组成各种形式的镂花,一般需做防锈处理。

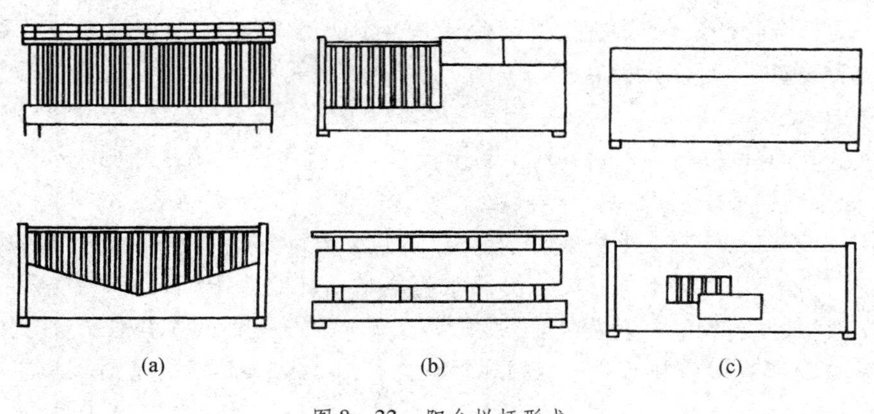

图 8 – 33　阳台栏杆形式

(a)空花式;(b)混合式;(c)实体式

2. 细部构造

阳台栏杆细部构造主要包括栏杆与扶手的连接、栏杆与面梁的连接、栏杆与墙体的

连接、栏杆与花池的连接等。

栏杆与扶手的连接方式依其使用材料的不同而异，其连接方式有焊接、现浇等。当栏杆为砖砌栏板时，可直接在上部现浇钢筋混凝土扶手；当栏杆与扶手均为钢筋混凝土材料时，可采取整体现浇的方式；当栏杆与扶手均为金属材料时，可采用焊接的方式；当栏杆与扶手的材料不便于直接焊接时，可在栏杆与扶手内预埋铁件进行焊接。

栏杆与面梁或阳台板的连接方式有焊接、现浇等，采取何种连接方式也与材料有关。当阳台采用空花式栏杆且没有面梁时，应在阳台板上的四周设挡水带。挡水带一般用混凝土制作，高出阳台板 100 mm。金属栏杆可直接与面梁或挡水带中的预埋铁件焊接。现浇钢筋混凝土栏杆可直接从面梁或阳台板内伸出锚固筋，然后现浇制作。砖砌栏板直接砌在面梁或阳台板上。预制的钢筋混凝土栏杆可与面梁或挡水带中的预埋铁件焊接。

扶手与墙体连接时应将扶手或扶手中的钢筋伸入外墙的预留孔洞中，用细石混凝土或水泥砂浆填实固牢。现浇钢筋混凝土栏杆与墙体连接时，应在墙体内预埋 240 mm × 240 mm × 120 mm 的 C20 细石混凝土块，从中伸出 2 Φ6 mm 钢筋，长 300 mm，与扶手中的钢筋绑扎后再现浇，见图 8 - 34。

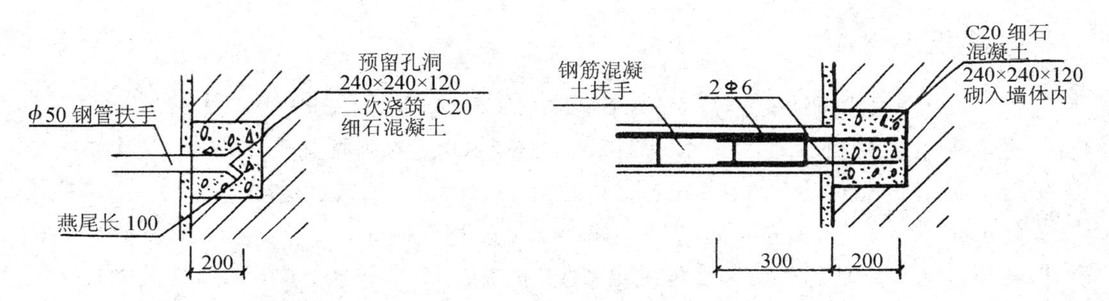

图 8 - 34　扶手与墙体的连接

3. 阳台排水

阳台排水有外排水和内排水两种方式。外排水适用于低层和多层建筑，即在阳台栏杆上靠近阳台板处设置 ϕ40 mm ~ ϕ50 mm 镀锌铁管或塑料管将水排出。外挑长度不少于80 mm，以防排水时溅到下层阳台，见图 8 - 35(a)。内排水适用于高层建筑和高标准建筑，即在阳台板上靠近栏杆处设置排水立管和地漏，将雨水或其他积水直接排入地下管网，保证建筑立面美观，见图 8 - 35(b)。

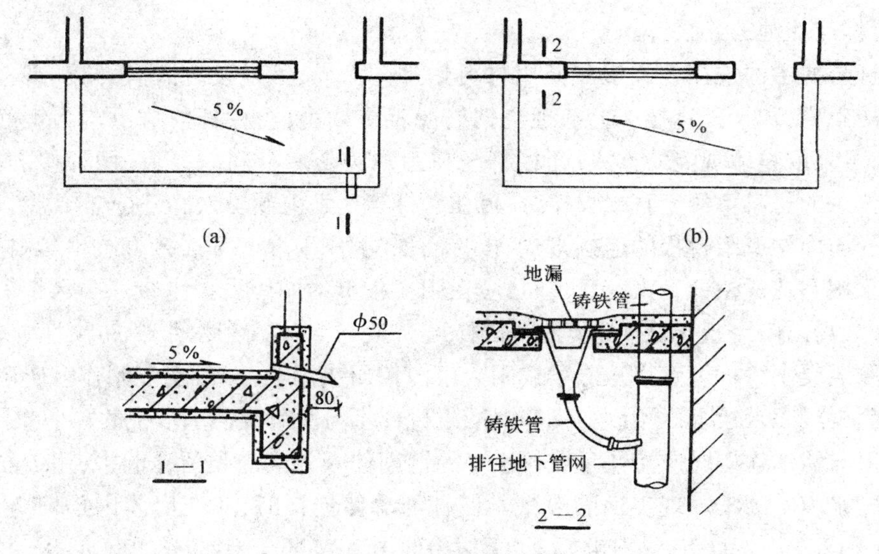

图 8-35　阳台排水

二、雨篷

雨篷是建筑物入口处位于外门上部用以遮挡雨水、保护外门免受雨水侵害的水平构件，它可以起遮风挡雨的作用。雨篷多为钢筋混凝土悬挑构件，大型雨篷下常加立柱形成门廊。

较小的雨篷常为板式，即在门过梁上挑出 1～1.5 m 长的板，板根部厚度不小于挑出长度的 1/8，且不小于 70 mm，雨篷宽度比门洞每边宽 250 mm。当雨篷挑出较长时，一般可做成梁板式。梁从门厅两侧墙体挑出或室内进深梁直接挑出，也可从门两侧的柱上挑出。为使底面平整，可将挑梁上反，梁端留出泄水孔。雨篷顶面应做防水砂浆抹面，防水砂浆沿雨篷根部向上抹不少于 250 mm 高。雨篷构造见图 8-36。

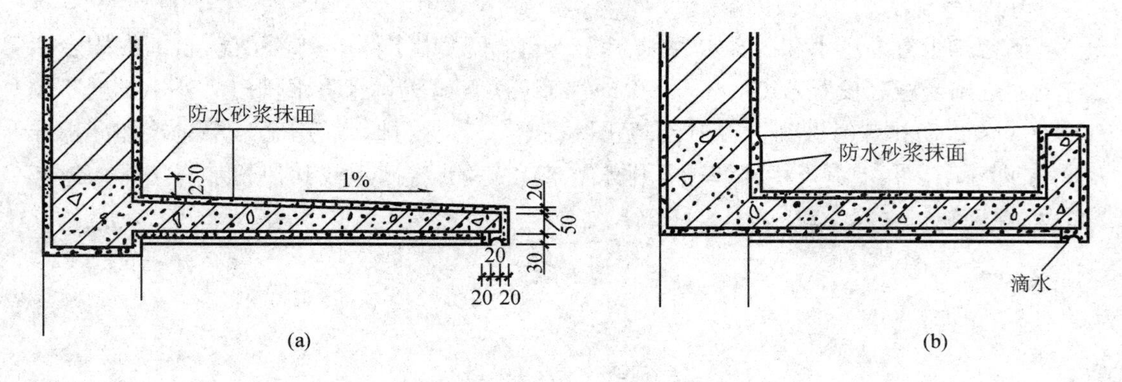

图 8-36　雨篷构造

(a)板式；(b)梁板式

一般钢构架金属雨篷和玻璃组合雨篷常用钢斜拉杆，以防雨篷倾覆。有时为了建筑立面效果的需要，立面挑出跨度大，也用钢构架带钢斜拉杆组成的雨篷，即吊挂式雨篷，如图 8－37 所示。

图 8－37　吊挂式雨篷

思考题

一、填空题

1. 楼板层的基本组成部分有________、________、________、________等。
2. 吊顶层面分为________和________两大类。
3. 地坪层由________、________、________组成。
4. 按使用材料和施工方式的不同，地面可分为________、________、________、________等。
5. 阳台按其与外墙的关系分为________、________、________。
6. 阳台按其在建筑外墙上所处的位置可分为________和________。
7. 阳台按其在建筑中的功能分为________和________。
8. 阳台的排水方式有________和________两种。

二、思考题

1. 楼板层和地坪层的设计要求有哪些？
2. 现浇式钢筋混凝土楼板具有哪些特点？有哪几种结构形式？
3. 装配整体式钢筋混凝土楼板有什么特点？
4. 顶棚的作用是什么？
5. 阳台的设计要求有哪些？

第九章　屋顶

第一节　屋顶的组成及分类

屋顶位于建筑物的最顶部，它的作用主要有三点：一是承重，承受作用于屋顶上的风、雨、雪、设备荷载和屋顶的自重等；二是围护，抵御自然界的风、雨、雪、太阳辐射和冬季低温等的影响；三是装饰建筑立面，屋顶的形式对建筑立面和整体造型有很大的影响。屋顶应满足坚固耐久、防水排水（即能够迅速排除屋面雨水，并能够防止雨水渗漏）、保温隔热、抵御侵蚀等使用要求，同时还应做到自重轻、构造简单、施工方便、造价经济，并与建筑整体形象相协调。

一、屋顶的组成

屋顶通常由屋面、屋顶承重结构、保温层与隔热层、顶棚四部分组成，如图 9－1 所示。

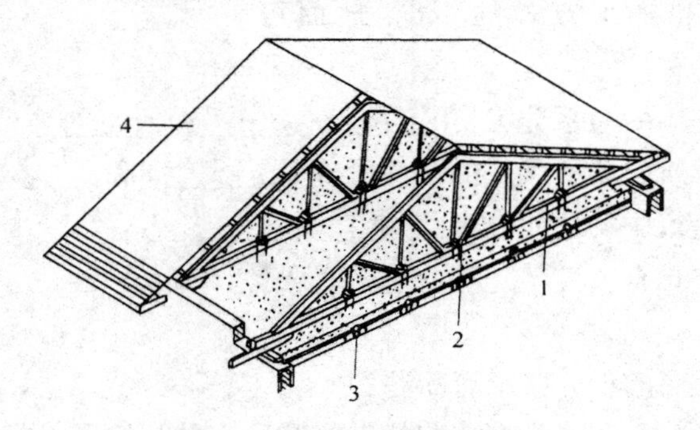

图 9－1　坡屋顶的组成

1. 屋顶承重结构；2. 保温层与隔热层；3. 顶棚；4. 屋面

（一）屋面

屋面是屋顶构造中最上面的层次。它直接承受大自然各种因素的作用，并承受施工荷载和检修荷载。因此，屋面材料应具有一定的强度和良好的防水性、耐久性能。屋面也是屋顶防水排水的关键层次，所以又叫屋面防水层。

(二)屋顶承重结构

屋面材料一般为油毡、瓦、铁皮、塑料等,它们必须有构件支托以承受荷载。屋顶承重结构可简称承重结构,有木结构、钢筋混凝土结构、钢结构等多种类型。屋顶承重结构应能承受屋面上的所有荷载及自重,并将这些荷载传递给支承它的承重墙或柱。

(三)保温层与隔热层

一般屋面和屋顶承重结构的保温或隔热效能是较差的。在我国北方地区,冬季气候寒冷,室内必须采暖,为不使室内温度变化波动过大,要求屋顶等围护结构具有良好的保温性能,因此必须加设保温层。而在我国南方地区,夏季强烈的太阳辐射和较高的室外气温对室内温度的影响很大,必须在屋顶等围护结构处做隔热层。保温层与隔热层统称为绝热层,是由一些轻质多孔隙的材料做成的,它们通常设置在屋顶承重结构与屋面之间。常用的材料有膨胀珍珠岩、沥青膨胀珍珠岩、加气混凝土、PS 板等。

(四)顶棚

顶棚就是房间的顶面。对于平房或楼房的顶层房间来说,顶棚就是屋顶的底面。顶棚在提高房屋保温隔热性能的同时还能使房间顶部平整美观,室内明亮且清洁卫生。有些公共建筑还会在顶棚设置各种装饰和灯具,以达到美观和丰富室内空间的效果。按照构造形式不同,顶棚分为直接式顶棚和悬吊式顶棚。顶棚一般吊挂在屋顶承重结构上,也可以单独设置在墙上、柱上,与屋顶不发生关系。

坡屋顶顶棚上的空间叫闷顶。如果把这个空间作为使用房间,则称为阁楼。南方天气炎热,阁楼可起到通风降温的作用。

二、屋顶的分类

屋顶可按其外形和屋面防水材料进行分类。

(一)按屋顶外形分类

一般分为平屋顶、坡屋顶、曲面屋顶和多波式折板屋顶。

1. 平屋顶

平屋顶是指坡度较小的屋顶,一般坡度在 10% 以下,常用的坡度为 2% ~3%。其屋顶承重结构为现浇或预制的钢筋混凝土板,屋顶做防水、保温、隔热处理。平屋顶的主要优点是节约材料,体积小,构造简单,造价经济,屋顶上面可供利用,如做成露台、屋顶花园、屋顶游泳池等。

2. 坡屋顶

坡屋顶是指坡度较陡的屋顶,其坡度一般在 10% 以上。用屋架作为屋顶承重结构,上放檩条及屋面基层。坡屋顶可为单坡屋顶、双坡屋顶、四坡屋顶。当房屋宽度不大时可选用单坡屋顶;当房屋宽度较大时,宜采用双坡屋顶或四坡屋顶。坡屋顶屋面材料多采用黏土瓦和水泥瓦等。坡屋顶构造简单,也较经济,但自重大,瓦片小,不便于机械化施工。由于坡屋顶造型丰富,能够满足人们的审美要求,因此人们越来越重视坡屋顶的运用。

3. 曲面屋顶

曲面屋顶的屋顶承重结构多为空间结构,如薄壳结构、悬索结构、张拉膜结构和网架结构等。曲面屋顶有双曲拱屋顶、球形网壳屋顶等。这类屋顶结构内力分布合理,能充分发挥材料的力学性能,但施工复杂,一般用于大跨度的大型建筑。

曲面屋顶的防水构造一般与平屋顶相同。

4. 多波式折板屋顶

多波式折板屋顶由钢筋混凝土板形成的折板构成,结构合理、经济,但施工比较复杂,目前较少采用。其形式有 V 形折板、U 形折板等。

屋顶的各种类型可见图 9－2。

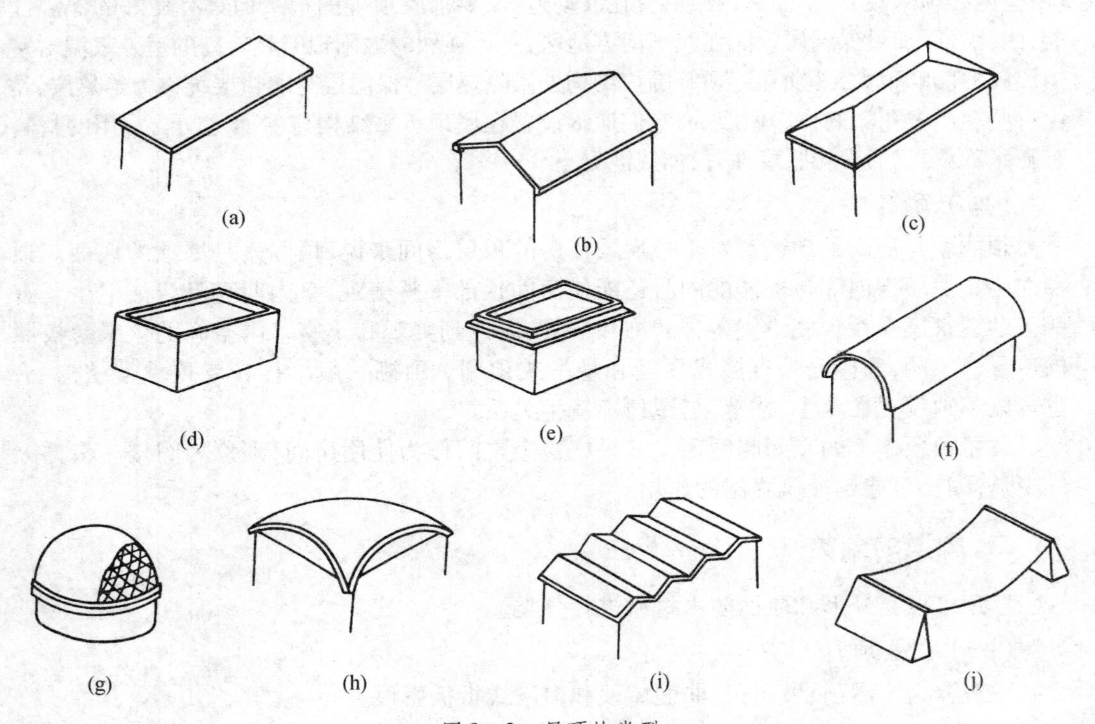

图 9－2　屋顶的类型

(a)平屋顶;(b)双坡屋顶;(c)四坡屋顶;(d)女儿墙平屋顶;(e)挑檐女儿墙平屋顶;(f)单曲面屋顶;(g)球形网壳屋顶;(h)双曲拱屋顶;(i)多波式折板屋顶;(j)悬索屋顶

(二)按屋面防水材料分类

屋顶按屋面使用的防水材料可分为刚性防水屋顶、柔性防水屋顶、瓦屋顶等。刚性防水屋顶用细石混凝土、防水砂浆等刚性材料做屋面防水层,无韧性。如果以沥青、油毡、油膏等柔性材料铺设屋面防水层,则称之为柔性防水屋顶。如果以瓦材做屋面防水层,则称之为瓦屋顶,常用的材料有黏土瓦、水泥瓦、石棉瓦、塑料瓦等。

三、屋顶的坡度

(一)影响坡度大小的因素

屋顶的坡度与屋面防水材料、当地降雨量大小、屋顶结构形式、建筑造型要求等各方面因素有关。屋顶坡度大小应适当，过小易渗漏，过大会多用材料、浪费空间。

1．屋面防水材料与坡度的关系

常用的屋面防水材料有沥青卷材、细石混凝土、黏土瓦、筒瓦等。如防水材料尺寸较小，则接缝较多，容易产生渗漏，比如瓦屋顶，为加快积水排除速度、减少漏水可能，常采用较陡的坡度。因而屋面应有较大的排水坡度，以便将屋面积水迅速排除。如果屋面的防水材料尺寸大，接缝少而且严密，比如卷材屋面和混凝土防水屋面基本上是整体的防水层，则适当的防水坡度既能满足防水要求，又能做到经济节约，因此，屋面的排水坡度就可以小一些。

表 9－1 列举了几种屋面防水材料与坡度的关系。

表 9－1　屋面防水材料与坡度的关系

屋面防水材料	适用坡度(%)	屋面防水材料	适用坡度(%)
细石混凝土	2～5	石棉水泥波形瓦	25～40
油毡	2～5	机平瓦	40
金属瓦	10～20	小青瓦	50

2．降雨量与坡度的关系

降雨量大的地区，屋面渗漏的可能性较大，屋顶坡度应大些，使雨水能迅速排除，防止屋面积水过深、水压力增大而引起渗漏。反之，降雨量小的地区，屋顶坡度可小些。我国地域辽阔，气候各异，各地降雨量相差很大。就年降雨量而言，南方地区较大，北方地区较小。

(二)屋顶坡度的表示方法

屋顶坡度的表示方法通常有斜率法、百分比法等，可见图 9－3。

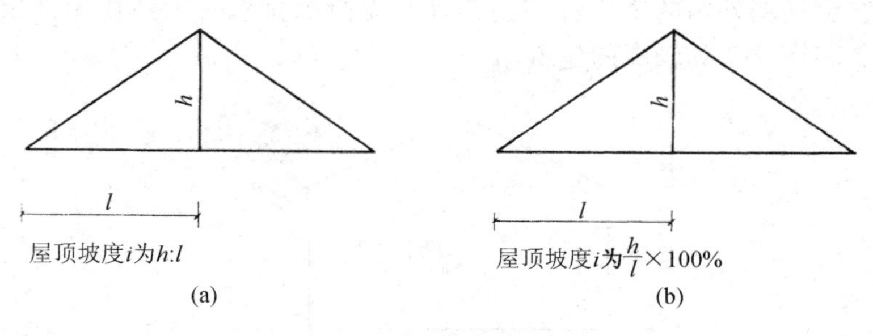

图 9－3　屋顶坡度表示方法

(a)斜率法；(b)百分比法

斜率法以屋顶倾斜面的垂直投影长度与其水平投影长度之比来表示，如 1:2 或 1:5 等。百分比法以屋顶倾斜面的垂直投影长度与其水平投影长度的百分比来表示，如 2% 或 3%。坡屋顶多采用斜率法表示，较大的坡度也有用角度法表示的，如 30°、45°等，而平屋顶多用百分比法表示。

(三)屋顶坡度的形成

屋顶坡度的形成有材料找坡和结构找坡两种方法。

1. 材料找坡

材料找坡也称填坡,是指屋顶结构可像楼板一样水平搁置,屋顶坡度由垫坡材料来形成。为了减轻屋面荷载,找坡材料应选用轻质材料,如水泥炉渣或石灰炉渣,找坡层的厚度最薄处不小于20 mm。保温屋顶经常用保温层兼做找坡层。材料找坡的坡度不易过大,如平屋顶材料找坡的坡度宜为2%,以免浪费材料、增加荷载。

2. 结构找坡

结构找坡是指屋顶结构自身就带有排水坡度,在倾斜坡面上铺设防水层,一般平屋顶结构找坡的坡度宜为3%。结构找坡不需另设找坡层,节约材料,施工简便,并能减轻屋面荷载,但室内天棚是倾斜的,空间不够理想。如果室内有吊顶,宜采用结构找坡。

材料找坡的屋顶结构可以水平放置,天棚平整,但材料找坡增加屋面荷载,材料和人工消耗较多;结构找坡无需另加找坡材料,构造简单,不增加荷载,但天棚倾斜,室内空间不够规整。这两种方法在建筑工程中均有广泛的运用。

四、屋顶排水

屋顶排水方式分无组织排水和有组织排水两大类。

(一)无组织排水

无组织排水又称外檐自由落水,是指屋面伸出外墙,形成挑出的外檐,使屋面的雨水直接从檐口滴落至地面的一种排水方式,如图9-4所示。由于不用天沟、雨水管导流雨水,故又称自由落水。

无组织排水具有构造简单、造价低廉的优点。但落水时,雨水会溅湿勒脚,有风时还可能冲刷墙面,会削弱外墙的坚固性和耐久性。无组织排水一般适用于低层建筑、次要建筑,不宜用于临街建筑和较高的建筑。

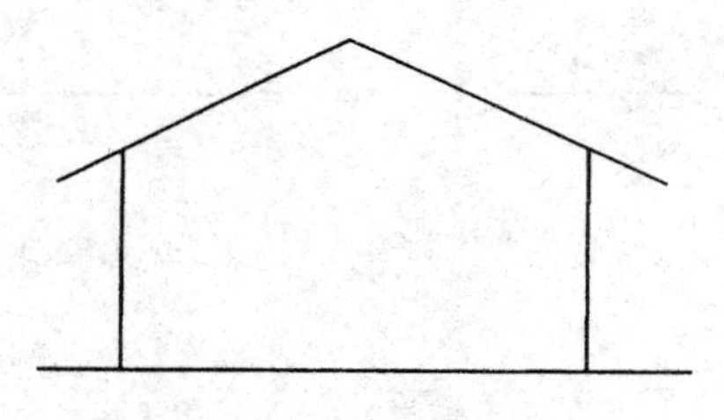

图9-4　无组织排水

(二)有组织排水

有组织排水是指屋面雨水由天沟、雨水管等排水装置引导至地面(或地下管网)的一种排水方式,在建筑工程中应用广泛。一般为了防止雨水自由下落引起对墙面和地面的冲刷而影响建筑的寿命和美观,多层建筑及较重要房屋多采用有组织排水。根据雨水管的位置,有组织排水分为外排水和内排水。

1. 外排水

外排水是指雨水管装设在室外的一种排水方案。其优点是雨水管不妨碍室内空间使用和美观，构造简单，造价较低。外排水尤其适宜于湿陷性黄土地区，可避免因下水管漏水造成地基沉陷。

按照檐沟在屋顶的位置，外排水的屋顶形式有沿屋顶四周设檐沟、沿纵墙设檐沟、女儿墙外设檐沟等。外排水可见图9－5(a)、(b)、(c)、(d)。

雨水管明装有损建筑立面的美观，故在一些重要的公共建筑中，雨水管常采取暗装的方式，把雨水管隐藏在假柱或空心墙中。假柱可以处理成建筑立面上的竖线条。

2. 内排水

内排水是屋面雨水由设在室内的雨水管排到地下排水系统的排水方式，如图9－5(e)。这种排水方式构造复杂，造价及维修费用高，而且雨水管占室内空间，一般适用于大面积、多跨、高层的建筑。

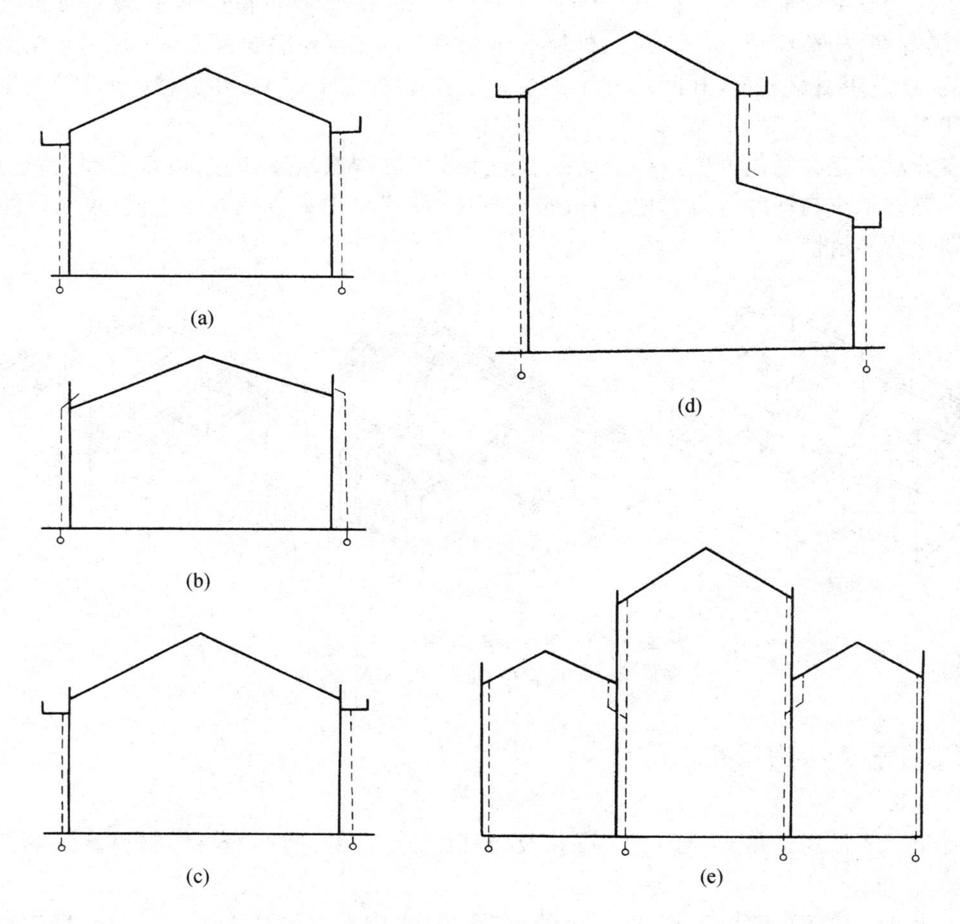

图9－5　有组织排水

(a)挑檐沟外排水；(b)女儿墙外排水；(c)女儿墙挑檐沟外排水；(d)高低跨挑檐沟外排水；(e)高低跨内排水

第二节　坡屋顶构造

一、坡屋顶的承重结构

(一)承重结构类型

坡屋顶的承重结构用来承受屋顶传来的荷载,并把荷载传给墙或柱。其结构类型有横墙承重、屋架承重等。

横墙承重是将横墙顶部按屋面坡度大小砌成三角形,在墙上直接搁置檩条或钢筋混凝土屋面板支承屋面传来的荷载,又叫硬山搁檩。它和屋架承重相比,优点是横向刚度大,抗震性高,构造简单,施工方便,外墙开窗灵活性大,容易组织穿堂风,有利于防火和隔声;缺点是用材量较多,开间尺寸不够灵活。一般适用于住宅、办公楼、旅馆等开间较小的建筑。

屋架承重是在纵向外墙或柱上面搁置檩条或钢筋混凝土屋面板,以承受屋面传来的荷载。屋架承重与横墙承重相比,可以省去横墙,使房屋内部有较大的空间,增加了内部空间划分的灵活性。

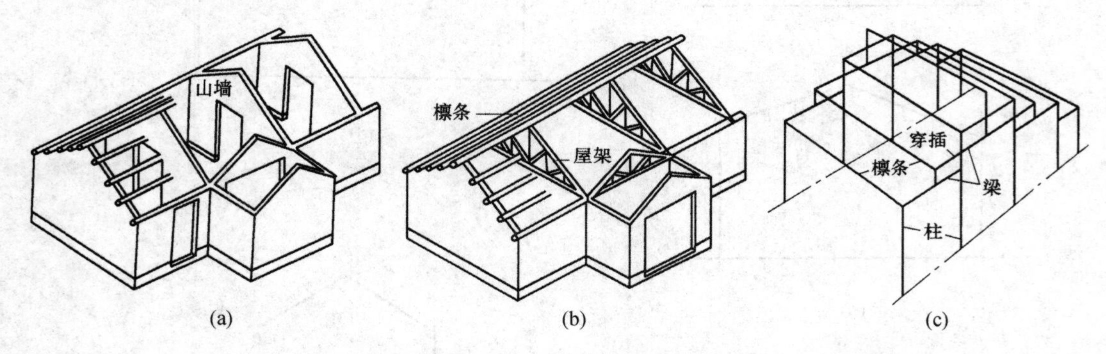

图 9－6　坡屋顶的承重结构类型

(a)横墙承重;(b)屋架承重;(c)梁架承檩式屋架

(二)承重结构构件

1. 屋架

屋架形式常为三角形,由上弦、下弦及腹杆组成,所用材料有木材、钢材及钢筋混凝土等。

木屋架一般用于跨度不超过 12 m 的建筑。将木屋架中受拉力的下弦及腹杆用钢筋或型钢代替,这种屋架称为钢木屋架。钢木屋架一般用于跨度不超过 18 m 的建筑,当跨度更大时需采用预应力钢筋混凝土屋架或钢屋架。

2. **檩条**

檩条所用材料可为木材、钢材及钢筋混凝土，檩条材料一般与屋架所用材料相同，以使两者的耐久性接近。

（三）承重结构布置

坡屋顶承重结构布置主要是指屋架和檩条的布置，其布置方式视屋顶形式而定，见图9－7。

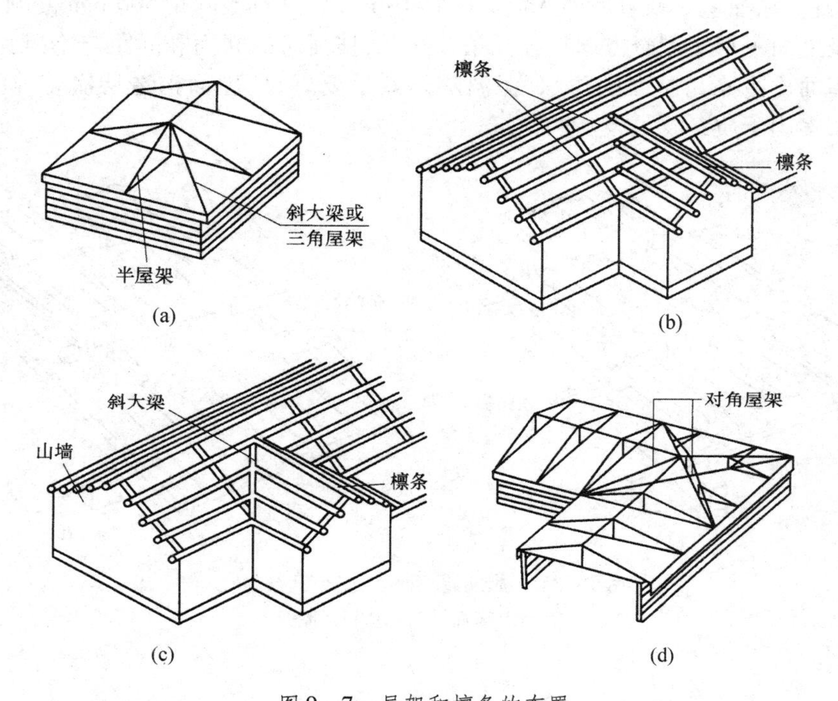

图9－7　屋架和檩条的布置

（a）四坡屋顶的屋架；（b）丁字形交接的屋顶之一；（c）丁字形交接的屋顶之二；（d）转角屋顶

二、坡屋顶的屋面构造

坡屋顶的屋面坡度较大，可采用各种小尺寸的瓦材相互搭盖来防水。瓦材尺寸小、强度低，不能直接搁置在承重结构上，需在瓦材下面设置基层将瓦材连接起来，构成屋面，所以，坡屋顶屋面一般由基层和面层组成。工程中常用的面层材料有平瓦、油毡瓦、压型钢板。近些年来还有不少坡屋顶采用金属瓦屋面、彩色压型钢板屋面等。屋面基层因面层不同而有不同的构造形式，一般由檩条、椽条、木望板、挂瓦条等组成。

（一）平瓦屋面

平瓦又称机平瓦，有黏土瓦、水泥瓦、琉璃瓦等，一般尺寸为长380～420 mm、宽240 mm、净厚20 mm，适宜的排水坡度为20%～50%。根据基层的不同，平瓦屋面有冷摊瓦屋面、木望板平瓦屋面和钢筋混凝土板瓦屋面三种做法，分别见图9－8、图9－9。

1. 冷摊瓦屋面

冷摊瓦屋面是在檩条上钉固椽条,然后在椽条上钉挂瓦条并直接挂瓦。这种屋面构造简单,但雨雪易从瓦缝中飘入室内,通常用于南方地区质量要求不高的建筑。

2. 木望板瓦屋面

木望板瓦屋面是在檩条上铺钉 15 ~ 20 mm 厚的木望板(即屋面板),木望板可采取密铺法(不留缝)或稀铺法(木望板间留 20 mm 左右宽的缝),在木望板上平行于屋脊方向干铺一层油毡,在油毡上顺着屋面水流方向钉 10 mm × 30 mm、间距 500 mm 的顺水条,然后在顺水条上面平行于屋脊方向钉挂瓦条并挂瓦,挂瓦条的断面和间距与冷摊瓦屋面相同。这种屋面比冷摊瓦屋面的防水、保温隔热效果要好,但屋面构造层次多,耗用木材多,造价高,多用于质量要求较高的建筑。

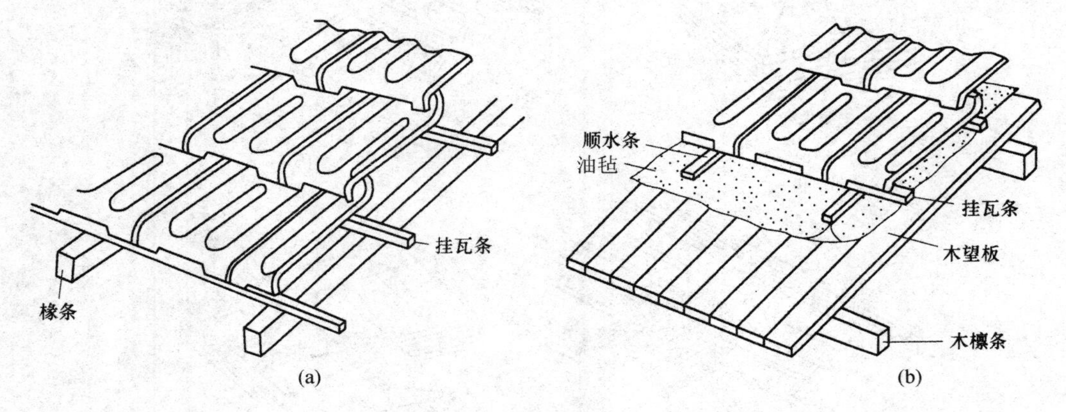

图 9 - 8　冷摊瓦屋面和木望板瓦屋面

(a)冷摊瓦屋面;(b)木望板瓦屋面

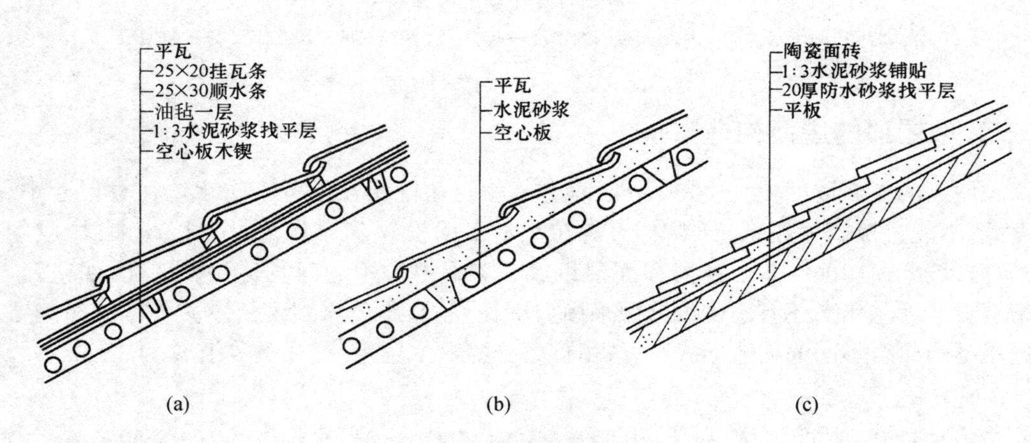

图 9 - 9　钢筋混凝土板瓦屋面

(a)木条挂瓦;(b)砂浆贴瓦;(c)砂浆贴陶瓷面砖

3. **钢筋混凝土板瓦屋面**

瓦屋面由于保温、防火或造型等需要,可将钢筋混凝土板作为瓦屋面的基层。盖瓦的方式有两种:一种是在找平层上铺油毡一层,用压毡条钉在板缝内的木楔上,再钉挂瓦条挂瓦;另一种是在屋面上直接粉刷防水水泥砂浆并贴瓦或陶瓷面砖等。在仿古建筑中常常采用钢筋混凝土板瓦屋面。

(二)平瓦屋面细部构造

平瓦屋面应做好檐口、天沟、屋脊等部位的细部处理。

1. 檐口

檐口分为纵墙檐口和山墙檐口。

(1)纵墙檐口

纵墙檐口根据造型要求做成挑檐或封檐。图9-10为平瓦屋面纵墙檐口构造。

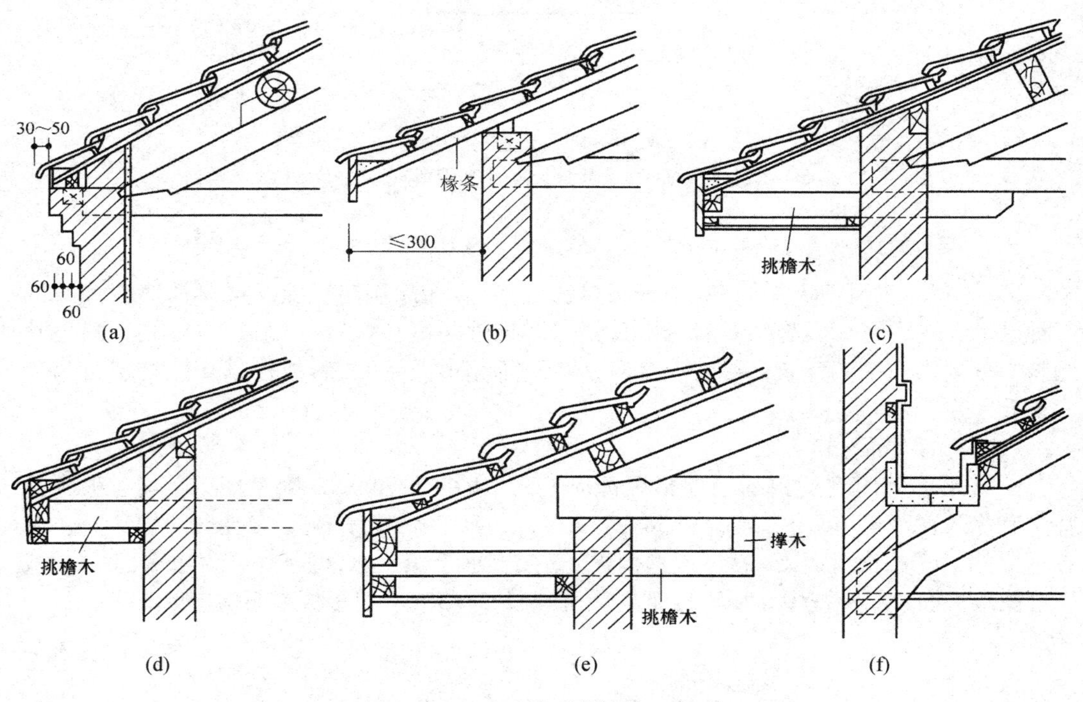

图9-10　平瓦屋面纵墙檐口构造

(a)砖砌挑檐;(b)椽条外挑;(c)挑檐木置于屋架下;(d)挑檐木置于承重横墙中;(e)挑檐木下移;(f)女儿墙包檐口

(2)山墙檐口

山墙檐口一般有硬山与悬山两种做法。硬山檐口构造是将山墙升起包住檐口,女儿墙与屋面交接处做泛水处理,一般用砂浆黏结小青瓦或抹水泥石灰麻刀砂浆做泛水处理。女儿墙顶做压顶板,以保护泛水。

悬山檐口构造是将钢筋混凝土屋面伸出山墙,上部的瓦片用水泥砂浆抹出披水线,进行封固。屋面为木基层时,将檩条挑出山墙,檩条的端部设封檐板(又叫博风板),下部可做顶棚处理。

2. 天沟和斜沟

在等高跨或高低跨屋面互为平行的屋面相交处常常出现天沟，而两个相互垂直的屋面相交处则形成斜沟。天沟和斜沟应有足够的断面积，上口宽度不宜小于 300 mm，一般用镀锌薄钢板铺于木基层上，镀锌薄钢板伸入瓦片下面至少 150 mm。包檐天沟采用镀锌薄钢板做防水层时，应从天沟内延伸至女儿墙上形成泛水。图 9－11 为天沟构造。

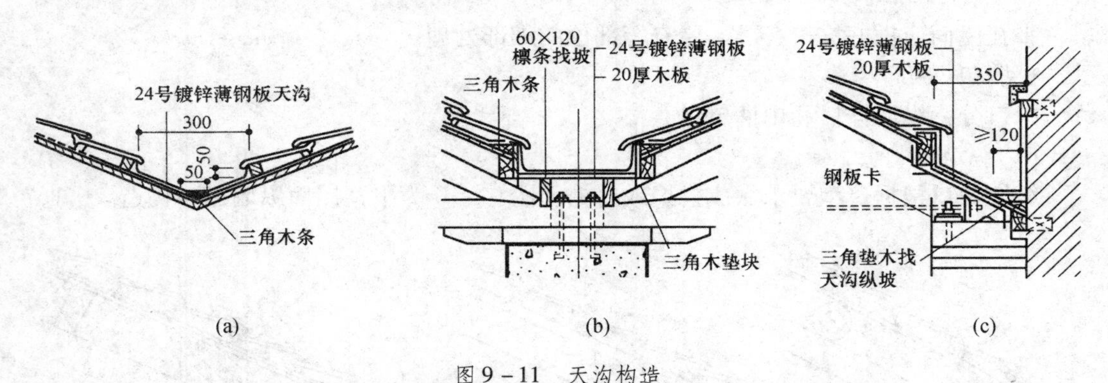

图 9－11　天沟构造

(a)三角形天沟(双跨屋面)；(b)矩形天沟(双跨屋面)；(c)高低跨屋面天沟

(三)彩色压型钢板屋面

彩色压型钢板屋面是将镀锌薄钢板轧制成型，表面涂刷防腐涂层或彩色烤漆而成的一种屋面。这种屋面具有自重轻、施工方便、装饰性与耐久性强的优点，一般用于对屋顶的装饰性要求较高的建筑。彩色压型钢板屋面简称彩板屋面，彩板根据功能构造分为单彩板和保温夹芯板。

1. 单彩板屋面

建筑用彩色压型钢板的各项指标都应符合 GB/T 12754—2006 的规定，其一般包括基材和涂层两部分，基材厚度为 0.38～1.2 mm，材质为热镀锌钢板，必要时可镀铝锌。单彩板屋面大多数将屋面板(彩色压型钢板)直接支承于檩条上，檩条一般为槽钢、工字钢或轻钢檩条。檩条间距视屋面板型号而定，一般为 1.5～3 m。单彩板屋面构造见图 9－12。

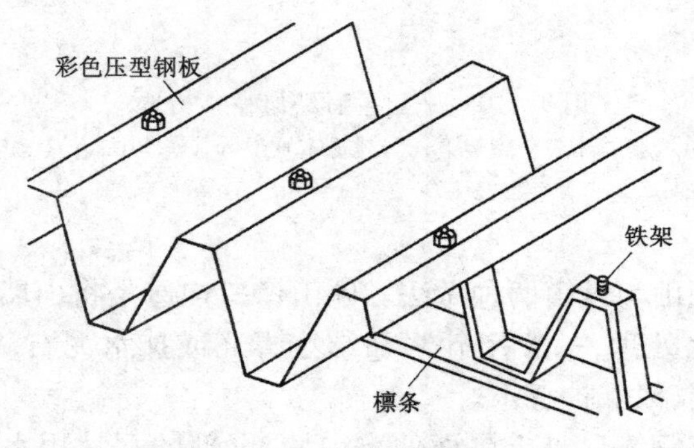

图 9－12　单彩板屋面构造

屋面板的坡度大小与降雨量、板型、拼缝方式有关,一般不小于3°。

2. 保温夹芯板屋面

保温夹芯板是把彩色压型钢板与保温芯材通过黏结剂复合而成的保温复合板材,根据其芯材的不同可分为硬质聚氨酯夹芯板、聚苯乙烯夹芯板、岩棉夹芯板等。保温夹芯板的厚度为30～250 mm,建筑通常采用的保温夹芯板厚度为50～100 mm,彩色压型钢板厚度为0.5 mm或0.6 mm。

保温夹芯板屋顶坡度为1/6～1/20,在腐蚀环境中屋顶坡度≥1/12。

(1)保温夹芯板板缝处理

保温夹芯板与配件之间及保温夹芯板之间全部采用铝拉铆钉连接,铆钉在插入铆孔之前应预涂密封胶,拉铆后的钉头用密封胶封死。顺坡连接缝及屋脊缝以构造防水为主、材料防水为辅。横坡连接缝采用顺水搭接,防水材料密封,上下两块板均应搭在檩条支座上,屋面坡度≤1/10时,上下板的搭接长度为300 mm;屋面坡度>1/10时,上下板的搭接长度为200 mm。

(2)保温夹芯板屋面檩条布置

通常情况下,每块板至少有三个支承檩条,以保证屋面板不发生挠曲。在斜交屋脊线处,必须设置斜向檩条,以保证保温夹芯板的斜端头有支承。

三、坡屋顶的保温与隔热

我国地域辽阔,各地气候相差悬殊,比如南方地区夏季炎热,北方地区冬季寒冷。屋顶作为建筑物最顶部的围护构件,应能够减小外界气候对建筑物室内的影响,为此,应在屋顶设置相应的保温层与隔热层。

屋面保温材料应具有低吸水率、较小的表观密度和导热系数,并有一定强度。屋面保温材料按物理特性分为三大类:一是松散保温材料,如膨胀珍珠岩、膨胀蛭石、炉渣、矿渣等;二是整体保温材料,如水泥膨胀珍珠岩、水泥膨胀蛭石等;三是板状保温材料,如用加气混凝土、泡沫混凝土、膨胀珍珠岩混凝土、膨胀蛭石混凝土等加工成的保温块材或板材。

(一)坡屋顶保温

坡屋顶的保温有顶棚保温和屋面保温两种。

1. 顶棚保温

顶棚保温是在坡屋顶的悬吊式顶棚上加铺木板,上面干铺一层油毡做隔气层,然后在油毡上面铺设轻质保温材料,如聚苯乙烯泡沫塑料保温板、木屑、膨胀珍珠岩、膨胀蛭石、矿棉等。

2. 屋面保温

传统的屋面保温是在屋面铺草秸,或将屋面做成麦秸泥青灰顶,或将保温材料设在檩条之间。这些做法工艺落后,目前已基本不用。现在一般是在屋面压型钢板下铺钉聚苯乙烯泡沫塑料保温板或直接采用带有保温层的保温夹芯板。

(二)坡屋顶隔热

炎热地区在坡屋顶中设进气口和排气口,利用屋顶内外的热压差和迎风面的压力差,组织空气对流,形成屋顶内的自然通风,以减少由屋顶传入室内的辐射热,从而达到隔热降温的目的。进气口一般设在檐墙上、屋檐部位或室内顶棚上;出气口最好设在屋脊处,以增大高差、加速空气流通。

第三节　平屋顶构造

一、柔性防水屋面构造

柔性防水屋面是用具有良好的延伸性、能较好地适应结构变形和温度变化的材料做防水层的屋面,包括卷材防水屋面和涂膜防水屋面。卷材防水屋面是用防水卷材和胶结材料分层粘贴形成防水层的屋面,具有优良的防水性和耐久性,被广泛采用,本节将重点介绍卷材防水屋面。

目前,我国所使用的柔性防水材料可分类如下:

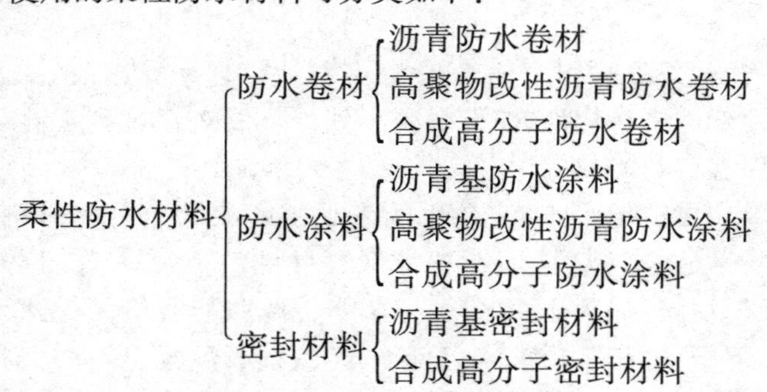

沥青防水卷材(俗称油毡)是由沥青和胎体等制成的。因其成本较低,又有一定的防水能力,所以直至现在仍是一种用量较多的防水材料。但其缺点是加热施工、污染环境、低温脆裂、高温流淌、易老化、维修频繁、防水寿命较短。

当前防水材料已向改性沥青材料和合成高分子材料方向发展,防水构造已由多层向单层方向发展,施工方法已由热熔法向冷粘法方向发展。

下面主要介绍油毡屋面的构造和做法。

(一)油毡屋面基本做法

油毡屋面是由沥青层和油毡层交替黏结而成的。沥青黏附在油毡上下,它既是粘贴层,又是防水层。油毡和沥青两者结合形成一个整体不透水的屋面防水覆盖层。油毡屋面根据需要可做成二毡三油、三毡四油等形式。油毡屋面一般由结构层、找坡层、找平层、结合层、防水层和保护层组成。

1. 不上人的非保温油毡屋面做法

即不考虑人在屋顶上的活动情况。图 9－13 是不上人的非保温油毡屋面做法。从下到上各层做法如下。

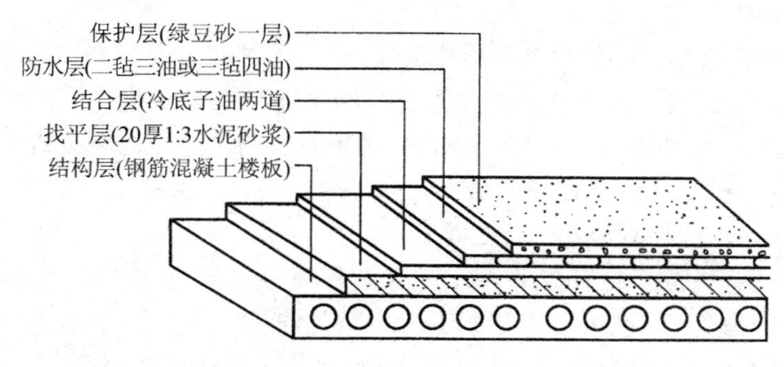

图 9－13　不上人的非保温油毡屋面做法

(1)结构层

柔性防水屋面的结构层一般为预制或现浇的钢筋混凝土屋面板,它具有足够的刚度和强度,适合用油毡做防水层。

(2)找平层

柔性防水层应铺贴在坚固而平整的基层上,以避免卷材凹陷或被刺穿,因此必须设置找平层来保证基层表面的平整度。一般在结构层上做 1:3 水泥砂浆找平层。整体混凝土结构表面可采用较薄的找平层(15～20 mm)。对于装配式结构,施工时在找平层中宜留设变形缝,缝深与找平层厚度相同,缝宽一般为 20 mm。变形缝应沿屋架或承重墙设置。变形缝上面覆盖一层 200～300 mm 宽的油毡条,用沥青胶结材料单边点贴,以便使变形缝处的防水层有较大的伸缩余地,避免开裂,见图 9－14。

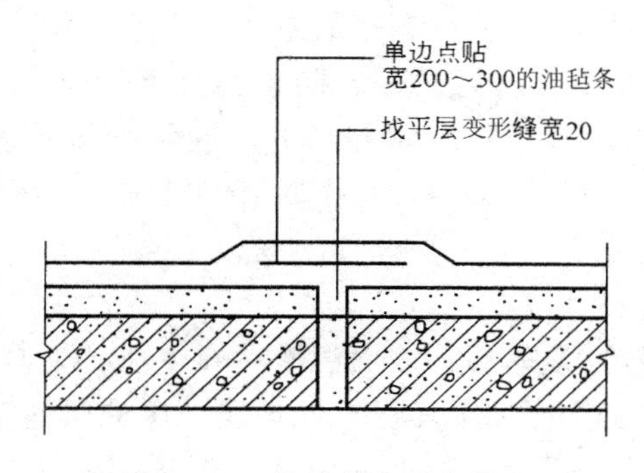

图 9－14　找平层变形缝做法

(3)找坡层

当屋顶采用材料找坡时,找坡层一般位于结构层之上,应选用轻质材料形成所需的坡度,通常是在结构层上铺 1:6～1:8 的水泥焦渣或膨胀蛭石等,找坡层最薄处的厚度不宜小于 30 mm。当屋顶采用结构找坡时,不设找坡层。

(4)结合层

为了保证防水层与找平层能很好地黏结,铺贴防水层前,必须在找平层上涂刷基层处理剂做结合层,就是在刷第一遍热沥青之前,对水泥砂浆基层表面进行处理,通常采用刷两遍冷底子油的方法。

结合层材料应与防水层材料的材质相适应,采用沥青防水卷材和高聚物改性沥青防水卷材时,一般用冷底子油(所谓冷底子油就是将沥青溶解在一定量的煤油或汽油中配成的溶液)做结合层;采用合成高分子防水卷材时,则用专用的基层处理剂做结合层。

(5)防水层

防水层是由胶结材料和卷材黏结而成的。

油毡的铺设有平行于屋脊或垂直于屋脊两种方法。屋顶坡度小于3%时,宜采用平行于屋脊铺贴的方法;屋顶坡度大于15%或屋面会产生变形时,应采用垂直于屋脊铺贴的方法;屋顶坡度为3% ~15%时,采用平行或垂直于屋脊铺贴的方法均可。铺贴油毡应采用搭接方式。上下两层油毡接缝应错开1/3或1/2幅油毡宽。沥青层的厚度控制在1 mm左右,涂刷过厚容易产生龟裂。

另外,在做防水层之前,必须保证找平层干透。如果找平层含有一定的水分,铺上防水层以后,在阳光照射下,找平层中的水就会变成水蒸气向上蒸发。由于上面有防水层阻挡,水蒸气无法排出,聚集在一起,很容易使黏结薄弱处的防水层鼓泡、开裂,造成屋面漏水。有时室内水蒸气透过结构层渗透到防水层下面,也会使防水层鼓泡、开裂。为了避免这种情况发生,应该在防水层和找平层之间设置一个能使水蒸气扩散的渠道。简单的做法是在浇涂防水层第一道热沥青时采用点状或条状涂刷,俗称花油法。这样,在防水层和找平层之间留有水蒸气流动的间隙,形成了水蒸气扩散层。

防水材料和防水层做法应根据建筑物对屋面防水等级的要求来确定。沥青类卷材属于传统的防水卷材,其强度低,耐老化性能差,施工时需经多层粘贴形成防水层,施工复杂,所以在工程中已较少采用,采用较多的是新型防水卷材。目前,新型防水卷材主要有三元乙丙橡胶、自粘型彩色三元乙丙复合防水卷材、聚氯乙烯防水卷材、氯化聚乙烯防水卷材及改性油毡防水卷材。这些防水卷材的共同优点是质量小、适用温度范围广、耐气候性好、使用寿命长、抗拉强度高、延伸率大、冷作业施工、操作简单等,但缺点是产量低、造价高。

(6)保护层

油毡呈黑色,极易吸热,夏季屋顶表面温度达60 ~80 ℃,高温会加速油毡的老化,所以油毡防水层做好以后,一定要在上面设置保护层。保护层的做法应根据防水层所用材料和屋面的利用情况而定。不上人的非保温屋面保护层做法为:当防水层采用油毡时,保护层为粒径3 ~6 mm的小石子(俗称绿豆砂),绿豆砂要求耐风化、颗粒均匀、色浅,能够反射太阳辐射,其在降低屋顶表面温度的同时也能防止油毡因碰撞引起的破坏;当防水层采用三元乙丙橡胶时,保护层采用银色着色剂直接涂刷在防水层上表面;如果采用自粘型彩色三元乙丙复合防水卷材时,则直接用CX - 404胶黏结,不需另外再加保护层,见图9 -15。

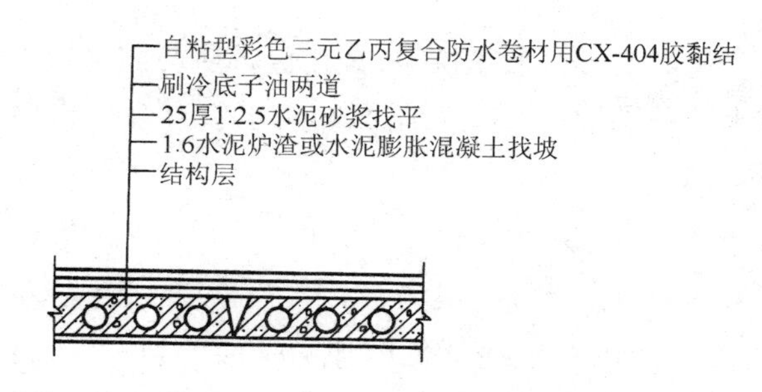

图 9－15　自粘型彩色三元乙丙复合防水卷材屋面做法

常见的改性柔性油毡卷材防水层屋面做法见图 9－16。

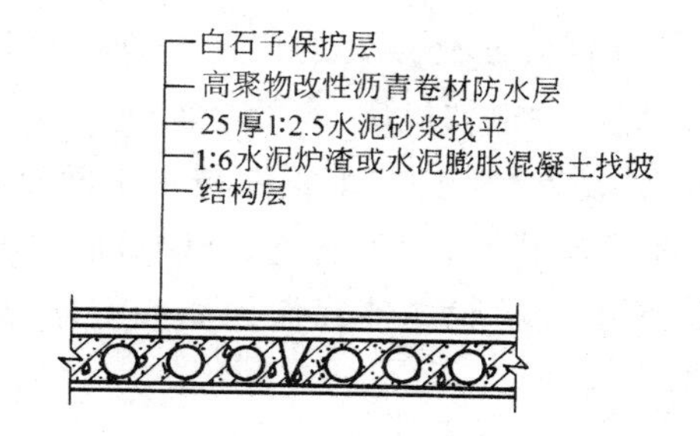

图 9－16　改性柔性油毡卷材防水层屋面做法

2. 上人的非保温油毡屋面做法

上人屋面是指屋顶上作为固定的活动场所，如屋顶花园、屋顶茶园等。其保护层具有保护防水层和兼作地面面层的双重作用，要求耐水、平整、不滑、耐磨、美观，保护层应有一定的强度，因此不能用绿豆砂做保护层。其构造做法通常可采用水泥砂浆或沥青砂浆铺贴缸砖、大阶砖和混凝土板等；也可现浇 40 mm 厚细石混凝土，细石混凝土保护层的构造与刚性防水屋面的防水层基本相同；还可将预制板或大阶砖架空铺设以利通风。其做法见图 9－17。

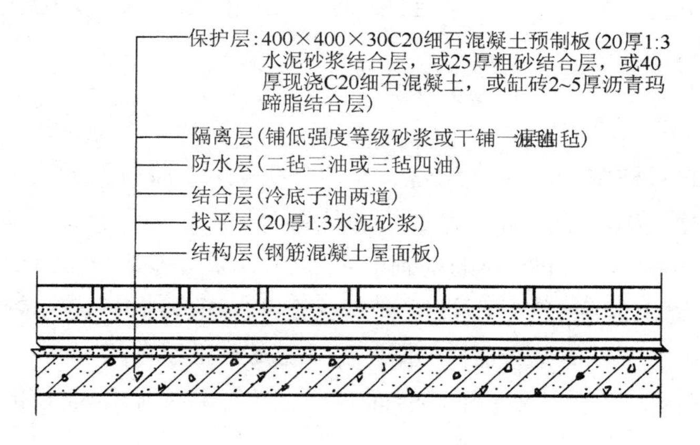

图 9－17　上人的非保温油毡屋面做法

为了防止因高温产生的变形将油毡拉裂，宜在保护层与防水层之间设隔离层。隔离层可铺低强度砂浆或干铺一层油毡。上人屋面的防水层宜采用再生胶油毡或玻璃布油毡等防腐性强的卷材。

(二)细部构造

油毡屋面细部是指屋面上的泛水、天沟、雨水口、檐口、变形缝等部位。这些部位如果构造处理不当极易漏水，所以在这些部位应加铺一层油毡，并进行特殊处理。天沟最易漏水，宜加铺1~2层附加油毡。内排水的雨水口四周更应注意防漏，一旦漏水，危害性更大，所以还应再加铺一层玻璃布油毡或再生胶油毡。

1. 泛水构造

泛水是指屋面防水层与垂直墙面交接处的构造处理，一般在屋面防水层与女儿墙间、上人屋面的楼梯间、突出屋面的电梯机房、高低屋面交接处等都需做泛水。泛水的高度一般不小于250 mm，为增强防水作用，在垂直面与水平面交接处要加铺一层油毡，并且转圆角或做45°斜面，垂直面需用水泥砂浆抹光，并刷冷底子油一道。由于泛水油毡直接粘贴在垂直墙面上，时间长了容易脱离墙面而使屋面漏水，因此油毡要做收头处理。泛水常见做法见图9-18。

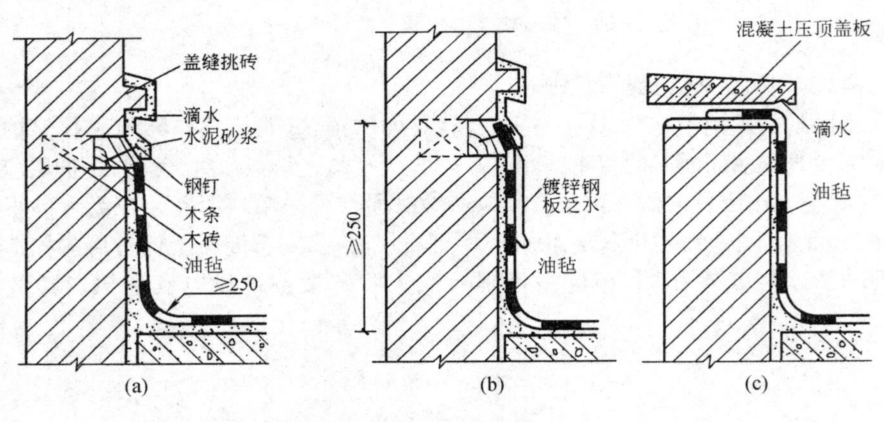

图9-18 泛水常见做法

图9-18中的三种做法均符合构造要求，区别主要是油毡的固定方法不同。其中，图(a)的特点是用钢钉来固定油毡，为了将油毡钉牢，预先在墙中嵌入通长木条，木条则固定在预埋木砖上；图(b)在图(a)的基础上再加钉一层镀锌钢板泛水，可对油毡起保护作用，从而提高了泛水的耐久性，不过镀锌钢板泛水一定要做好防锈处理，否则极易锈蚀；图(c)的做法比前两种简单，油毡泛水上端用混凝土压顶盖板压住，不用钢钉固定，但要注意压顶盖板要盖过油毡泛水，并和前面两种做法一样要做好盖板的滴水，盖板上表面要有流水坡度。

2. 变形缝构造

当建筑物设变形缝时，变形缝在屋面处破坏了屋面防水层的整体性，留下了雨水渗漏的隐患，所以必须加强屋面变形缝处的处理。屋面变形缝的构造处理原则是：既不能影响屋面的变形，又要防止雨水从变形缝渗入室内。屋面变形缝分为横向变形缝和高低跨变形缝。横向变形缝（又称平面变形缝）为两边屋面在同一标高时的做法，常见做法见图 9 – 19(a)、(b)。先用伸缩片（如油毡片）盖住屋面变形缝处，然后在变形缝两旁砌筑附加墙，其高度不得低于泛水的高度(250 mm)。附加墙缝内填沥青麻丝。附加墙上预埋木条用来固定油毡顶端。附加墙顶部应做好盖缝处理，先盖一层附加油毡，然后用镀锌钢板或预制混凝土压顶盖板盖住。预制混凝土压顶盖板使用比较简单，耐久性好，潮湿地区使用较为有利。图 9 – 19(c)为高低跨变形缝构造，与横向变形缝做法大同小异。不过应在低侧屋面上砌筑半砖附加墙，与高侧墙体之间留出变形缝，矮墙与低侧屋面之间做好泛水，变形缝上部用由高侧墙体挑出的预制钢筋混凝土压顶盖板盖缝或在高侧墙体上固定镀锌钢板进行盖缝。

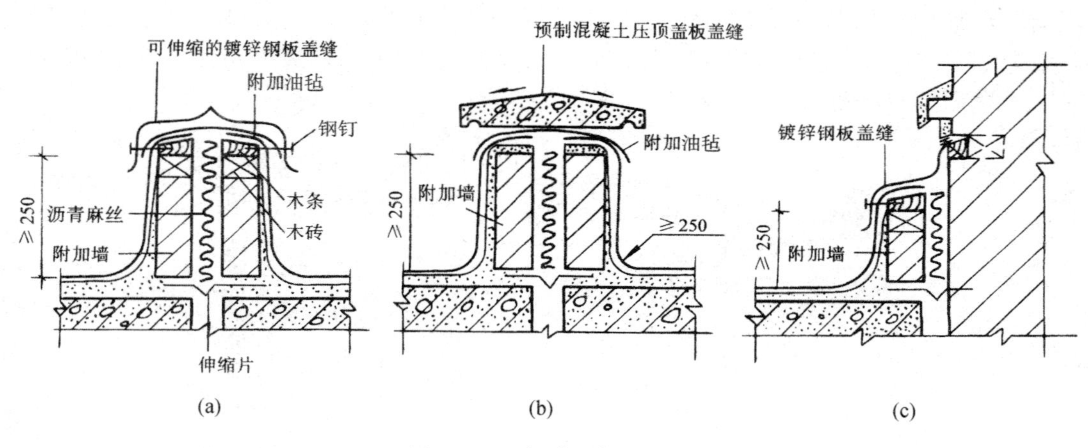

图 9 – 19　变形缝常见做法
(a)横向变形缝；(b)横向变形缝；(c)高低跨变形缝

3. 檐口构造

檐口是屋面防水层的收头处，此处的构造处理方法与檐口的形式有关。油毡屋面的檐口有自由落水檐口、挑檐沟檐口、女儿墙檐口等。做挑檐沟檐口时，油毡防水层在檐口的收头构造处理很关键，因为这个部位极易开裂、渗水。女儿墙檐口做法同泛水的做法。

(1) 自由落水檐口构造

自由落水檐口常见做法见图 9 – 20 所示的三种。图(a)在混凝土檐口上用细石混凝土或水泥砂浆先做一凹槽，然后将油毡贴在槽内，上面用沥青或油膏嵌缝。图(b)在混凝土檐口内预埋木砖，再在木砖上钉通长木条，将油毡头钉在木条上，最后嵌填沥青或油膏。图(c)是在图(b)基础上再包一层镀锌钢板，以保护檐口。

镀锌钢板上方做成保护棱，避免油毡收口处被大风吹翻，并在镀锌钢板下面钉上铁撑托增加抗风能力,铁撑托用钉子固定在木条上。

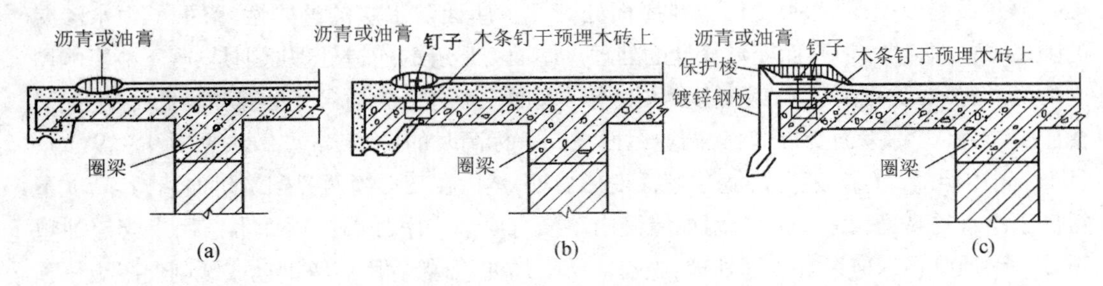

图9－20　自由落水檐口常见做法

(2)挑檐沟檐口构造

当檐口处采用挑檐沟檐口时,油毡防水层应在檐沟处加铺一层附加油毡,并注意做好油毡的收头。挑檐沟檐口常见做法见图9－21。图(a)为砂浆压毡收头,其耐久性差;图(b)为油膏压毡收头;图(c)为插铁油膏压毡收头;图(d)为插铁砂浆压毡收头;图(e)为细石混凝土压毡收头;图(f)为铁皮扁铁压毡收头。几种方法中最为常用的为插铁砂浆压毡收头,即采用钢筋做压毡条压住油毡的顶端,在檐沟板壁顶部需预先埋设木砖或铁钉用以固定压毡条。

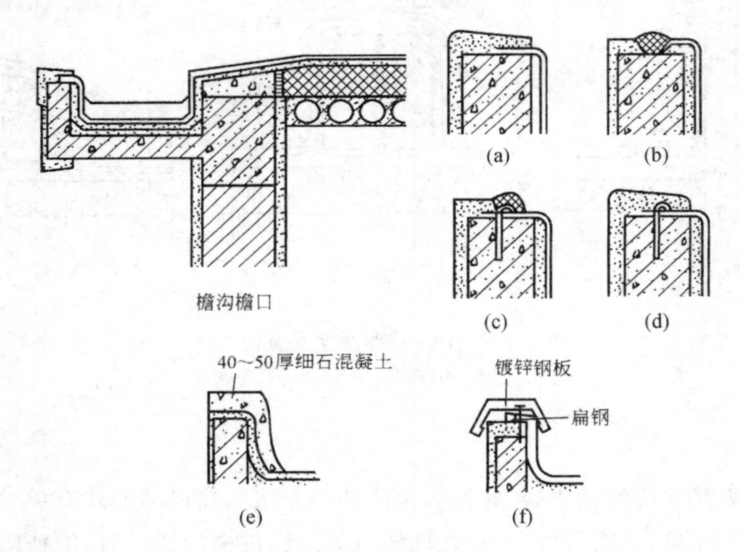

图9－21　挑檐沟檐口常见做法

(a)砂浆压毡收头;(b)油膏压毡收头;(c)插铁油膏压毡收头;(d)插铁砂浆压毡收头;(e)细石混凝土压毡收头;(f)铁皮扁铁压毡收头

4.雨水口的构造

雨水口是屋面雨水排至落水管的连通构件,要排水通畅,防止渗漏和堵塞。雨水口通常是定型产品,分为直管式和弯管式两类。直管式适用于中间天沟、挑檐沟和女儿墙内排水天沟,弯管式只适用于女儿墙外排水天沟。

(1)直管式雨水口构造

直管式雨水口一般用铸铁或钢板制造,有各种型号,可根据降雨量和汇水面积进行选择。单层厂房和大跨度的民用建筑常用直管式雨水口。见图9-22(a),直管式雨水口由套管、环形筒、底座和顶盖几部分组成。安装时,将套管安装在挑檐板上,各层油毡同时贴在套筒内壁。为防止其周边漏水,应加铺一层油毡并贴入连接管内100 mm,雨水口上用定型铸铁罩或铅丝球盖住,用油膏嵌缝,底座有放射状格片,用来增加水流速度和阻挡杂物落入管孔中。

(2)弯管式雨水口构造

弯管式雨水口呈90°弯曲状,见图9-22(b)。弯管式雨水口多用铸铁或钢板制成,由弯曲套管和铁篦子两部分组成。弯管式雨水口穿过女儿墙预留孔洞,屋面防水层应铺入雨水口内100 mm,并安装铁篦子以防杂物流入造成堵塞。

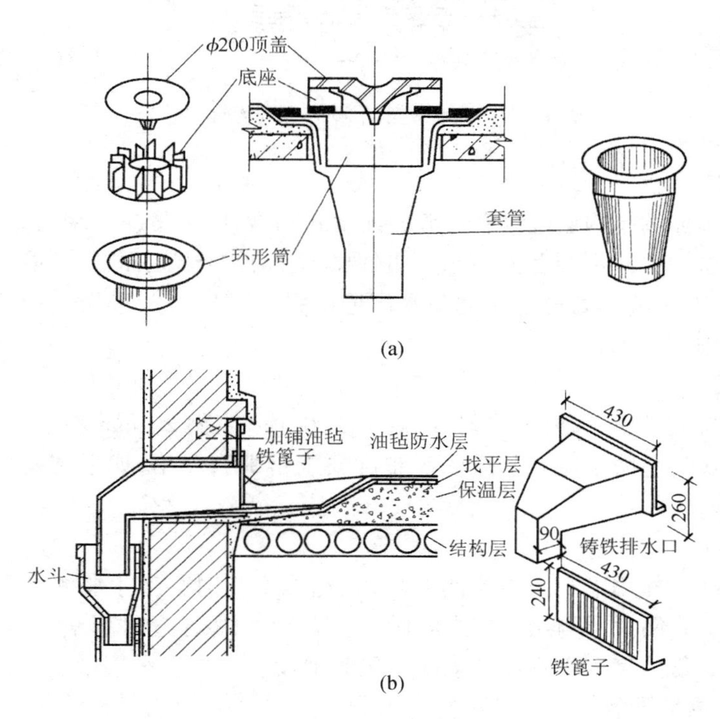

图9-22　雨水口构造

(a)直管式雨水口;(b)弯管式雨水口

二、刚性防水屋面构造

刚性防水屋面是指用刚性防水材料,如防水砂浆、细石混凝土、钢筋细石混凝土做防水层的屋面,因混凝土等材料抗拉强度低,属于脆性材料,故称此类屋面为刚性防水屋面。它的主要优点是施工方便、构造简单、造价低、易维修;缺点是对温度变化和结构变形较为敏感,容易产生裂缝,施工要求较高。由于保温层多为轻质多孔材料,上面不能进行湿作业，而且混凝土铺设在这种比较松软的基层上也很容易产生裂缝，因此，刚性防水屋面一般只用于无保温层的屋面。刚性防水屋面不宜用于温差变化大、有振动荷载和基础有较大不均匀沉降的建筑物，一般用于南方地区的建筑物。

(一)基本构造和做法

刚性防水屋面的基本构造和做法见图 9 – 23。

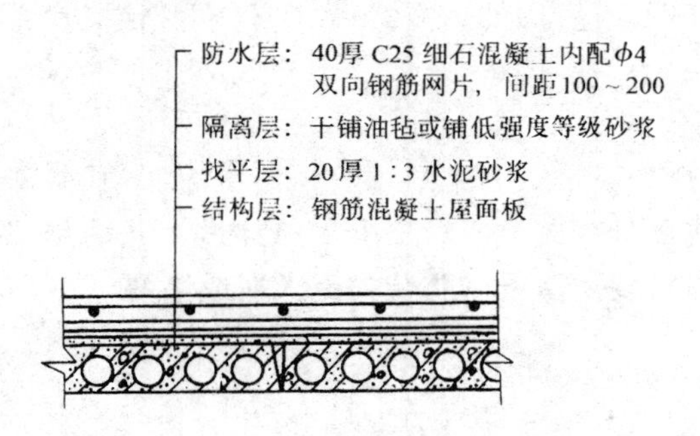

图 9 – 23 刚性防水屋面的基本构造和做法

1. 结构层

刚性防水屋面的结构层应具有足够的强度和刚度，以尽量减小结构层变形对防水层的影响。结构层一般采用刚度大、变形小的现浇钢筋混凝土屋面板或预制钢筋混凝土屋面板，同时加强对板缝的处理。刚性防水屋面的排水坡度一般采用结构找坡，所以结构层施工时要考虑倾斜搁置。

2. 找平层

为使防水层便于施工、厚度均匀，可用 1:3 水泥砂浆做 20 mm 厚的找平层。细石混凝土防水层不像油毡防水层对基层的平整度要求得那么严格，如果结构层比较平整，也可不设找平层。

3. 隔离层

结构层在荷载作用下会产生挠曲变形，在温度变化时会产生胀缩变形，这些变形会将防水层拉裂。在防水层与结构层之间做一隔离层，可减小这种影响。隔离层一般采用麻刀灰、纸筋灰、低强度等级水泥砂浆或油毡等铺设。如果防水层中加有膨胀剂，其抗裂性较好，则不需再设隔离层。

4. 防水层

防水层一般采用配筋的细石混凝土整体现浇，强度等级不低于 C25，厚度不宜小于 40 mm，并在其中双向配置 ϕ4 mm 钢筋，钢筋间距 100 ~ 200 mm，钢筋保护层厚度不小于 10 mm。普通的水泥砂浆和混凝土是不能作为防水层的，其必须经过防水处理，如增加防水剂、采用微膨胀、提高密实度等，才能作为屋面的防水层。

(二)细部构造

1. 分仓缝

所谓分仓缝，实质上就是刚性防水屋面的变形缝，亦称分格缝。设置分仓缝有两点作用:(1)当外界温度发生变化时,大面积的整体现浇细石混凝土防水层会产生热胀冷缩,从而出现裂缝。如设置一定数量的分仓缝,会有效地防止裂缝的产生。(2)在荷载作用下,屋面有可能产生挠曲变形,引起防水层开裂,如果在这些部位预留好分仓缝,便可避免防水层的开裂。

分仓缝应设置在屋面结构变形敏感部位。一般屋面结构变形敏感部位为预制板的支承端、预制板搁置方向变化处、屋面与女儿墙的交接处等。

分仓缝的间距应控制在防水层受温度影响产生变形的许可范围内,一般不宜大于6 m,其划分的面积一般在12～25 m^2,分仓缝应与板缝上下对齐。结构层为预制屋面板时,分仓缝应设置在屋面的支座处。

分仓缝的宽度为20～40 mm,有平缝和凸缝两种构造形式。平缝适用于纵向分仓缝,凸缝适用于横向分仓缝和屋脊处的分仓缝。当建筑进深在10 m以内时,可在屋脊设一道纵向分仓缝。当进深大于10 m时,在坡面某一板缝上再设一道纵向分仓缝。

为了利于伸缩变形,分仓缝的下部用弹性材料,如聚乙烯发泡棒、沥青麻丝等填塞;上部用防水密封材料嵌缝。当防水要求较高时,可在分仓缝的上面加铺一层卷材进行覆盖。分仓缝的位置见图9－24。

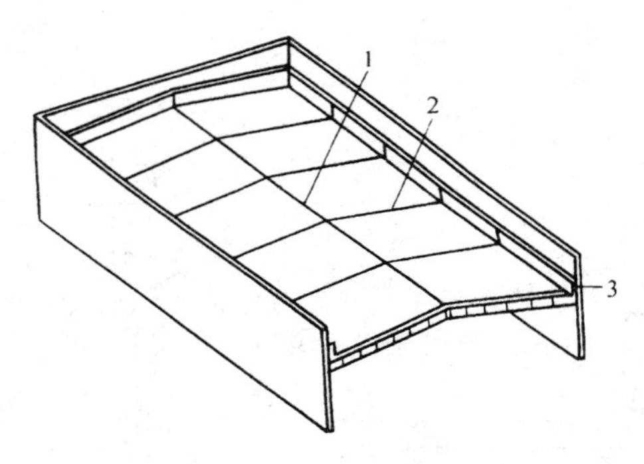

图9－24　分仓缝的位置

1. 纵向分仓缝;2. 横向分仓缝;3. 泛水分仓缝

分仓缝构造见图9－25。

设置分仓缝时,应注意以下几点:

(1)防水层内的钢筋网片在分仓缝处应断开;

(2)分仓缝由沥青麻丝填塞,缝口用油膏嵌填;

(3)缝口外表用二毡三油盖缝条盖住,油毡条宽200～300 mm,屋脊和流水方向的分仓缝处可将防水层做成翻边泛水,用盖瓦覆盖。

2. 泛水构造

凡屋面防水层与垂直墙面的交接处均做泛水处理,如山墙、女儿墙、烟囱等部位。刚性防水屋面的泛水构造与油毡屋面基本相同。泛水应具有足够的高度,一般不小于250 mm。泛水应一次浇成,不留施工缝,转角处做成圆弧形,泛水上也应有挡雨措施。

刚性防水屋面泛水与凸出屋面的结构物(女儿墙、烟囱等)之间必须设分仓缝,以免因两者变形不一致而使泛水开裂,分仓缝内填塞沥青麻丝,其构造见图9-26。

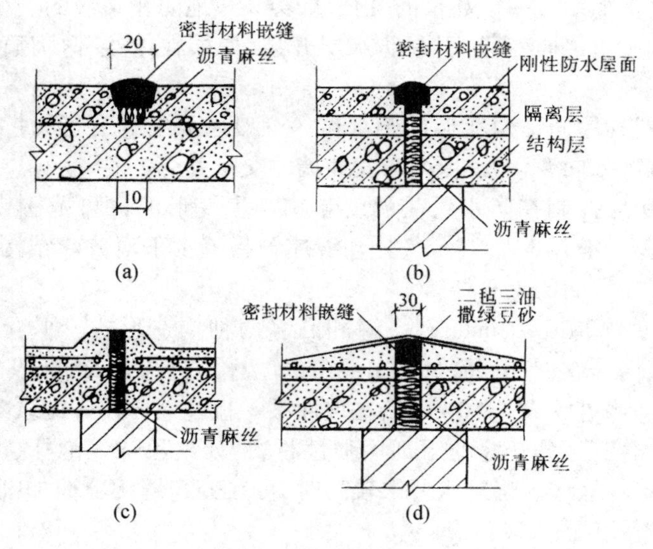

图9-25　分仓缝构造

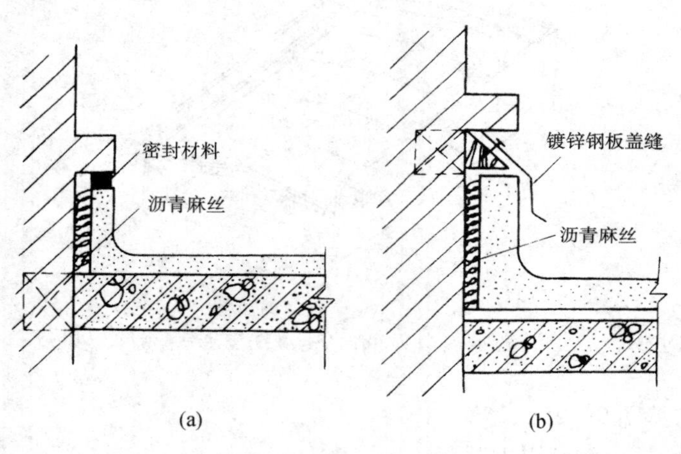

图9-26　刚性防水屋面泛水构造

(a)密封材料嵌缝;(b)镀锌钢板盖缝

3. 檐口构造

刚性防水屋面常用的檐口形式有自由落水檐口、挑檐沟外排水檐口、女儿墙外排水檐口等。

(1)自由落水檐口

当挑檐较短时,可将混凝土防水层直接向外悬挑形成檐口,见图9-27(a)。当挑檐较长时,为了保证结构强度,可采用悬臂板构成檐口,悬臂板与屋顶圈梁连成一体,见图9-27(b)。在悬臂板与屋面上设找平层和隔离层后浇筑混凝土防水层。檐口做滴水。

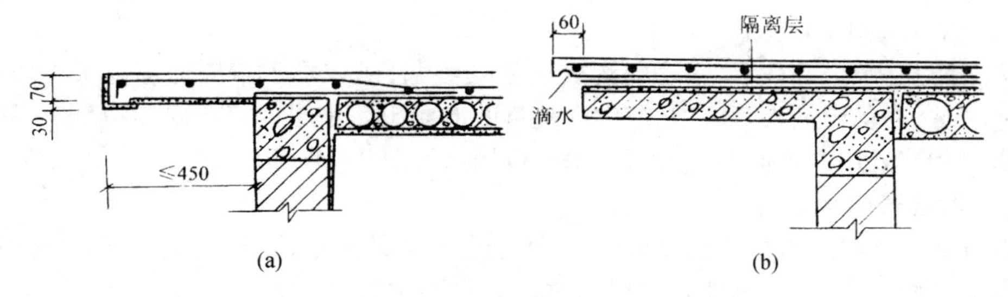

图9－27　自由落水檐口

(2)挑檐沟外排水檐口

檐沟构件一般采用现浇或预制的钢筋混凝土槽形成天沟板，在沟底用低强度等级的混凝土或水泥炉渣等材料垫置成纵向排水坡度，铺好隔离层后再浇筑防水层，防水层应挑出屋面并做好滴水，见图9－28。

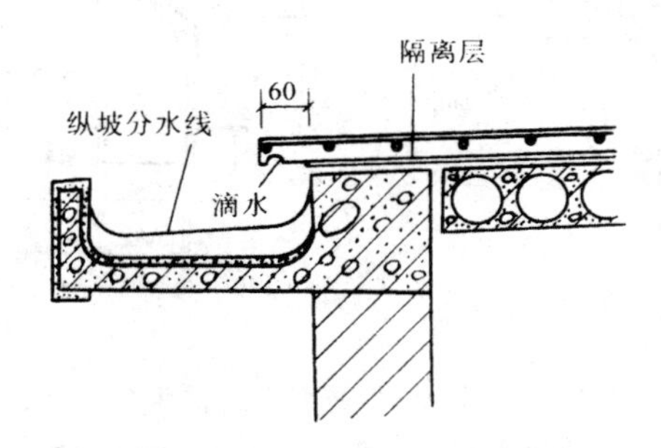

图9－28　挑檐沟外排水檐口

(3)女儿墙外排水檐口

在跨度不大的平屋顶中，当采用女儿墙外排水方案时，檐口处常做成三角形断面天沟，见图9－29。天沟内需设纵向排水坡。

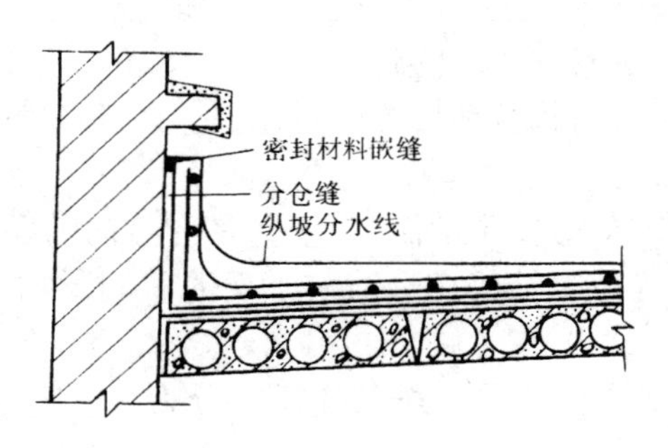

图9－29　女儿墙外排水檐口

4. 雨水口构造

一般刚性防水屋面雨水口的规格和类型与前述柔性防水屋面所用雨水口相同，一种是用于挑檐沟外排水的直管式雨水口，另一种是用于女儿墙外排水的弯管式雨水口。

(1)直管式雨水口构造

为了防止雨水从雨水口套管与沟底接缝处渗漏，应在雨水口周边加铺柔性防水层，如二毡三油，油毡应铺入套管内壁，沟内浇筑的混凝土防水层应盖在附加油毡上，防水层与雨水口相接处用油膏嵌缝。直管式雨水口构造见图 9-30(a)。

(2)弯管式雨水口构造

弯管式雨水口一般用铸铁做成弯头，用于女儿墙外排水，其构造见图 9-30(b)。在安装弯管式雨水口时，做刚性防水层面之前要在雨水口处加铺一层油毡，然后再浇屋面防水层，防水层与雨水口交接处用油膏嵌缝。

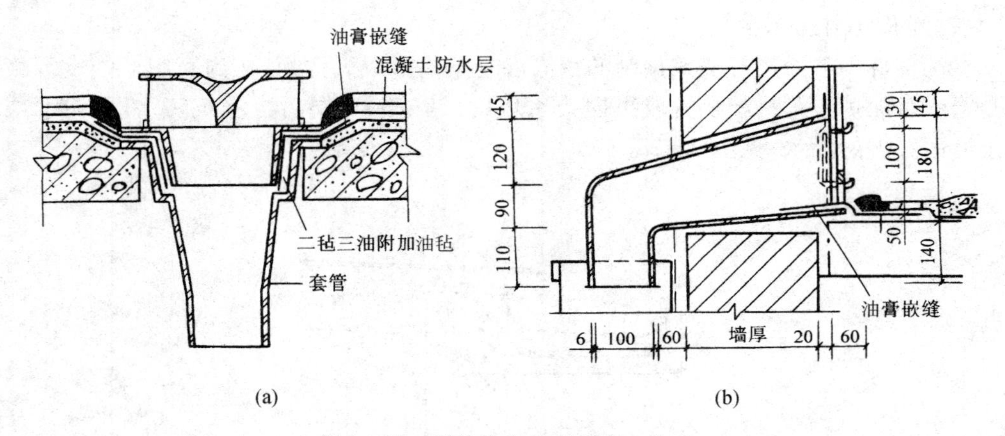

图 9-30　刚性防水屋面雨水口构造

(a)直管式雨水口构造；(b)弯管式雨水口构造

思考题

一、填空题

1. 屋顶的作用主要有三点：________、________和________。

2. 屋顶的外形有________、________、________和________。

3. 屋顶坡度的形成方法有________和________。

4. 屋顶的坡度形成中材料找坡是指选用________材料来找坡。

5. 屋顶的排水方式分为________和________。

6. 平屋顶坡度小于 3% 时，卷材宜沿________屋脊方向铺设。

7. 刚性防水屋面中，为减少结构变形对防水层的不利影响，常在防水层与结构层之间设置________层。

8. 刚性防水屋面的基本构造层次按其作用可分为________、________、________和________。

二、简答题

1. 影响屋顶坡度大小的因素有哪些？

2. 什么是屋面细部结构？

3. 什么是刚性防水屋面？它与柔性防水屋面在细部构造上有何异同点？
4. 刚性防水屋面的分仓缝有什么作用？设置分仓缝时应注意什么？
5. 刚性防水屋面的构造分为哪几层？

第十章　楼梯与电梯

建筑空间的竖向联系，主要依靠楼梯、台阶、自动扶梯、电梯、坡道以及爬梯等竖向交通设施，其中楼梯的使用最为广泛。楼梯经常有大量的人流通过，所以要求有足够的坚固性和耐久性，还要有一定的疏散和防火能力。垂直升降电梯多用于 7 层以上的多层建筑或高层建筑，自动扶梯多用于人流量大且使用要求高的公共建筑，但由于电梯和自动扶梯的运行需要电力能源，因此它们一般不能作为紧急情况下的疏散通道。台阶用于室内外高差之间和室内局部高差之间的联系。坡道则用于建筑中有无障碍交通要求的高差之间的联系，在其他建筑中，坡道也作为残疾人轮椅车专用交通设施。爬梯专用于使用频率较低的消防和检修等。

由于建筑物内外空间变化十分丰富，因此楼梯的形式也是多种多样的。楼梯的分类通常遵循以下原则：

按楼梯的位置不同，可分为室内楼梯和室外楼梯。

按楼梯的使用性质不同，可分为主要楼梯、辅助楼梯、安全疏散楼梯、消防楼梯等。

按楼梯的材料不同，可分为木制楼梯、钢筋混凝土楼梯、金属楼梯等。

按楼梯的施工方式不同，又可分为现浇钢筋混凝土楼梯和预制装配式钢筋混凝土楼梯。

按梯段的组合形式来分，有直梯、折梯、旋转梯、弧形梯、U 形梯、直圆梯。

目前，市场上室内楼梯多以梯段的组合形式来分类。

第一节　楼梯的组成与尺度

一、楼梯的组成

楼梯一般由梯段、平台、栏杆扶手三部分组成，如图 10 - 1 所示。

（一）梯段

梯段又称梯跑，它是联系两个不同标高平台的倾斜并带有踏步的构件，是楼梯的主要部分。通常为板式梯段，也可以由踏步板和梯斜梁组成梁板式梯段。为了减轻疲劳，梯段的踏步步数一般最多不超过 18 级，但也不宜少于 3 级，以免步数太少不易被人们察觉,容易摔倒。

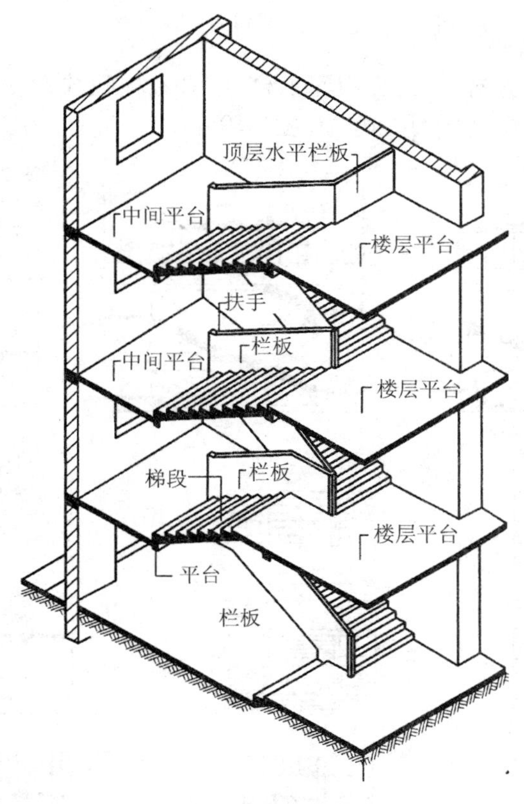

图 10-1　楼梯的组成

(二)平台

按平台所处的位置和高度不同,有中间平台和楼层平台之分。两楼层之间的平台称为中间平台,用来供人们行走时调节体力和改变行进方向。而与楼层地面标高一致的平台称为楼层平台,除起着与中间平台相同的作用外,还用来分配从楼梯到达各楼层的人流。

(三)栏杆扶手

栏杆扶手是设在梯段和平台边缘的安全围护构件。当梯段宽度不大时,可只在梯段临空面设置栏杆扶手。当梯段宽度较大时,非临空面也应加设靠墙扶手。当梯段宽度很大时,则需在梯段中间加设中间扶手。

楼梯作为建筑空间竖向联系的主要部件,其位置应明显,以起到提示和引导人流的作用,并要充分考虑其造型美观、人流通行顺畅、行走舒适、结构坚固、防火安全,同时还应满足施工和经济条件的要求。因此,需要合理地选择楼梯的形式、坡度、材料、构造做法,精心地处理好其细部构造等因素,设计时需综合权衡这些因素。

二、楼梯的形式

(一)直行单跑楼梯

此种楼梯沿着一个方向上楼,无中间平台,所占楼梯间的宽度较小,长度较长,一般不超过18级,一般用于层高不大的建筑(见图10-2a)。

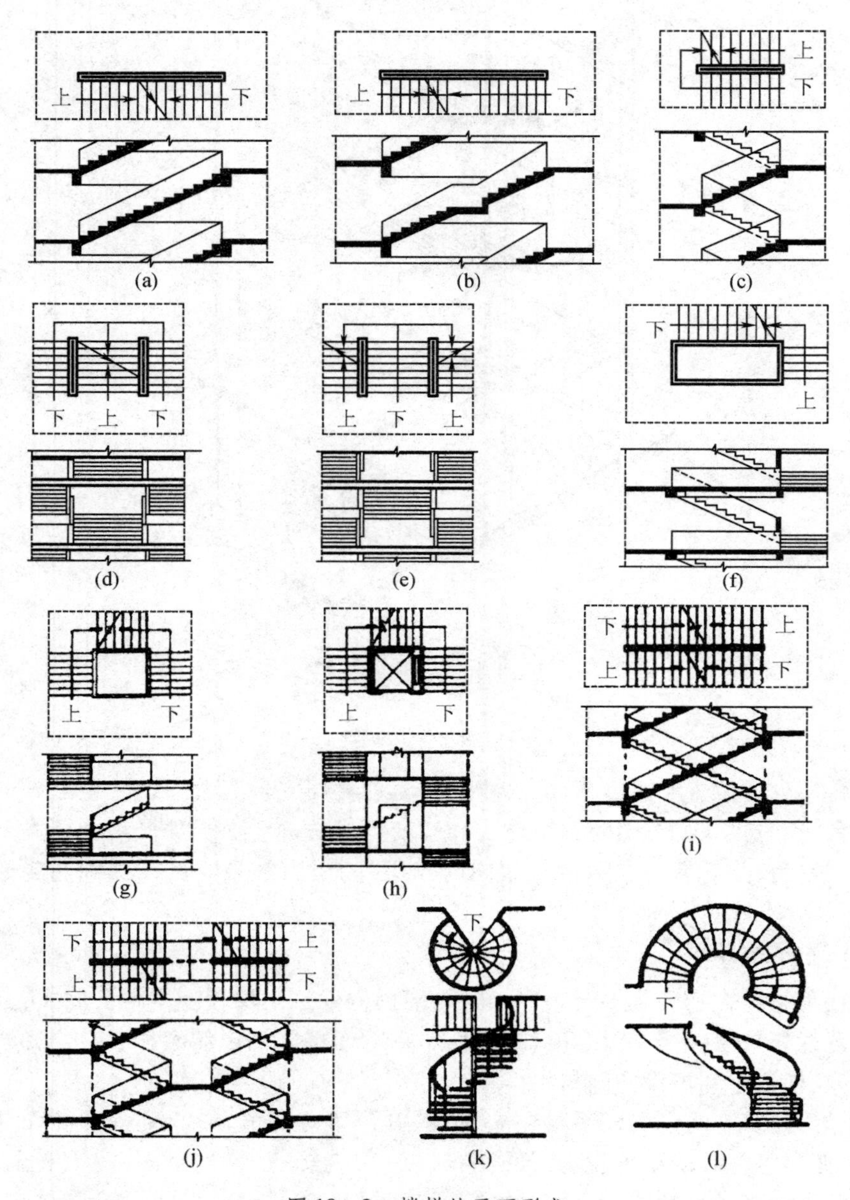

图10-2　楼梯的平面形式

(a)直行单跑楼梯;(b)直行多跑楼梯;(c)平行双跑楼梯;(d)、(e)平行双分双合楼梯;(f)、(g)、(h)折行多跑楼梯;(i)、(j)交叉跑(剪刀)楼梯;(k)螺旋形楼梯;(i)弧形楼梯

（二）直行多跑楼梯

此种楼梯是直行单跑楼梯的延伸，中间增设了休息平台，将单梯段变为多梯段。一般为双跑梯段，适用于层高较大的建筑（见图10－2b）。

直行多跑楼梯给人以直接、顺畅的感觉，导向性强，常用于公共建筑中人流较多的大厅。但是，由于其缺乏方位上回转上升的连续性，当用于多层楼面的建筑时，会增加交通面积并加长人流行走距离。

（三）平行双跑楼梯

此种楼梯由于上完一层楼刚好回到原起步方位，与楼梯上升的空间回转往复性吻合，双跑楼梯所占的楼梯间长度较小、面积紧凑、使用方便，是最常用的楼梯形式之一（见图10－2c）。

（四）平行双分双合楼梯

此种楼梯形式是在平行双跑楼梯的基础上演变产生的。其梯段平行而行走方向相反，且第一跑在中部上行，然后自中间平台处往两边以第一跑的二分之一梯段宽，各上一跑到楼层面。通常在人流多，梯段宽度较大时采用。由于其造型的对称严谨性，常用作办公类建筑的主要楼梯（见图10－2d、e）。

（五）折行多跑楼梯

此种楼梯的第二跑与第一跑梯段之间成90°或其他角度，人流导向较自由。当折角大于90°时，由于其行进方向性类似直行双跑楼梯，故常用于仅上一层楼的影剧院、体育馆等建筑的门厅中。当折角小于90°时，其行进方向的回转延续性有所改观，形成了三角形楼梯间，可用于上多层楼的建筑中。由于此种楼梯中部形成了较大的楼梯井，因而不宜用于住宅、幼儿园、中小学等儿童经常使用楼梯的建筑中（见图10－2(f)、(g)、(h)）。

（六）螺旋形楼梯

螺旋形楼梯通常是围绕一根单柱布置，平面呈圆形。其平台和踏步均为扇形平面，踏步内侧宽度很小，并形成较陡的坡，行走时不安全，且构造较复杂。这种楼梯不能作为主要人流交通和疏散的楼梯，但由于其流线型造型美观，常作为建筑小品布置在庭院或室内（见图10－2k）。

（七）弧形楼梯

弧形楼梯与螺旋形楼梯的不同之处在于它围绕一较大的轴心空间旋转，未构成水平投影圆，仅为一段弧环，并且曲率半径较大。其扇形踏步的内侧宽度也较大（＞220 mm），使坡度不至于过陡，可以用来通行较多的人流。弧形楼梯也是折行楼梯的演变形式，一般布置在公共建筑的门厅，具有明显的导向性和优美、轻盈的造型。但其结构和施工难度较大，通常采用现浇钢筋混凝土结构（见图10－2l）。

（八）交叉跑（剪刀）楼梯

交叉跑（剪刀）楼梯由两个直行单跑楼梯交叉而成的，适合层高小的建筑。交叉多跑（剪刀）楼梯中设置中间平台，人流可在中间平台处变换行走方向，适合层高较大的建筑（见图10－2i、j）。

三、楼梯的尺度

(一)踏步尺度

楼梯的坡度在实际应用中均由踏步的高宽比决定。踏步的高宽比应根据人流行走的舒适度、安全性和楼梯间的尺度、面积等因素进行综合权衡。常用的坡度为25°～45°,一般控制在30°左右,舒适为26°～34°。人流量大、安全要求高的楼梯坡度应该平缓一些,反之则可陡一些,以利于节约楼梯间面积。

不同性质的建筑中,对楼梯的踏步高和踏步宽的尺寸要求不同,具体见表10－1和图10－3。

表10－1　踏步常用的高度尺寸　(mm)

名称	住宅	幼儿园	学校、办公楼	医院	剧院、会堂
踏步高 h	150～175	120～150	140～160	120～150	120～150
踏步宽 b	260～300	260～280	280～340	300～350	300～350

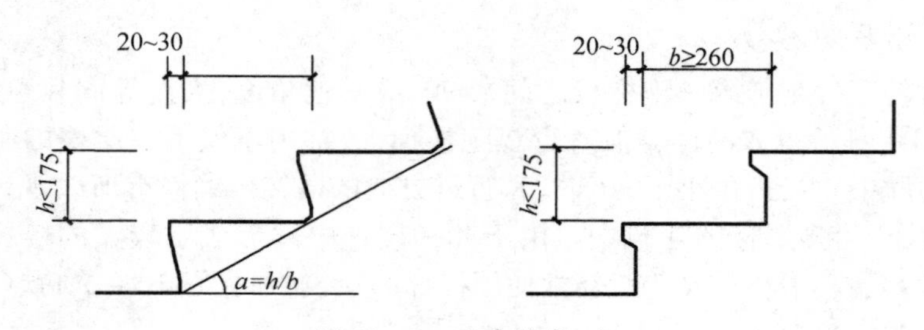

图10－3　踏步的宽、高

(二)梯段尺度

梯段尺度分为梯段宽度和梯段长度。梯段宽度必须满足上下人流及搬运物品的需要,应根据紧急疏散时要求通过的人流股数的多少来确定,并不少于两股人流。每股人流按500～600 mm的宽度考虑,单人通行时为900 mm,双人通行时为1 000～1 200 mm,三人通行时为1 500～1 800 mm,其余类推。同时,需满足各类建筑设计规范中对梯段宽度的最低限定,如住宅>1 100 mm,公共建筑>1 400 mm,等。

(三)平台宽度

平台宽度分为中间平台宽度 D_1 和楼层平台宽度 D_2。对于平行和折行多跑等类型的楼梯,其中间平台宽度应不小于梯段宽度,并且应大于等于1 200 mm,以保证通行与梯段同股数人流,同时应便于家具搬运。医院建筑还应保证担架在平台处能转向通行,其中间平台宽度应大于等于1 800 mm。对于直行多跑楼梯,其中间平台宽度可等于梯段宽,或者大于等于1 000 mm。对于楼层平台宽度,则应比中间平台更宽松一些,以利于人流的分配和停留(见图10－4)。

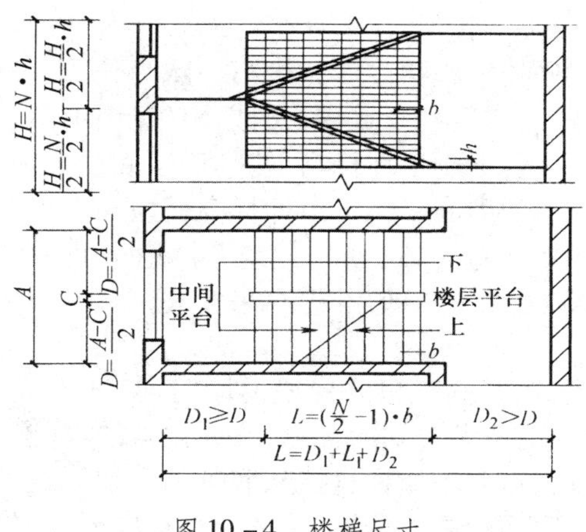

图 10－4　楼梯尺寸

（四）梯井宽度

所谓梯井，系指梯段之间形成的空间，此空间从顶层贯通到底层。在平行多跑楼梯中，可无梯井，但为了梯段安装和平台转弯缓冲，可设梯井。为了安全，其宽度应小，以 60～200 mm 为宜。当梯井宽度超过 200 mm 时，必须在梯井处设置安全措施。

（五）栏杆扶手尺度

梯段栏杆扶手高度应从踏步中心点垂直量至扶手顶面。其高度根据人体重心高度和楼梯坡度大小等因素确定，一般不小于 1 050 mm，供儿童使用的楼梯应在 500～600 mm 高度增设扶手。扶手坡度与楼梯的坡度和使用要求有关。

（六）楼梯净空高度

楼梯各部位的净空高度应保证人流通行和家具搬运，一般要求不小于 2 000 mm，梯段范围内净空高度应大于 2 200 mm（见图 10－5）。

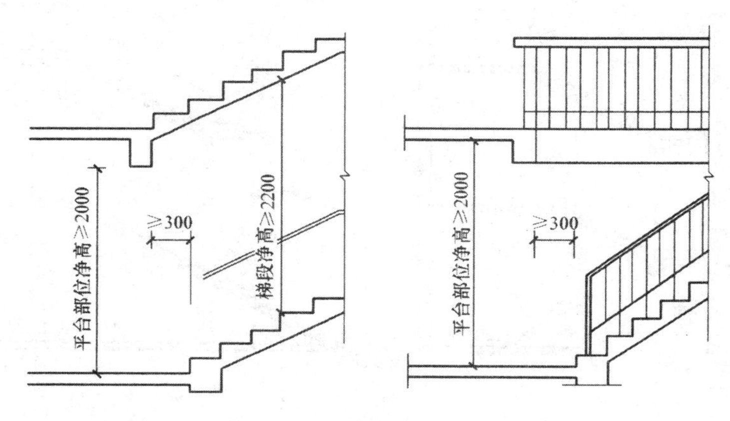

图 10－5　楼梯净空高度示意图

当在平行双跑楼梯底层中间平台下需设置通道时，为保证平台下净高满足通行要求，一般常采取以下几种解决方式。

1. 在底层变等跑梯段为长短跑梯段。起步第一跑为长跑，可提高中间平台标高。此种方法仅在楼梯间进深较大、底层平台宽富裕时适用（见图 10－6a）。

2. 局部降低底层中间平台下的地坪标高，使其低于底层室内地坪标高 ±0.000，以满足净空高度要求。但降低后的中间平台下地坪标高仍应高于室外地坪标高，以防止雨水倒溢。这种处理方式可保持等跑梯段，使构件统一。但中间平台下地坪标高的降低，常依靠底层室内地坪 ±0.000 标高绝对值的提高来实现，可能增加填土方量或将底层地面架空（见图 10－6b）。

3. 综合以上两种方式，在采取长短跑梯段的同时，又适当降低底层中间平台下地坪标高，这种处理方法可兼有前两种方式的优点，并弱化其缺点（见图 10－6c）。

4. 底层用直行单跑或直行双跑楼梯直接从室外上 2 层。这种方法常用于住宅建筑，设计时需注意入口处雨篷底面标高的位置，保证净空高度要求（见图 10－6d）。

在楼梯间顶层，当楼梯不上屋顶时，由于局部净空高度大，空间浪费，可在满足楼梯净空要求的情况下局部加以利用，做成小储藏间等。

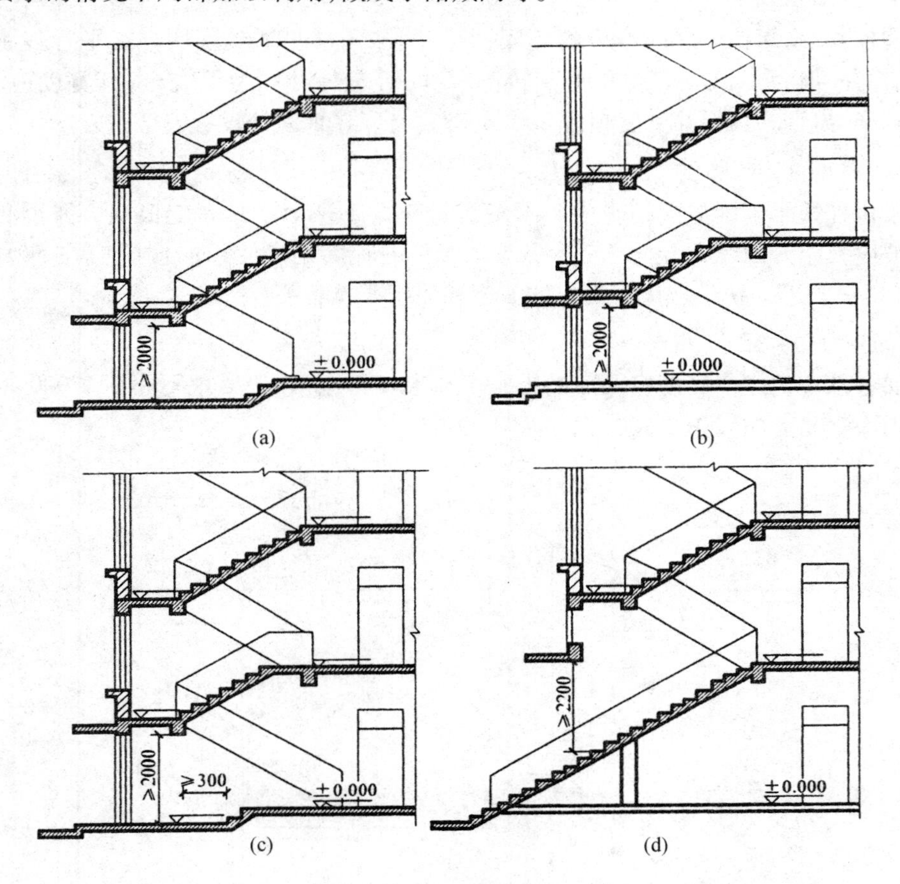

图 10－6　平台下作出入口时楼梯设计的几种方式

(a)底层长短跑；(b)局部降低地坪；(c)底层长短跑并局部降低地坪；(d)底层直跑

第二节　钢筋混凝土楼梯构造

钢筋混凝土楼梯具有良好的力学性能、坚固耐久、节约木材、防火性能好、可塑性强等优点，得到了广泛应用。钢筋混凝土楼梯按其施工方式可分为现浇整体式和预制装配式两类。

一、现浇整体式钢筋混凝土楼梯构造

现浇整体式钢筋混凝土楼梯的梯段和平台是整体浇筑在一起的，其结构整体性好，能适应各种楼梯间平面和楼梯形式。但施工周期长，模板耗费量大。

现浇整体式钢筋混凝土楼梯按梯段的传力特点分为板式、梁板式和扭板式。

（一）板式楼梯

板式楼梯是把梯段看作一块斜放的板，板面上做成踏步，楼梯板分为有平台梁和无平台梁两种。有平台梁的板式楼梯的梯段两端放置在平台梁上，平台梁支承在墙上，平台梁之间的距离为梯段的跨度。其传力过程为：梯段—平台梁—楼梯间墙（见图 10 - 7a）。无平台梁的板式楼梯是将梯段和平台板组合成一块折板，这时板的跨度为梯段的水平投影长度与平台宽度之和，这种楼梯叫作折板式楼梯，它增加了平台下的空间，保证了平台过道处的净空高度（见图 10 - 7b）。板式楼梯底面平整、外形简洁、施工方便，但当梯段跨度较大时，板的厚度较大，且混凝土和钢筋用量较多，不经济。因此，板式楼梯适用于梯段跨度不大（不超过 3 m）、梯段上的荷载较小的建筑。

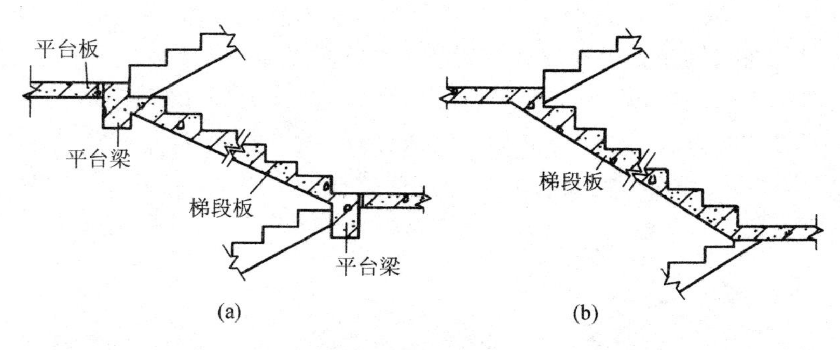

图 10 - 7　现浇钢筋混凝土板式楼梯

（a）有平台梁的板式楼梯；（b）折板式楼梯（无平台梁的板式楼梯）

（二）梁板式楼梯

梁板式楼梯的梯段由踏步板和斜梁组成，踏步板支承在斜梁上，踏步板把荷载传给斜梁，斜梁两端支承在平台梁上，平台梁再支承在墙上。楼梯荷载的传力过程为：踏步板—斜梁—平台梁—楼梯间墙。斜梁一般设两根，位于踏步板两侧的下部，这时踏步外露，称为正梁式梯段，又称为明步（见图 10－8a），板底不平整，抹面比较费工。斜梁也可以位于踏步板两侧的上部，这时踏步被斜梁包在里面，称为反梁式梯段，又称为暗步（见图 10－8b），可以阻止垃圾或灰尘从梯井中落下，而且梯段底面平整，便于粉刷。缺点是梁占据梯段的一段尺寸。梁板式楼梯的楼梯板跨度小，适用于荷载较大、层高较大的建筑，如教学楼、商场、图书馆等。

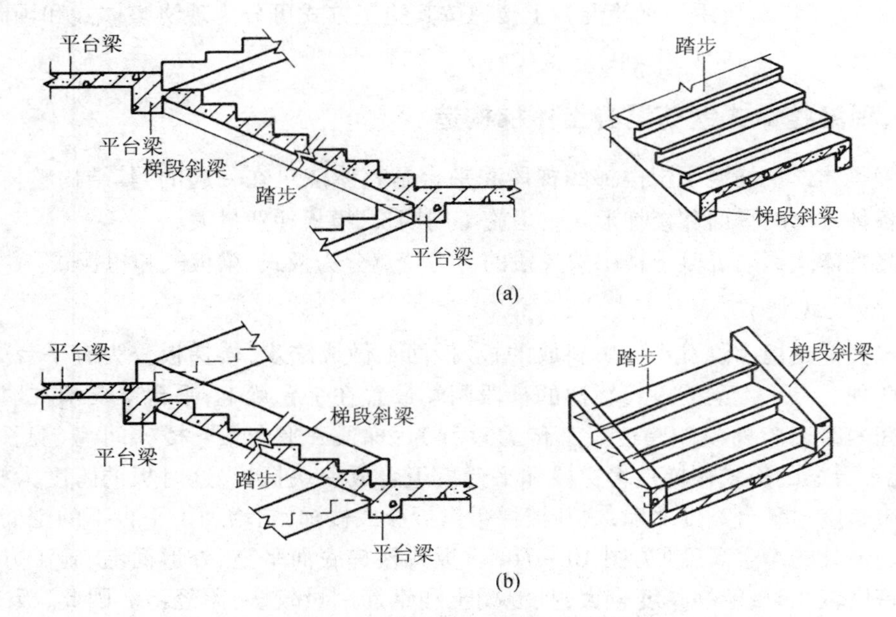

图 10－8　现浇钢筋混凝土梁板式楼梯
（a）正梁式梯段；（b）反梁式梯段

梁板式梯段在结构布置上有双梁布置和单梁布置之分（见图 10－9）。单梁式楼梯是近年来公共建筑中采用较多的一种结构形式。这种楼梯的每个梯段由一根梯梁支承踏步。梯梁布置有两种方式：一种是单梁悬臂式楼梯，另一种是单梁挑板式楼梯。单梁楼梯受力复杂，梯梁不仅受弯，而且受扭。但这种楼梯外形轻巧、美观，常为建筑空间造型所采用。

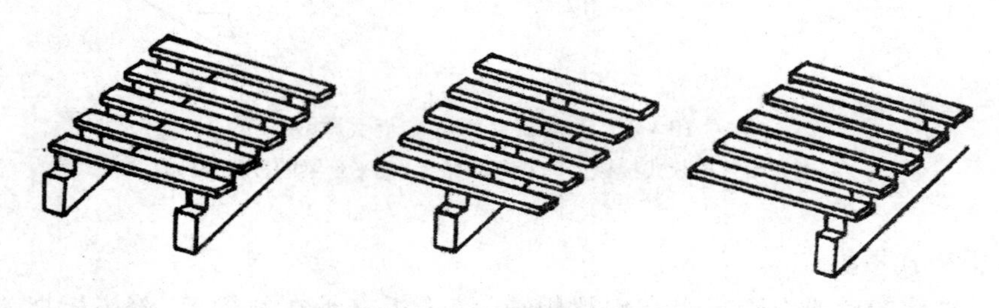

图 10－9　梯梁设置示意图

（三）扭板式楼梯

扭板式钢筋混凝土楼梯底面平整，结构占空间少，造型美观。但由于板跨大，受力复杂，结构设计和施工难度较大，材料消耗量大。一般适用于建筑标准较高的公共建筑。为了使梯段造型轻盈，常在靠近边缘处局部减薄出挑（见图 10－10）。

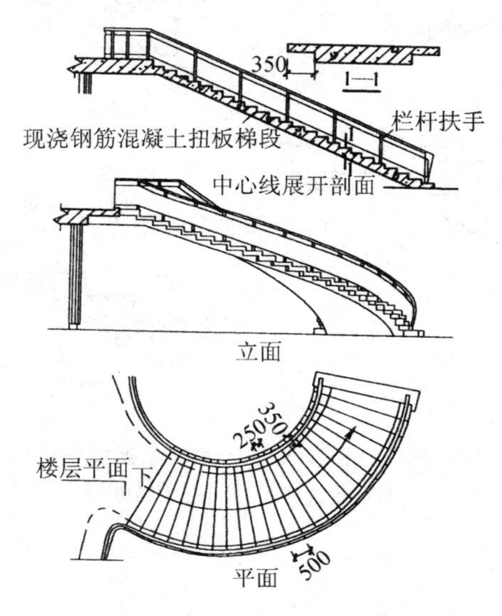

图 10－10　现浇钢筋混凝土扭板式楼梯

二、预制装配式钢筋混凝土楼梯构造

预制装配式钢筋混凝土楼梯有利于节约模板、提高施工速度，故使用较为普通。

预制装配式钢筋混凝土楼梯按其构造方式可分为梁承式、墙承式和墙悬臂式等类型。

（一）预制装配梁承式钢筋混凝土楼梯

预制装配梁承式钢筋混凝土楼梯系指梯段由平台梁支承的楼梯构造方式。由于在楼梯平台与斜向梯段交汇处设置了平台梁，避免了构件转折处受力不合理和节点处理的困难，在一般民用建筑中较为常用。预制构件可按梯段（板式或梁板式梯段）、平台梁、平台板三部分进行划分（见图 10－11）。

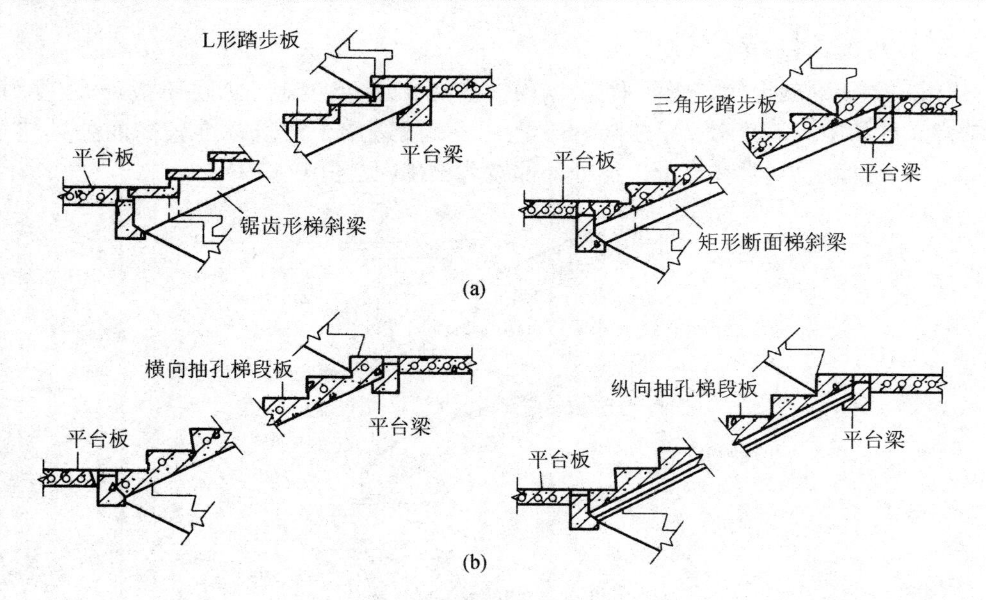

图 10－11　预制装配梁承式钢筋混凝土楼梯

(a)梁板式梯段;(b)板式梯段

1. 梯段

(1)梁板式梯段

梁板式梯段由梯斜梁和踏步板组成。一般在踏步板两端各设一根梯斜梁,踏步板支承在梯斜梁上。由于构件小型化,不需大型起重设备即可安装,施工简便。

① 踏步板

踏步板断面形式有一字形、L 形、三角形等,断面厚度根据受力情况为 40 ~ 80 mm(见图 10－12)。

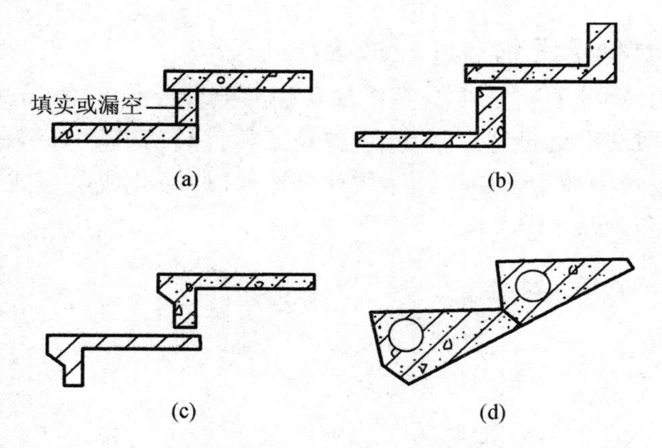

图 10－12　踏步板断面形式

(a)一字形踏步板;(b)L形踏步板;(c)ㄱ形踏步板;(d)三角形踏步板;

② 梯斜梁

用于搁置一字形、L 形断面踏步板的梯斜梁为锯齿形变断面构件。用于搁置三角形断面踏步板的梯斜梁为矩形等断面构件(见图 10－13)。

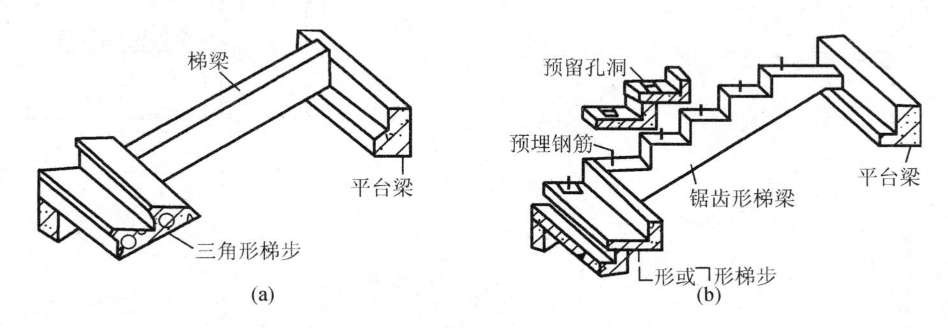

图 10－13 预制梯斜梁的形式

(a)三角形断面踏步板的梯斜梁;(b)L形或˥形断面踏步板的梯斜梁

(2)板式梯段

板式梯段为整块或数块带踏步条板,其上下端直接支承在平台梁上。

为了减轻梯段板自重,也可做成空心构件,有横向抽孔和纵向抽孔两种方式(见图 10－14)。

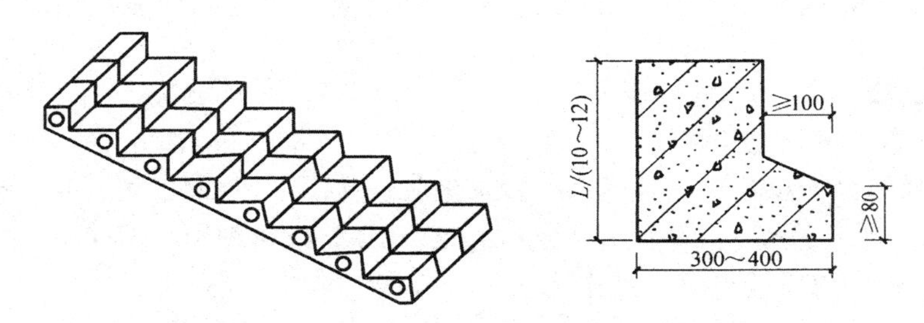

图 10－14 条板式梯段平台梁断面尺寸

2. 平台梁

为了便于支承梯斜梁或梯段板,平衡梯段水平分力并减少平台梁所占的结构空间,一般将平台梁做成 L 形断面(如图 10－14 中所示的平台梁断面尺寸)。

3. 平台板

平台板可根据需要采用钢筋混凝土空心板、槽板或平板。平台板一般平行于平台梁布置,以利于加强楼梯间的整体刚度。当垂直平台梁布置时,常用实心的小平板(见图 10－15)。

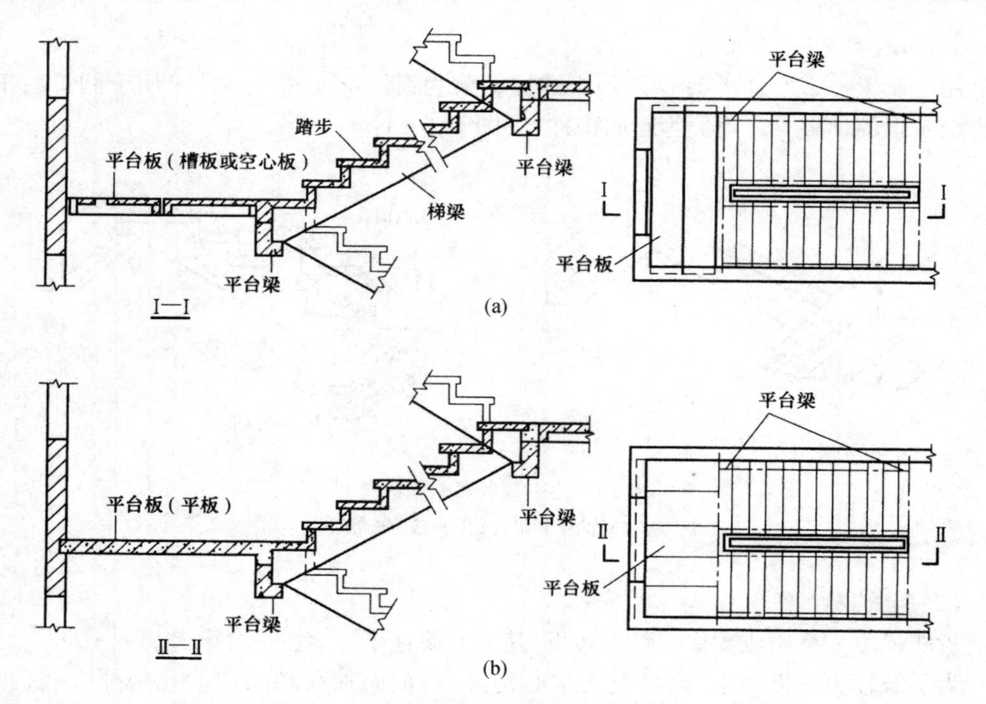

图 10－15　梁承式梯段与平台的结构布置

(a)平台板两端支承在楼梯间侧墙上,与平台梁平行布置;(b)平台板与平台梁垂直布置

4. 构件连接

(1)踏步板与梯斜梁连接

一般在梯斜梁支承踏步板处用水泥砂浆坐浆连接。如需加强,可在梯斜梁上预埋插筋,与踏步板支承端预留孔插接,用高标号水泥砂浆填实(见图 10－16a)。

(2)梯斜梁或梯段板与平台梁连接

在支座处除了用水泥砂浆坐浆外,应在连接端预埋钢板,进行焊接(见图 10－16b)。

(3)梯斜梁或梯段板与梯基连接

在楼梯底层起步处,梯斜梁或梯段板下应做梯基,梯基常用砖或混凝土,也可用平台梁代替梯基。但需注意该平台梁无梯段处与地坪的关系(见图 10－16c、d)。

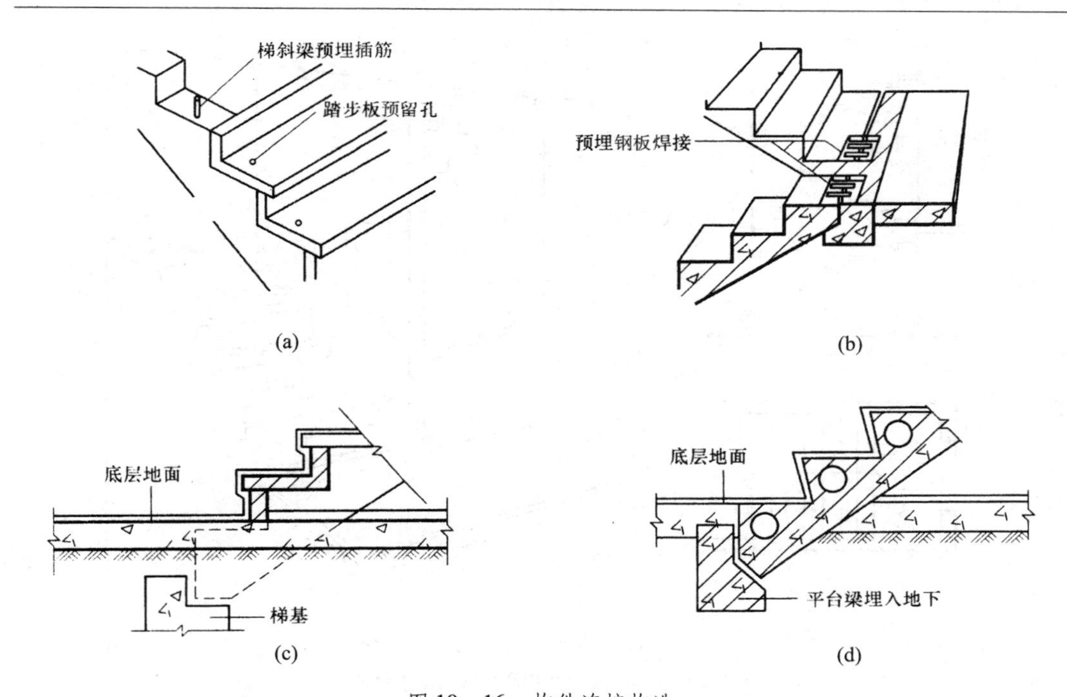

图 10－16 构件连接构造

(a)踏步板与梯斜梁连接;(b)梯斜梁或梯段板与平台梁连接;(c)、(d)梯斜梁或梯段处与梯基连接

(二)预制装配墙承式钢筋混凝土楼梯

预制装配墙承式钢筋混凝土楼梯系指预制钢筋混凝土踏步板直接搁置在墙上的一种楼梯形式,如图 10－17 所示。其踏步板一般采用一字形、L 形断面。这种楼梯由于在梯段之间有墙,搬运家具不方便,也阻挡视线,上下人流易相撞。通常在中间墙上开设观察口,以使上下人流视线流通。也可将中间墙两端靠平台部分局部收进,以使空间通透,有利于改善视线和搬运家具物品。但这种方式对抗震不利,施工也较麻烦。

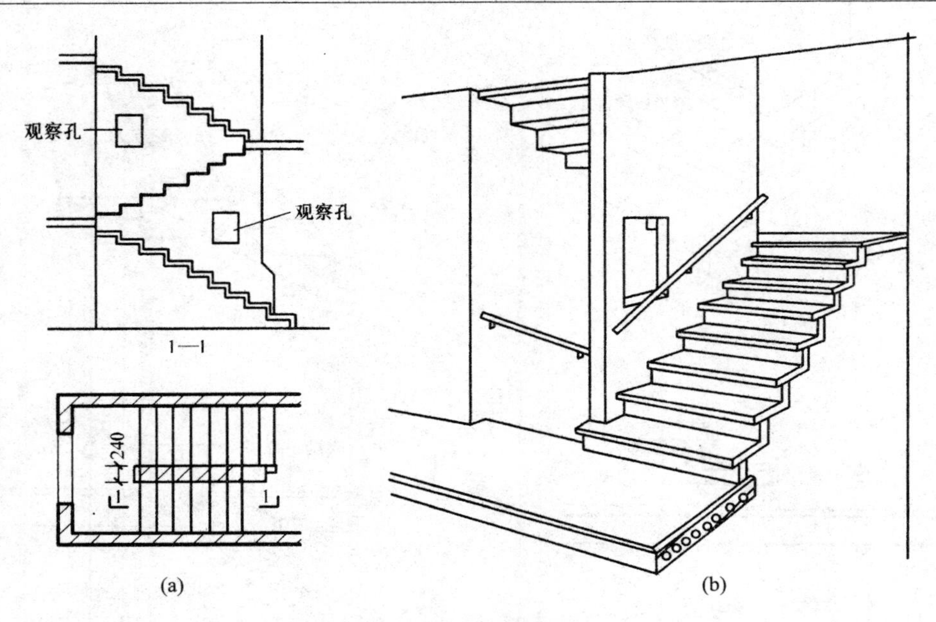

图 10－17　墙承式钢筋混凝土楼梯

(a)在中间墙开设观察口;(b)将中间墙两端靠平台部分局部收进

(三)预制装配墙悬臂式钢筋混凝土楼梯

预制装配墙悬臂式钢筋混凝土楼梯系指预制钢筋混凝土踏步板一端嵌固于楼梯间侧墙上,另一端凌空悬挑的楼梯形式(见图 10－18)。预制装配墙悬臂式钢筋混凝土楼梯用于嵌固踏步板的墙体厚度不应小于 240 mm,踏步板悬挑长度一般小于等于 1 800 mm。踏步板一般采用 L 形带肋断面形式,其入墙嵌固端一般做成矩形断面,嵌入深度为 240 mm。

这种楼梯的优点是楼梯间空间轻巧空透,结构占空间少,可以节约平台梁等构件材料。但其楼梯间整体刚度极差,不能用于有抗震设防要求的地区。

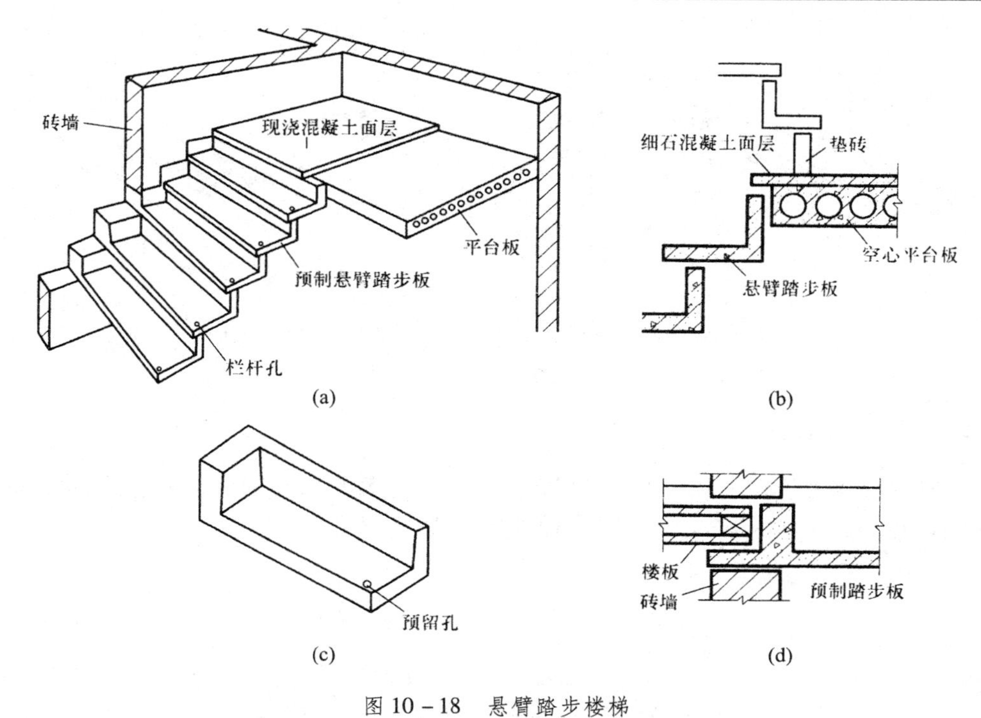

图 10－18　悬臂踏步楼梯
(a)悬臂踏步楼梯示意图;(b)踏步构件;(c)平台转换处剖面;(d)预制楼板处构件

第三节　台阶与坡道构造

一、台阶与坡道的形式

室外台阶是建筑出入口处室内外高差之间的交通联系部件。由于其位置明显,人流量大,特别是当室内外高差较大或基层土质较差时,须慎重处理。

台阶由踏步和平台组成。其形式有单面踏步式、三面踏步式等。台阶坡度较楼梯平缓,每级踏步高为 100～150 mm,踏面宽为 300～400 mm,可以更宽。当住宅的公共出入口台阶高度超过 0.7 m 并侧面临空时,宜有护栏设施。室外台阶平台面应比门洞口每边宽出 500 mm 左右,并比室内地坪低 20～50 mm,向外做出约 1% 的排水坡度。

坡道主要是为车辆及残疾人进出建筑而设置的。按用途的不同,可以分为行车坡道和轮椅坡道两类。行车坡道又分为普通行车坡道与回车坡道两种。行车坡道布置在有车辆进出的建筑入口处,如车库等。回车坡道与台阶踏步组合在一起,布置在某些大型公共建筑的入口处,如办公楼、医院等(见图 10－19)。

轮椅坡道是专供残疾人使用的,又称为无障碍坡道。

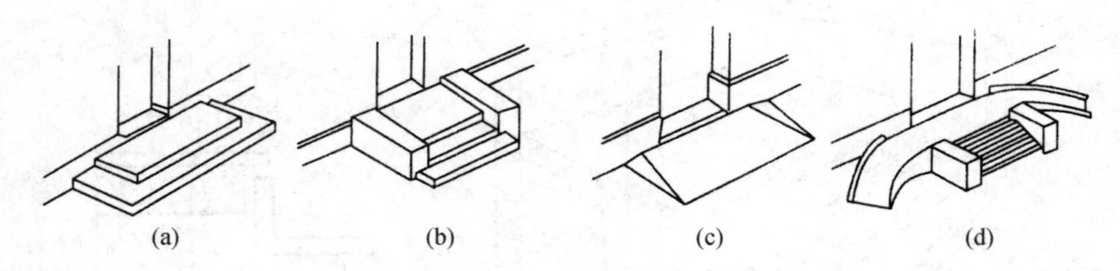

图 10－19　台阶与坡道的形式

(a)三面踏步式;(b)单面踏步式;(c)坡道式;(d)踏步坡道结合式

二、台阶构造

台阶的地基由于在主体施工时,多数已被破坏,一般是做在回填土上,为避免沉陷和寒冷地区的土壤冻胀的影响,有以下几种处理方式(见图 10－20)。

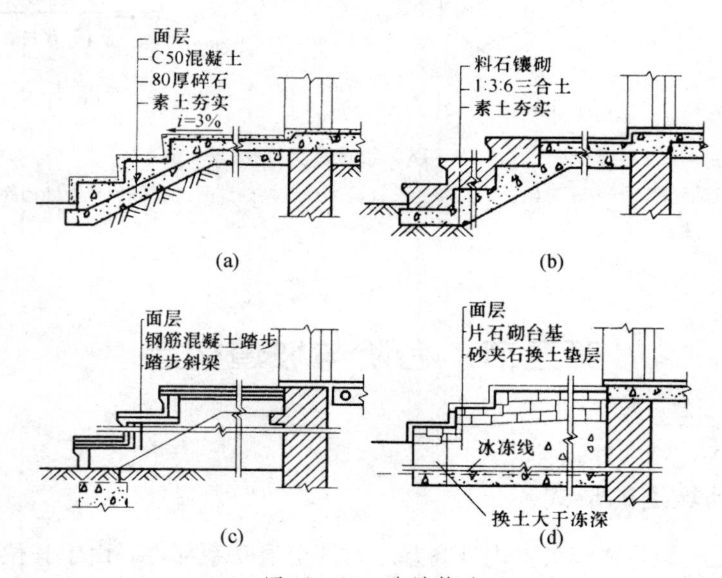

图 10－20　台阶构造

(a)混凝土台阶;(b)石砌台阶;(c)钢筋混凝土台阶;(d)换土地基台阶

(一)架空式台阶

架空式台阶系将台阶支承在梁上或地垄墙上。

(二)分离式台阶

其台阶单独设置,如支承在独立的地垄墙上。单独设立的台阶必须与主体分离,中间设沉降缝,以保证相互间的自由沉降。

台阶需慎重考虑防滑和抗风化问题。其面层材料应选择防滑和耐久的材料,如水泥石屑、斩假石(剁斧石)、天然石材、防滑地面砖等。

台阶垫层的做法与地面垫层的做法类似。一般采用素土夯实后按台阶形状尺寸做C 10混凝土垫层或砖、石垫层。严寒地区的台阶还需考虑地基土冻胀因素,可用含水率低的砂石垫层换土至冰冻线以下。

三、坡道构造

坡道材料常见的有混凝土、石块等,其构造与台阶基本相同,一般采用实铺,垫层的强度和厚度应根据坡道的长度及上部荷载大小进行选择。严寒地区垫层下部设置砂垫层(见图 10-21)。

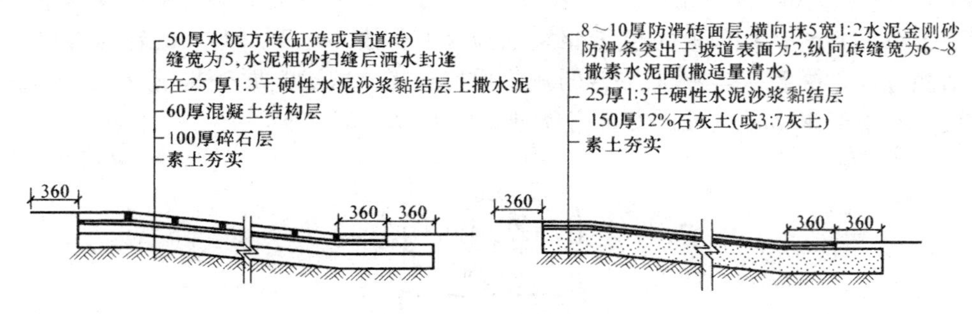

图 10-21 坡道构造

面层亦以水泥砂浆居多,对经常处于潮湿、坡度较陡或采用水磨石作面层的,在其表面必须做防滑处理,坡道表面常做成锯齿形或带防滑条(见图 10-22)。

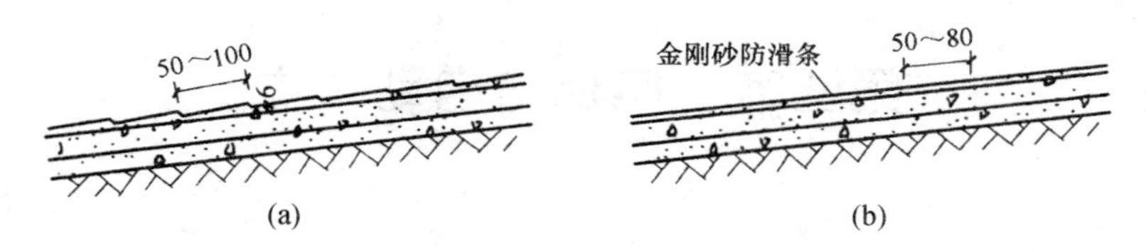

图 10-22 坡道表面防滑处理

(a)表面带锯齿形;(b)表面带防滑条

坡道坡度一般为 1/10~1/8,也有 1/30 的。

普通行车坡道的宽度应大于所连通的门洞宽度,一般每边至少大于等于 500 mm;回车坡道的宽度与坡道半径及车辆规格有关,不同位置的坡道坡度和宽度应符合表 10-2 的规定。

表 10-2 不同位置的坡道坡度和宽度

坡道位置	最大坡度	最小宽度(m)
有台阶的建筑入口	1:12	1.20
只设坡道的建筑入口	1:20	1.50

续表

坡道位置	最大坡度	最小宽度(m)
室内走道	1:12	1.00
室外通路	1:20	1.50
困难地段	1:10 ~ 1:8	1.20

供残疾人使用的轮椅坡道宽度不应小于0.9 m。当坡道的高度和长度超过表10－2的规定时，应在坡道中部设休息平台，其深度不小于1.2 m；坡道在转弯处应设休息平台，其深度不小于1.5 m，在坡道的起点和终点，应留有深度不小于1.5 m的轮椅缓冲地带。坡道两侧应设置扶手，且与休息平台的扶手保持连贯。坡道侧面凌空时，在栏杆扶手下端宜设高不小于50 mm的坡道安全挡台(见图10－23)。

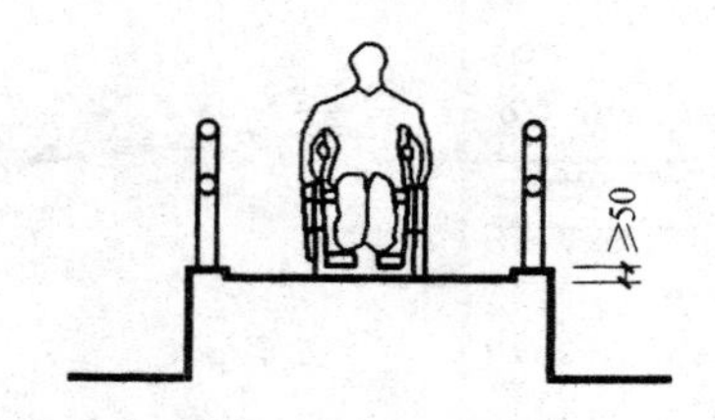

图10－23　坡道扶手和安全挡台

第四节　电梯与自动扶梯

一、电梯的类型

(一)按使用性质分

1. 客梯

客梯主要用于人们在建筑物中的垂直联系。

2. 货梯

货梯主要用于运送货物及设备。

3. 消防电梯

消防电梯在发生火灾、爆炸等紧急情况下作安全疏散人员和消防人员紧急救援使用。

4. 观光电梯

观光电梯是把竖向交通工具和登高流动观景相结合的电梯，透明的轿厢使电梯内外景观相互沟通，多用于大型公共建筑之中。

（二）按电梯行驶速度分

1. 高速电梯

高速电梯的速度大于 2 m/s，梯速随层数的增加而提高，消防电梯常用高速。

2. 中速电梯

中速电梯的速度在 2 m/s 之内，一般货梯按中速考虑。

3. 低速电梯

运送食物的电梯常用低速电梯，速度在 1.5 m/s 以内。

（三）其他分类

有按单台、双台分；按交流电梯、直流电梯分；按轿厢容量分；按电梯门开启方向分；等。

二、电梯的组成

（一）曳引系统

曳引系统的主要功能是输出与传递动力，使电梯运行。曳引系统主要由曳引机、曳引钢丝绳、导向轮、反绳轮组成。

（二）导向系统

导向系统的主要功能是限制轿厢和对重的活动自由度，使轿厢和对重只能沿着导轨做升降运动。导向系统主要由导轨、导靴和导轨架组成。

（三）轿厢

轿厢是运送乘客和货物的电梯组件，是电梯的工作部分。轿厢由轿厢架和轿厢体组成。

（四）门系统

门系统的主要功能是封住层站入口和轿厢入口。门系统由轿厢门、层门、开门机、门锁装置组成。

（五）重量平衡系统

该系统的主要功能是相对平衡轿厢重量，在电梯工作中能使轿厢与对重间的重量差保持在限额之内，保证电梯的曳引传动正常。系统主要由对重和重量补偿装置组成。

（六）电力拖动系统

电力拖动系统的功能是提供动力，实行电梯速度控制。电力拖动系统由曳引电动机、供电系统、速度反馈装置、电动机调速装置等组成。

（七）电气控制系统

电气控制系统的主要功能是对电梯的运行实行操纵和控制。电气控制系统主要由操纵装置、位置显示装置、控制屏（柜）、平层装置、选层器等组成。

（八）安全保护系统

安全保护系统保证电梯安全使用，防止一切危及人身安全的事故发生。其由电梯限速器、安全钳、夹绳器、缓冲器、安全触板、层门门锁、电梯安全窗、电梯超载限制装置、限位开关装置组成。

三、四大空间

(一)机房部分

电梯机房一般设在井道的顶部。机房和井道的平面相对位置允许机房任意向一个或两个相邻方向伸出,并满足机房有关设备安装的要求。机房楼板应按机器设备要求的部位预留孔洞。

(二)井道及地坑部分

电梯井道是电梯运行的通道,井道内包括出入口、电梯轿厢、导轨、导轨撑架、平衡重及缓冲器等。不同用途的电梯,井道的平面形式不同(见图10-24)。

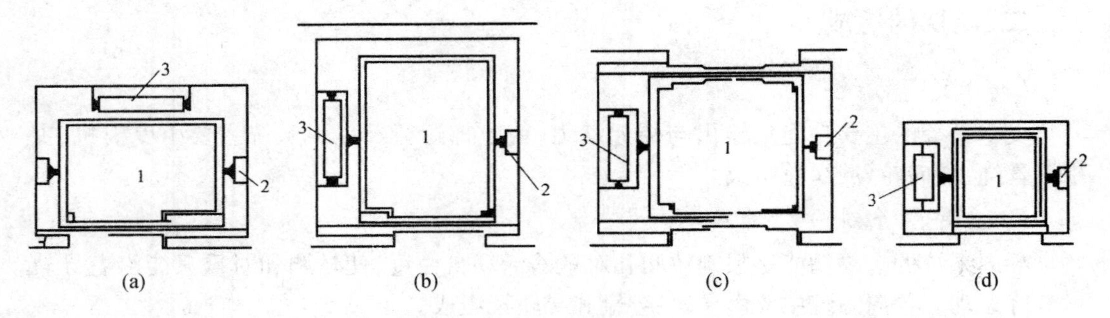

图10-24　电梯的分类及井道平面图

(a)客梯(双扇推拉门);(b)病床梯(双扇推拉门);(c)货梯(中分双扇推拉门);(d)小型杂物梯
1:电梯厢;2:导轨撑架;3:平衡重

地坑是安装缓冲器、电梯导轨和对重导轨底坐的空间。

(三)轿厢部分

轿厢是电梯用以承载和运送人员、物资的箱形空间。轿厢一般由轿底、轿壁、轿顶、轿门等主要部件构成,其内部净高度至少应为2 m。

(四)层站部分

各楼层中,电梯停靠的地点为层站部分。每一层楼,电梯最多只有一个站;但可根据需要在某些层楼不设站。

四、电梯与建筑物相关部位的构造

(一)井道、机房建筑的一般要求

1. 通向机房的通道和楼梯宽度不小于1.2 m,楼梯坡度不大于45°。

2. 机房楼板应平坦整洁,能承受6 kPa的均布荷载。

3. 井道壁多为钢筋混凝土井壁或框架填充墙井壁。当井道壁为钢筋混凝土时,应预留150 mm见方、150 mm深的孔洞,其垂直中距2 m,以便安装支架。

4. 框架(圈梁)上应预埋铁板,铁板后面的焊件与梁中钢筋焊牢。每层中间加圈梁一道，并需设置预埋铁板。

5. 电梯为两台并列时，中间可不用隔墙而按一定的间隔放置钢筋混凝土梁或型钢过梁，以便安装支架。

6. 井道的防火

井道是建筑中的垂直通道，极易引起火灾的蔓延，因此井道四周应为防火结构。井道壁一般采用现浇钢筋混凝土或框架填充墙井壁。同时当井道内超过两部电梯时，需用防火围护结构予以隔开。

7. 井道的隔振与隔声

电梯运行时产生振动和噪音。一般在机房机座下设弹性垫层隔振；在机房与井道间设高 1.5 m 左右的隔声层（见图 10－25）。

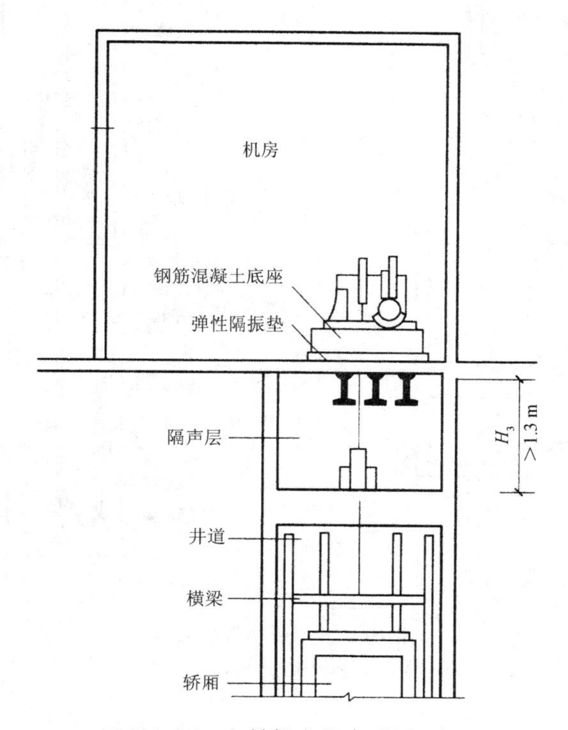

图 10－25　电梯机房隔声、隔振处理

8. 井道的通风

为使井道内空气流通，火警时能迅速排除烟和热气，应在井道肩部和中部适当位置（高层时）及地坑等处设置不小于 300 mm × 600 mm 的通风口，上部可以和排烟口结合，排烟口面积不少于井道面积的 3.5%。通风口总面积的 1/3 应经常开启。通风管道可在井道顶板上或井道壁上直接通往室外。

9. 其他

地坑应注意防水、防潮处理，坑壁应设爬梯和检修灯槽。

(二)电梯导轨支架的安装

安装导轨支架分预留孔插入式和预埋铁件焊接式(见图10-26)。

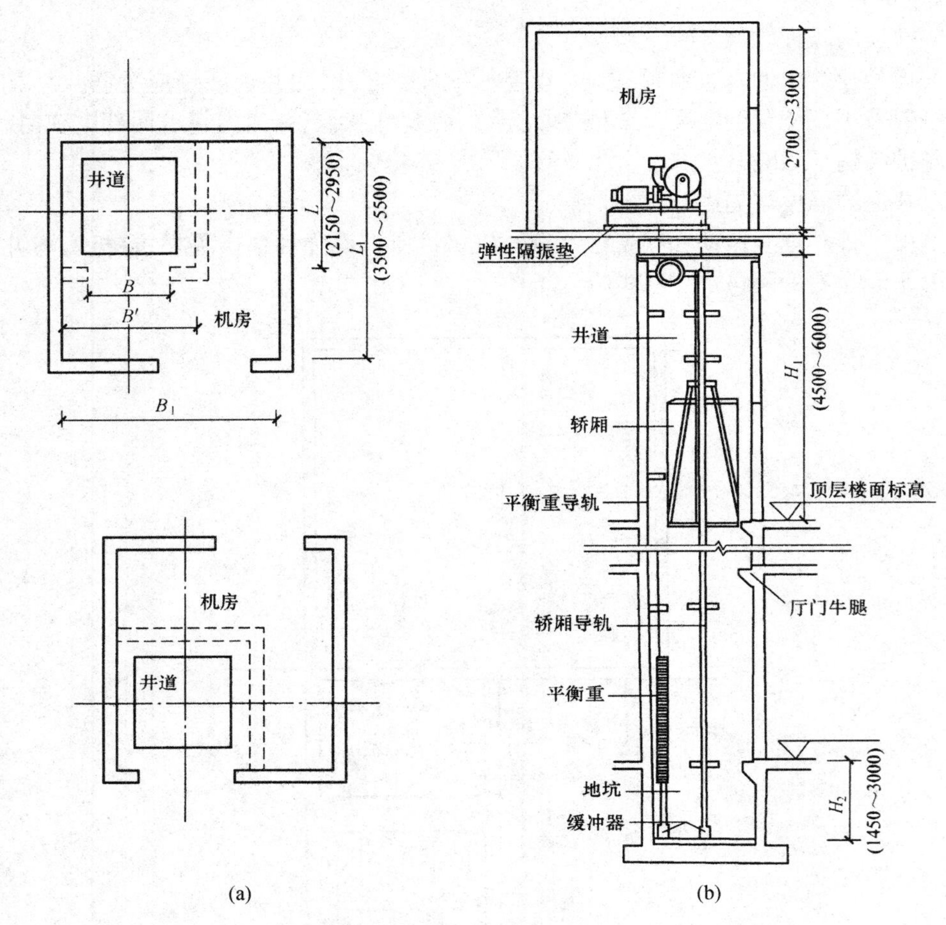

图10-26 电梯构造示意

(a)平面;(b)通过电梯门剖面(无隔声层)

(三)电梯井道细部构造

电梯井道的细部构造包括厅门的门套装修及厅门的牛腿处理、导轨撑架与井壁的固结处理等。

电梯井道可用砖砌加钢筋混凝土圈梁,但大多为钢筋混凝土结构。井道各层的出入口即为电梯间的厅门,在出入口处的地面应向井道内挑出一牛腿。

由于厅门系人流或货流频繁经过的部位,故不仅要求做到坚固适用,而且还要满足一定的美观要求。具体的措施是在厅门洞口上部和两侧装上门套。门套装修可采用多种做法,如水泥砂浆抹面,贴水磨石板、大理石板,以及硬木板或金属板贴面。除金属板为电梯厂定型产品外,其余材料均可以现场制作或预制。

厅门门套装修构造如图 10－27 所示。

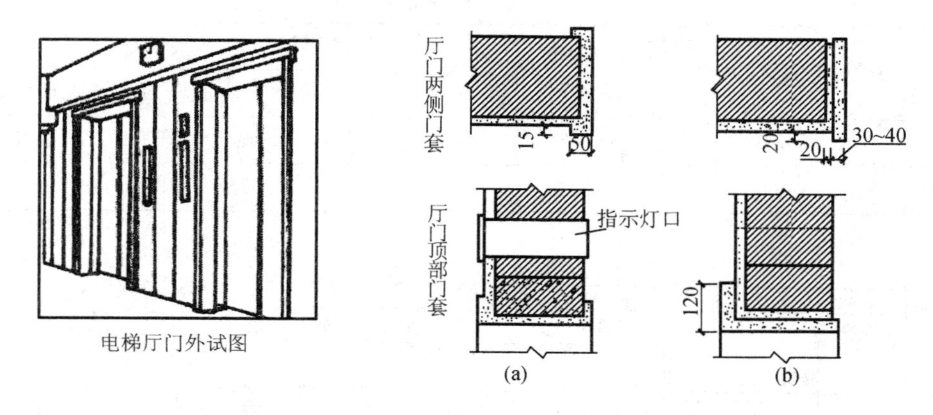

图 10－27 厅门门套装修构造

(a)水泥砂浆门套;(b)水磨石门套

厅门牛腿部位构造如图 10－28 所示。

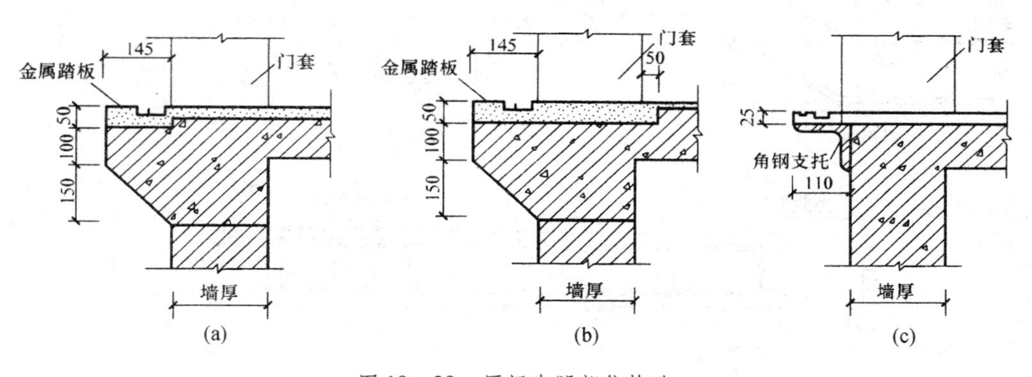

图 10－28 厅门牛腿部位构造

五、自动扶梯

自动扶梯适用于有大量人流上下的公共场所,如车站、超市、商场、地铁车站等。自动扶梯可正、逆两个方向运行,可作提升及下降使用,机器停转时可作普通楼梯使用。

自动扶梯是电动机械牵动梯段踏步连同栏杆扶手带一起运转。机房悬挂在楼板下面。

自动扶梯的运行原理是采取机电系统技术,由电动马达变速器以及安全制动器所组成的推动单元拖动两条环链,而每级踏板都与环链连接,通过轧轮的滚动,踏板便沿主构架中的轨道循环地运转,而在踏板上面的扶手带以相应速度与踏板同步运转。

自动扶梯的坡道比较平缓,一般采用30°,运行速度为 0.5 ~0.7 m/s,宽度按输送能力有单人和双人两种,基本尺寸如图 10－29 所示,型号规格见表 10－3 所示。

表 10－3　自动扶梯的型号规格

梯型	输送能力(人/小时)	提升高度 H(m)	速度(m/s)	扶梯宽度	
				净宽 B(mm)	外宽 B_1(mm)
单人梯	5 000	3～10	0.5	600	1 350
双人梯	8 000	3～8.5	0.5	1 000	1750

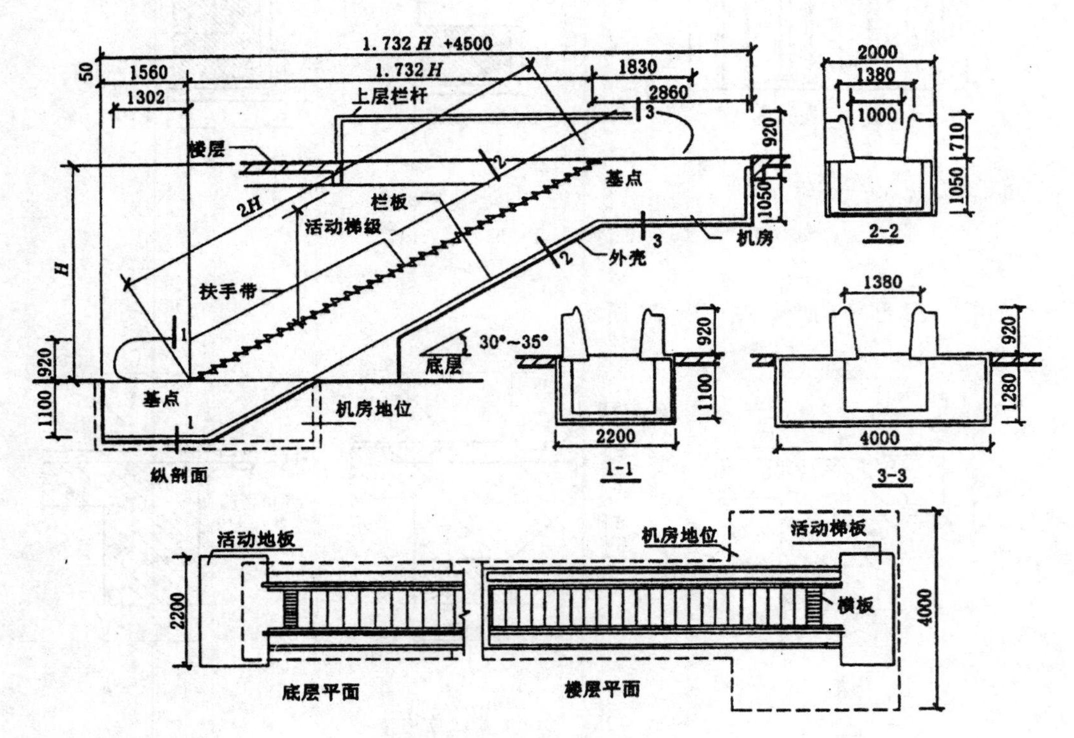

图 10－29　自动扶梯的基本尺寸

自动扶梯常见的形式有以下几种，如图 10－30 所示。

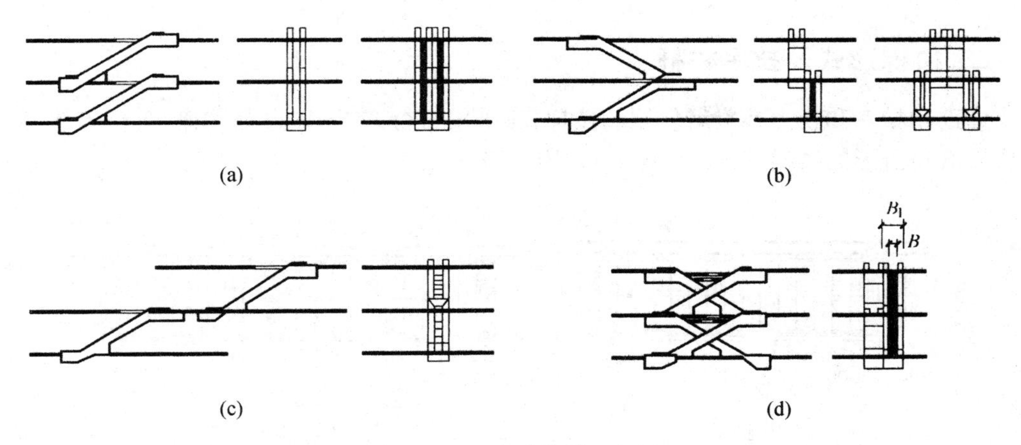

图 10－30　自动扶梯示意图

(a)平行排列式;(b) 交叉排列式;(c)连贯排列式;(d) 集中交叉式

第五节　无障碍设计简介

竖向通道无障碍的构造设计,主要是供下肢残疾的人和视力残疾的人使用。下肢残疾的人往往会借助拐杖和轮椅代步,而视力残疾的人往往会借助导盲棍来帮助行走。

一、坡道的坡度和宽度

我国对于残疾人通行的坡道的坡度标准定为不大于 1/12,每段坡道的最大高度为 750 mm,最大坡段水平长度为 9 000 mm。

室内坡道的最小宽度应不小于 900 mm,室外坡道的最小宽度应不小于 1 500 mm(见图 10－31)。

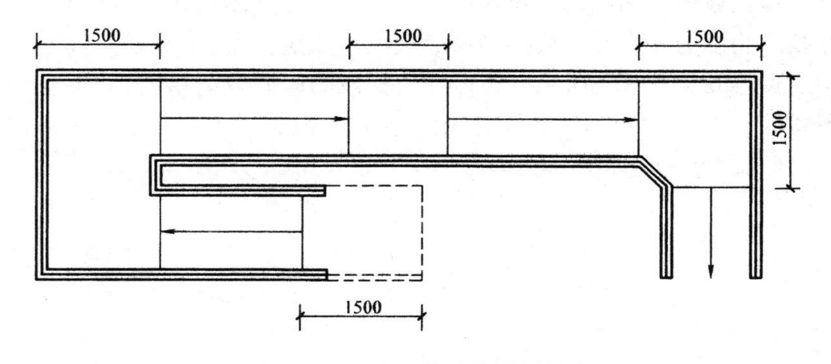

图 10－31　室外坡道的最小尺寸

二、楼梯形式及扶手栏杆

借助拐杖者和视力残疾者使用的楼梯,应采用直行式,例如直跑楼梯、对折的双跑楼梯或成直角折形的楼梯等(见图 10-32、10-33)。

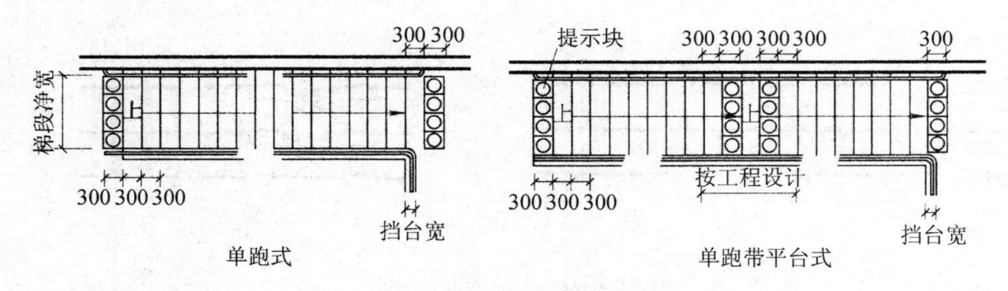

图 10-32　无障碍楼梯和台阶形式(一)

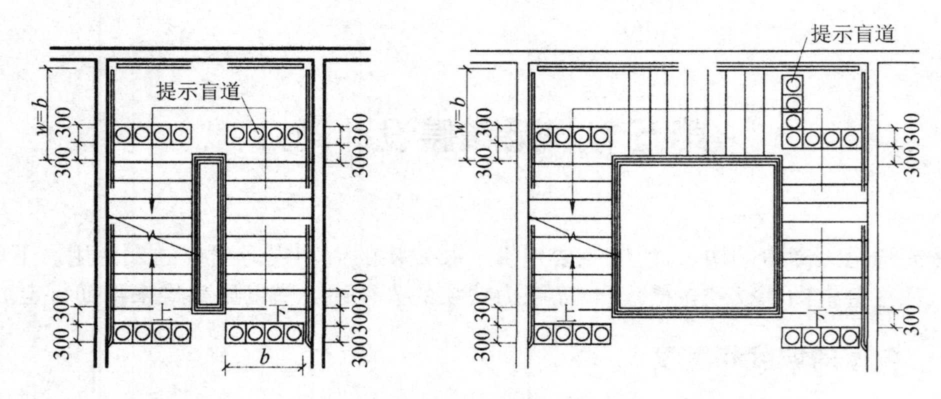

图 10-33　无障碍楼梯和台阶形式(二)

坡度宜在 35°以下,踏面高不宜大于 160 mm,梯段宽度不宜小于 1 200 mm。防滑条不得高出踏面 5 mm 以上。

在楼梯、台阶、坡道的两侧都应设扶手。扶手栏杆要坚固适用,并应有支持和控制力度。扶手安装的高度为 850 mm,公共楼梯应设上下双层扶手,下层扶手高度为 650 mm,扶手要保持连贯,如图 10-34 所示。在楼梯的梯段的起始及终结处,扶手应自梯段前缘向前伸出 300 mm 以上,两个相邻梯段的扶手应该连通,扶手末端应向下或伸向墙面。扶手的断面形式应便于抓握,如图 10-35 所示。

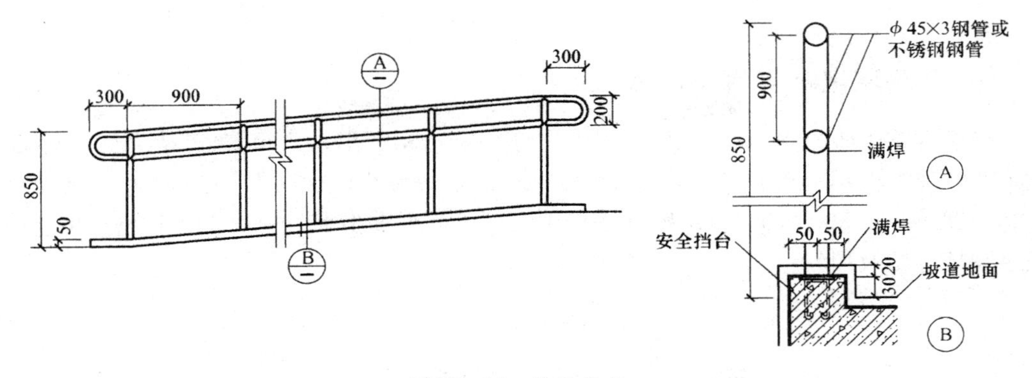

图 10－34　坡道栏杆

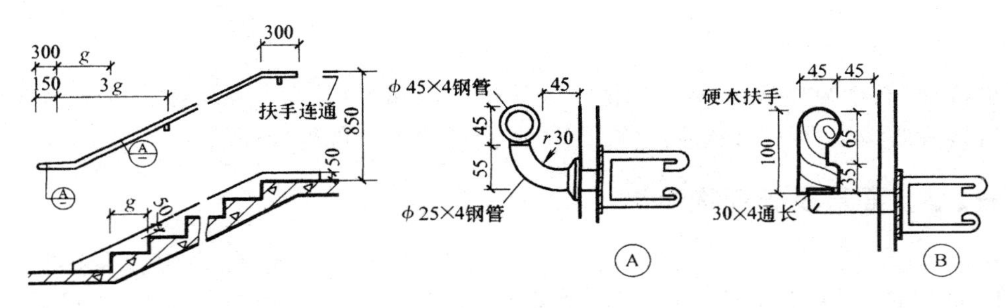

图 10－35　靠墙扶手

三、导盲块的设置

导盲块又称地面提示块，一般设置在有障碍物、需要转折和存在高差等场所，利用其表面上的特殊构造形式，向视力残疾者提供触摸信息，提示行走、停步或需改变行进方向等。图 10－33 中已经标明了导盲块在楼梯中的位置，同样在坡道上也适用。

四、构件边缘处理

凡临空构件边缘，都应该向上翻起至少 50 mm，包括楼梯梯段、坡道的临空一面和室内外平台的临空边缘等（见图 10－36）。这样可以防止拐杖和导盲棍等工具向外滑出，对轮椅也是一种制约。

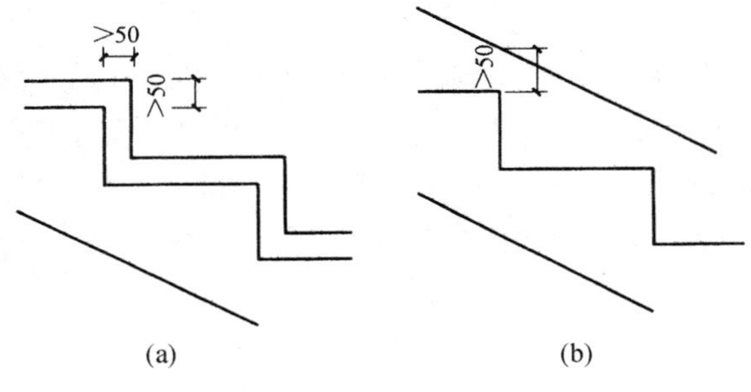

图 10－36　临空构件边缘处理
（a）立缘；（b）踢脚板

五、无障碍电梯与自动扶梯

考虑残疾人乘坐电梯的方便，在设计中应将电梯靠近出入口布置，并应有明显标志。候梯厅的面积应不小于 1 500 mm × 1 500 mm，轿厢的最小面积为 1 400 mm × 1 100 mm，电梯门宽不小于 800 mm。自动扶梯的扶手端部应留有不小于 1 500 mm × 1 500 mm 的空间供轮椅停留及回转。

第六节　楼梯的细部构造

楼梯细部处理的好坏直接影响楼梯的使用安全和美观，为了保证楼梯的使用效果，应当对楼梯的踏步、栏杆和扶手等重点部位进行恰当的细部构造处理。

一、踏步面层及细部构造

楼梯踏步的踏面应光洁、耐磨、防滑、易于清扫，同时要求美观。踏步面层的材料常与门厅或走道的楼地面面层材料一致，常采用水泥砂浆面层、水磨石面层等，亦可采用铺缸砖、贴油地毡或铺大理石板。前两种多用于一般工业与民用建筑中，后几种多用于有特殊要求或较高级的公共建筑中（见图 10 − 37）。

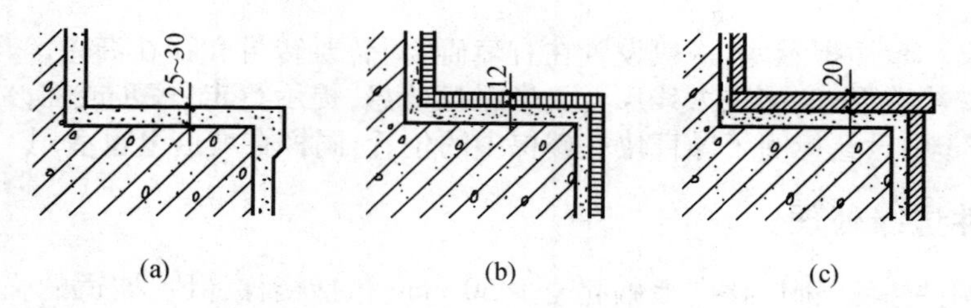

图 10 − 37　踏面面层的类型

（a）水磨石面层；（b）缸砖面层；（c）花岗石、大理石或人造石面层

为防止行人在上下楼梯时滑跌，特别是水磨石面层以及其他表面光滑的面层，常在踏步近踏口处，用不同于面层的材料做出略高于踏面的防滑条；或用带有槽口的陶土块或金属板包住踏口。如果面层系采用水泥砂浆抹面，由于表面粗糙，可不做防滑条。常用的防滑条材料有：水泥铁屑、金刚砂、金属条（铸铁、铝条、铜条）、马赛克及带防滑条缸砖等（见图 10 − 38）。

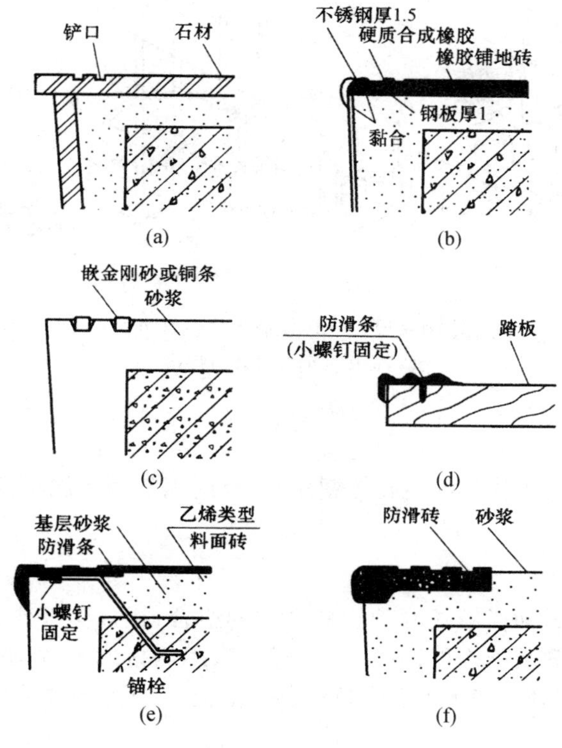

图 10－38　楼梯踏步防滑处理

(a)石材铲口;(b) 粘复合材料防滑条;(c) 嵌金刚砂或铜条

(d)钉金属防滑条;(e) 锚固金属防滑条;(f) 防滑面砖

二、栏杆、栏板及扶手

(一)栏杆

栏杆多采用方钢、圆钢、钢管或扁钢等材料,并可焊接或铆接成各种图案,既起防护作用,又起装饰作用。

栏杆与踏步的连接方式有锚接、焊接和栓接三种。

锚接是在踏步上预留孔洞,然后将钢条插入孔内,预留孔一般为 50 mm × 50 mm,插入洞内至少 80 mm,洞内浇注水泥砂浆或细石混凝土嵌固。焊接则是在浇注楼梯踏步时,在需要设置栏杆的部位,沿踏面预埋钢板或在踏步内埋套管,然后将钢条焊接在预埋钢板或套管上。栓接系指利用螺栓将栏杆固定在踏步上,方式可有多种(见图 10－39)。

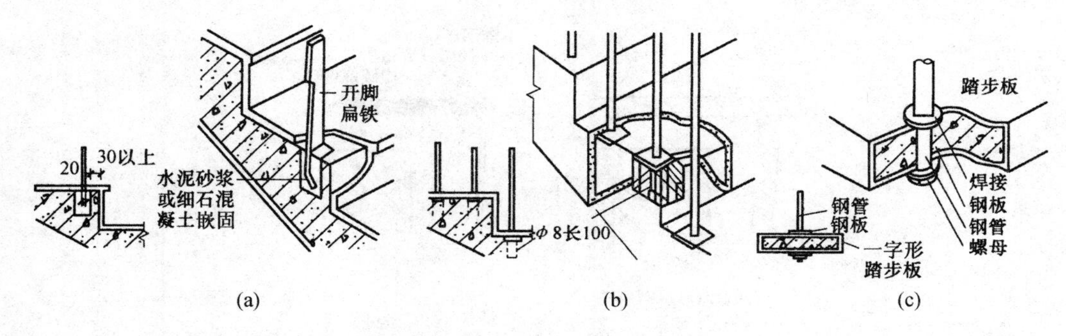

图 10－39　栏杆与踏步的连接方式
(a)锚接;(b)焊接;(c)栓接

(二)栏板

栏板多用钢筋混凝土或加筋砖砌体制作,也有用钢丝网水泥板的。钢筋混凝土栏板有预制和现浇两种。

(三)混合式

混合式是指空花式和栏板式两种栏杆形式的组合,栏杆竖杆作为主要抗侧力构件,栏板则作为防护和美观装饰构件,其栏杆竖杆常采用钢材或不锈钢等材料,其栏板部分常采用轻质美观材料制作,如木板、塑料贴面板、铝板、有机玻璃板和钢化玻璃板等(见图 10－40)。

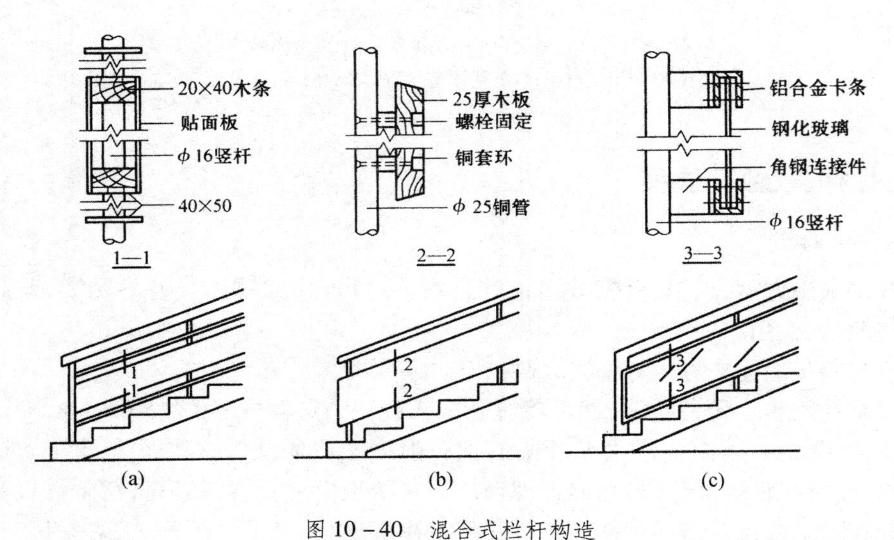

图 10－40　混合式栏杆构造

(四)扶手

楼梯扶手按材料分有木扶手、金属扶手、塑料扶手等,以构造分有漏空栏杆扶手、栏板扶手和靠墙扶手等。

木扶手、塑料扶手藉木螺丝通过扁铁与漏空栏杆连接;金属扶手则通过焊接或螺钉连接；靠墙扶手则由预埋铁脚的扁钢藉木螺丝来固定。栏板上的扶手多采用抹水泥砂浆或水磨石粉面的处理方式（见图 10－41）。

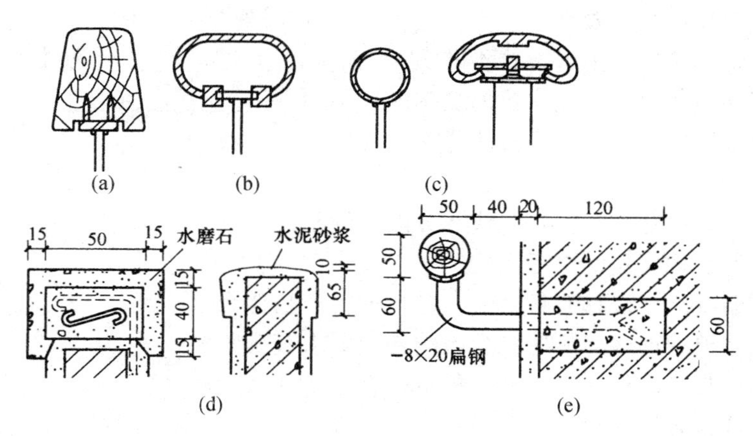

图 10－41　栏杆及栏板的扶手构造

（a）木扶手；（b）塑料扶手；（c）金属扶手；（d）栏板扶手；（e）靠墙扶手

三、楼梯的基础

楼梯的基础简称为梯基。梯基的做法有两种：一是楼梯直接设砖、石或混凝土基础；另一种是楼梯支承在钢筋混凝土地基梁上（见图 10－42）。

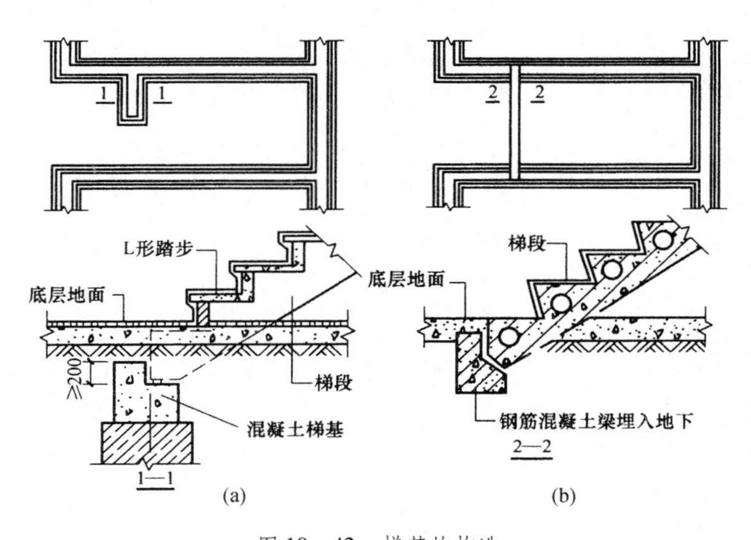

图 10－42　梯基的构造

思考题

一、填空题

1. 楼梯主要由________、________和________三部分组成。

2. 每个梯段的踏步数量一般不应超过________级，也不应少于________级。
3. 楼梯平台按位置不同分________平台和________平台。
4. 楼梯的净高在平台处不应小于________，在梯段处不应小于________。
5. 钢筋混凝土楼梯按施工方式不同，主要有________和________两类。
6. 现浇钢筋混凝土楼梯按梯段的结构形式不同，有________和________两种。
7. 楼梯踏步表面的防滑处理做法通常是在________做________。

二、简答题

1. 楼梯由哪几部分组成？各组成部分的作用是什么？
2. 楼梯有哪几种常见的平面形式？
3. 现浇钢筋混凝土楼梯有哪几种？各自的特点是什么？
4. 台阶与坡道的形式有哪些？台阶的构造要求有哪些？
5. 自动扶梯常见的形式有几种？各自的特点是什么？
6. 无障碍坡道有何要求？

第十一章　变形缝

第一节　变形缝的种类和作用

一、变形缝作用

建筑物在外界因素作用下常会产生变形，导致开裂甚至破坏。如果这种变形的处理措施不当，就会引起建筑物的裂缝，影响建筑物的正常使用和耐久性，造成建筑物的破坏和倒塌。

解决的办法有两种：一是加强建筑物的整体性，使建筑物本身具有足够的强度和刚度来抵抗由以上因素引起的应力和变形；二是预先在建筑物变形敏感的部位设置变形逢，使其具有足够的变形宽度来防止裂缝的产生。

变形缝是针对这种情况而预留的构造缝，它是将建筑物用垂直的缝分为几个单独部分，使各部分能独立变形，以保证各部分建筑物在这些缝隙中有足够的变形宽度而不造成建筑物的破损。这种将建筑物垂直分割开来的预留缝称为变形缝。

二、变形缝的类型

变形缝的类型：按变形缝的功能作用可分为以下三种。

（一）伸缩缝

为防止建筑构件因温度变化（或称热胀冷缩）产生裂缝或造成破坏而设置的变形缝称为伸缩缝，或叫温度缝。

（二）沉降缝

为防止建筑物各部分由于地基不均匀沉降产生裂缝或造成破坏而设置的变形缝称为沉降缝。

（三）防震缝

为防止建筑物各部分因地震产生裂缝或造成破坏而设置的变形缝称为防震缝。

第二节　变形缝的设置

一、伸缩缝的设置

建筑构件因温度和湿度等因素的变化会产生胀缩变形，当建筑物长度超过一定限度时，会因热胀冷缩变形较大而产生开裂，长度越大变形越大。变形受到约束，就会在房屋的某些构件中产生应力，从而导致破坏。为此，通常在建筑物适当的部位设置伸缩缝，自基础以上将房屋的墙体、楼板层、屋顶等构件断开，将建筑物沿垂直方向分离成几个独立的部分。

由于基础部分埋于土中，受温度变化的影响相对较小，故伸缩缝是将基础以上的房屋构件全部分开，以保证伸缩缝两侧的房屋构件能在水平方向自由伸缩。缝宽一般为20 ~ 40 mm，或按照有关规范由单项工程设计确定。伸缩缝的最大间距与房屋的结构类型、房屋或楼盖的类别以及使用环境等因素有关，砌体结构与钢筋混凝土结构伸缩缝的最大间距的设置根据《砌体结构设计规范》（GB 50003—2001，如表 11 - 1 所示），及《混凝土结构设计规范》（GB 50010—2002，如表 11 - 2 所示）。

表 11 - 1　砌体结构伸缩缝的最大间距　　（m）

屋盖或楼盖类别		间距
整体式或装配整体式钢筋混凝土结构	有保温层或隔热层的屋盖、楼盖	50
	无保温层或隔热层的屋盖	40
装配式无檩体系钢筋混凝土结构	有保温层或隔热层的屋盖、楼盖	60
	无保温层或隔热层的屋盖	50
装配式有檩体系钢筋混凝土结构	有保温层或隔热层的屋盖	75
	无保温层或隔热层的屋盖	60
瓦材屋盖、木屋盖或楼盖、轻钢屋盖		100

表 11 - 2　钢筋混凝土结构伸缩缝的最大间距　　（m）

结构类别		室内或土中	露天
排架结构	装配式	100	70
框架结构	装配式	75	50
	现浇式	55	35

续表

结构类别		室内或土中	露天
剪力墙结构	装配式	65	40
	现浇式	45	30
挡土墙、地下室墙壁等类结构	装配式	40	30
	现浇式	30	20

二、沉降缝的设置

当同一建筑物由于地质条件不同、各部分的高差和荷载差别较大以及结构形式不同时，建筑物会因地基压缩性差异较大发生不均匀沉降，从而导致其产生裂缝。为了防止此裂缝的发生，需要设置沉降缝将建筑物沿垂直方向分为若干部分，使其每一部分的沉降比较均匀，避免在结构中产生额外的应力。

由于沉降缝是为了防止地基不均匀沉降设置的变形缝，故应从基础断开。沉降缝一般在下列部位设置：

1. 过长建筑物的适当部位；

2. 当建筑物建造在不同的地基土壤上，并且难以保证均匀沉降时；

3. 当同一房屋相邻各部分高度相差在两层以上或部分高差超过 10 m 以上时；

4. 当同一建筑物各部分相邻基础的结构体系、宽度和埋置深度相差悬殊，造成基础底部压力有较大差异，易形成不均匀沉降时；

5. 建筑物的基础类型不同，以及分期建造房屋的毗连处；

6. 当建筑物平面形状复杂、高度变化较多时，将房屋平面划分成几个简单的体型，在各部分之间设置沉降缝。

沉降缝的宽度随地基情况和房屋高度的不同而定，或根据有关规范由单项设计确定，其宽度详见表 11－3。

表 11－3　沉降缝的宽度

地基性质	房屋高度(m)	沉降缝宽度(mm)
一般地基	$H<5$	30
	$H=5\sim10$	50
	$H=10\sim15$	70
软弱地基	2～3 层	50～80
	4～5 层	80～120
	6 层及 6 层以上	>120
湿陷性黄土地基	—	30～70

三、防震缝的设置

建筑物在地震力作用下,会产生上下、左右、前后多方向的振动,从而导致建筑物发生裂缝。为了防止此裂缝的发生,建筑物应在垂直方向设置防震缝,将大型建筑物分隔为较小的部分,形成相对独立的防震单元,避免因地震造成建筑物整体震动不协调,而产生破坏。

在地震设防烈度为6度以下的地区地震时,对建筑物的影响轻微,可不进行抗震设防;在地震设防烈度为7~9度的地区,当建筑物体型复杂或各部分的结构刚度、高度、重量相差较大时,应在变形敏感部位设置防震缝,将建筑物分成若干个体型简单、结构刚度较均匀的独立单元,以防震害。建筑物的防震和抗震通常可从设置防震缝和对建筑物进行抗震加固两方面考虑。

在地震设防烈度为7~9度的地区,有下列情况之一时应设置防震缝:

1. 建筑物平面体型复杂,凹角长度过大或突出部分较多,应用防震缝将其分开,使其形成几个简单规整的独立单元;
2. 相邻建筑物立面高差在6 m以上,在高差变化处应设缝;
3. 建筑物毗连部分的结构刚度或荷载相差悬殊的应设缝;
4. 建筑物有错层,且楼板错开距离较大,须在变化处设缝。

防震缝的最小宽度与地震设防烈度、房屋的高度有关,详见表11-4所示。

表11-4　防震缝的宽度

房屋高度 H(m)	设计烈度	防震缝宽度(mm)
$H \leqslant 15$	7	70
	8	70
	9	70
$H > 15$	7	高度每增加4 m缝宽增加20 mm
	8	高度每增加3 m缝宽增加20 mm
	9	高度每增加2 m缝宽增加20 mm

防震缝应沿建筑物全高设置,缝的两侧应布置双墙或双柱,或一墙一柱,使各部分结构都有较好的刚度。

防震缝应与伸缩缝、沉降缝协调布置,要求相邻的房屋上部结构完全断开,并留有足够的缝隙,以保证在水平方向地震波的影响下,房屋相邻部分不致因碰撞而造成破坏。一般情况下,防震缝基础可不断开,但与沉降缝合并设置时,基础应断开。

第三节　变形缝的构造

一、伸缩缝的构造

伸缩缝要求建筑物的墙体、楼地面、屋顶等地面以上的构件全部断开，以保证伸缩缝两侧的建筑构件在水平方向自由伸缩，伸缩缝的缝宽一般在 20～40 mm。但从建筑物功能要求和整体美观的角度需对这些缝隙进行构造处理。

墙体伸缩缝构造：墙体在伸缩缝处断开，为了避免风、雨对室内的影响和避免缝隙过多传热，墙体伸缩缝一般做成平缝、错口缝、企口缝，如图 11－1 所示，主要视墙体材料、厚度及施工条件而定。平缝构造简单，但不利于保温隔热，适用于厚度不超过 240 mm 的墙体；当墙体厚度较大时应采用错口缝或企口缝。

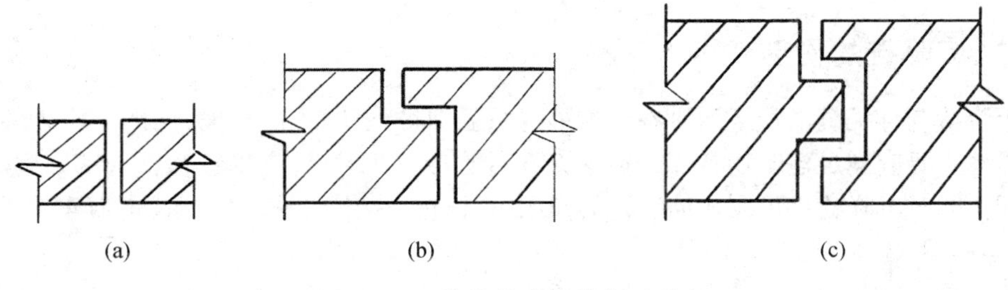

图 11－1　墙体伸缩缝的截面形式

(a)平缝；(b)错口缝；(c)企口缝

为防止外界自然条件(如雨、雪等)通过伸缩缝对墙体及室内环境的侵袭，需对伸缩缝进行构造处理，以达到防水、保温、防风等要求。外墙缝内填塞可以防水、防腐蚀的弹性材料(如沥青麻丝、沥青木丝板、泡沫塑料条、橡胶条、油膏等)与金属调节片。外墙封口可用镀锌铁皮、铝皮做盖缝处理，内墙可用具有一定装饰效果的金属板、塑料板或木盖缝板作为盖缝。在盖缝处理时，应注意缝与所在墙面相协调。所有填缝及盖缝材料和构造应保证结构在水平方向自由伸缩而不破坏，如图 11－2 所示。

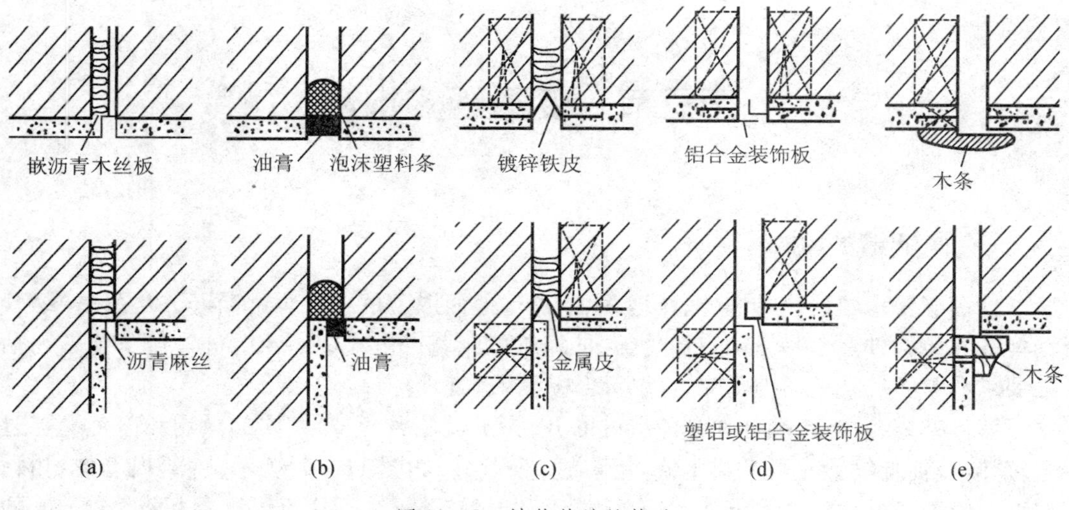

图 11－2 墙体伸缩缝构造

（a）、（b）、（c）外墙伸缩缝；（d）、（e）内墙伸缩缝

二、沉降缝的构造

沉降缝与伸缩缝的最大区别在于伸缩缝只需保证建筑物在水平方向的自由伸缩变形，而沉降缝主要应满足建筑物各部分在垂直方向的自由变形，故应将建筑物从基础到屋顶全部断开。同时沉降缝也可兼顾伸缩缝的作用，在构造上应满足伸缩与沉降的双重要求。

（一）墙体沉降缝构造

墙体沉降缝的盖缝处应满足水平伸缩和垂直变形的要求，同时，也要满足抵御外界影响以及美观的要求。墙体沉降缝构造如图 11－3 所示。

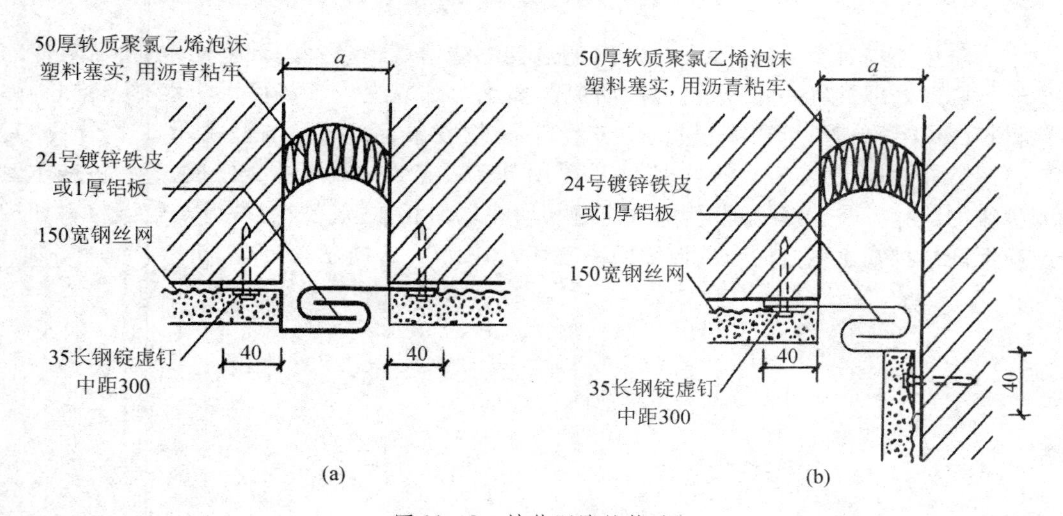

图 11－3 墙体沉降缝构造

（a）外墙平缝；（b）外墙转角处

(二)基础沉降缝构造

建筑物基础沉降缝应使建筑物从基础底面到屋顶全部断开,此时基础在构造上有三种处理方法。

1. 双墙式处理方法

当两墙之间有较大的距离时,将基础平行设置,沉降缝两侧的墙体均位于基础的中心,如图 11－4(a)所示。若两墙间距小,基础则受偏心荷载,适用于荷载较小的建筑,如图11－4(b)所示。

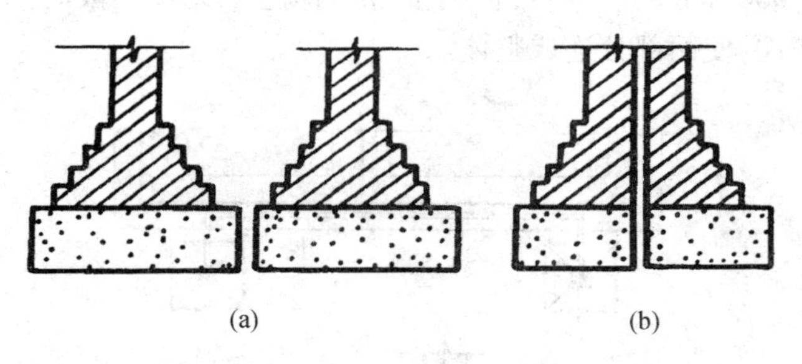

图 11－4　基础沉降缝处双墙式处理

(a)两墙间距较大时;(b)两墙间距较小时

2. 交叉式处理方法

将沉降缝两侧的基础交叉设置,在各自的基础上支承基础梁,墙砌筑在梁上,此法适用于荷载较大,沉降缝两侧的墙体间距较小的建筑,如图 11－5 所示。

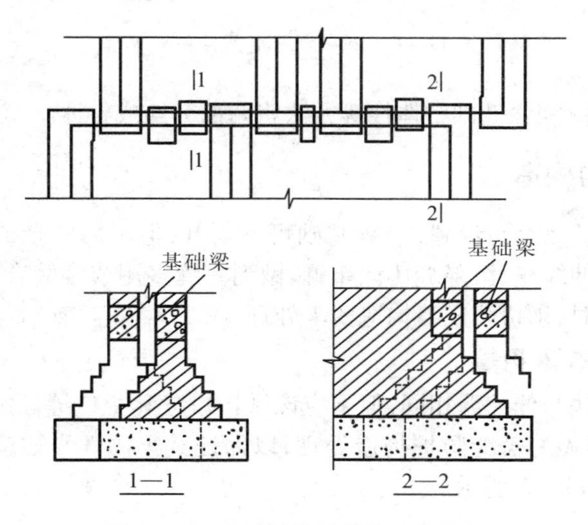

图 11－5　基础沉降缝处交叉式处理

3. 悬挑式处理方法

将沉降缝一侧的基础按一般设计，而另一侧采用挑梁支承基础梁，在基础梁上砌墙，墙体材料尽量采用轻质材料，如图 11－6 所示。

虽然设置沉降缝是解决建筑物由于变形引起破坏的好办法，但设缝也带来了很多麻烦，如必须做盖缝处理，易发生侵蚀、渗漏，影响美观等，因此应尽量避免，如在房屋的高层与低层之间，可采取以下一些措施将两部分连成整体而不必设置沉降缝。

（1）裙房等低层部分不设基础，由高层伸出的悬臂梁来支撑，以求得同步沉降。

（2）采用后浇带：近年来，许多建筑用后浇带代替沉降缝。其做法是：在高层和裙房之间留出 800～1 000 mm 的后浇带，待两部分主体施工完成一段时间，沉降均基本稳定后，再将后浇带浇注，使两部分连成整体。

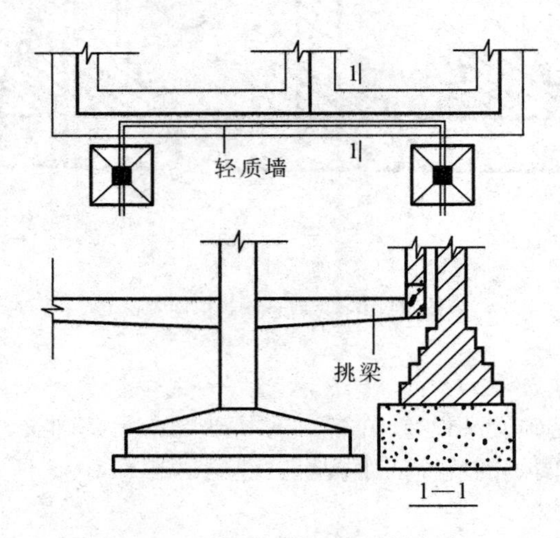

图 11－6　基础沉降缝处悬挑式处理

（3）可采用桩基、加强基础整体性等方法将两部分连成整体。

三、防震缝的构造

防震缝应沿建筑物全高设置，一般基础可不断开，但平面复杂或结构需要时也可断开。防震缝一般与伸缩缝、沉降缝协调布置，做到一缝多用或多缝合一，但当地震区需设置伸缩缝和沉降缝时，须按防震缝构造要求处理。

（一）防震缝墙体构造

防震缝盖缝做法与伸缩缝相同，但不应该做错口缝和企口缝。由于防震缝的宽度比较大，构造上应注意做好盖缝防护构造处理，以保证其牢固性和适应变形的需要。防震缝的墙体构造如图 11－7 所示。

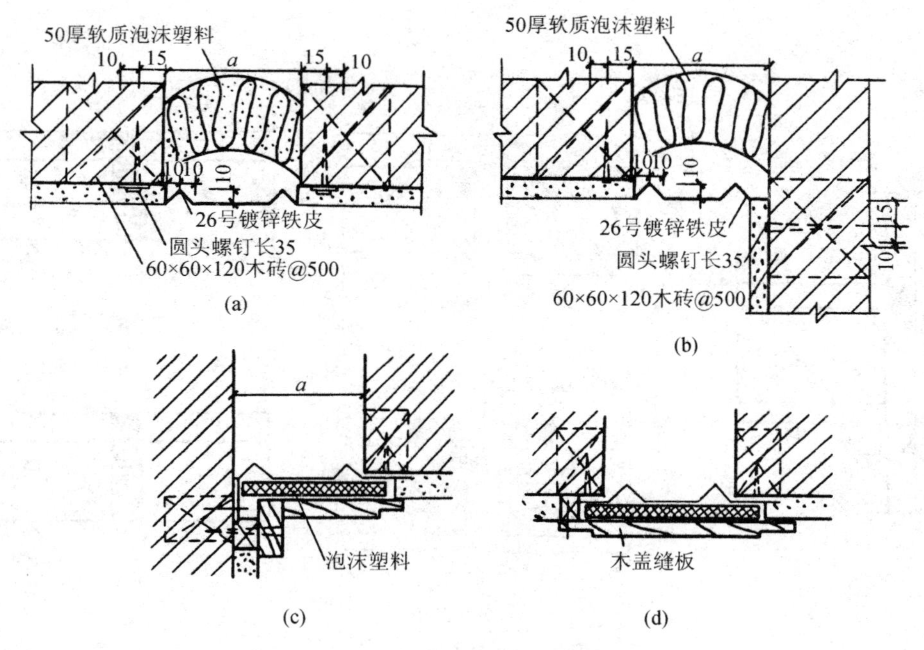

图 11－7　防震缝墙体构造

(a)外墙平缝处;(b)外墙转角处;(c)内墙转角处;(d)内墙平缝处

(二)楼地面和屋面变形缝的构造

伸缩缝、沉降缝、防震缝三缝在楼地面和屋面的构造处理是一样的,因此统称为楼地面和屋面变形缝构造。

1. 楼地面变形缝的设置与墙体变形缝的设置一致,应贯通楼板层和地坪层。对于采用沥青类材料的整体楼地面和铺在砂、沥青胶体结合层上的板块楼地面,可只在楼板层、顶棚层或混凝土垫层设置变形缝。

变形缝内一般采用有弹性的松软材料,如沥青玛蹄脂、沥青麻丝、金属调节片等,上铺活动盖板或橡皮条等,以防灰尘、杂物下落,地面面层也可用沥青胶嵌缝。顶棚处应用木板、金属调节片等做盖缝处理,盖缝板应保证缝两侧结构构件能自由变形,其构造做法如图 11－8 所示。

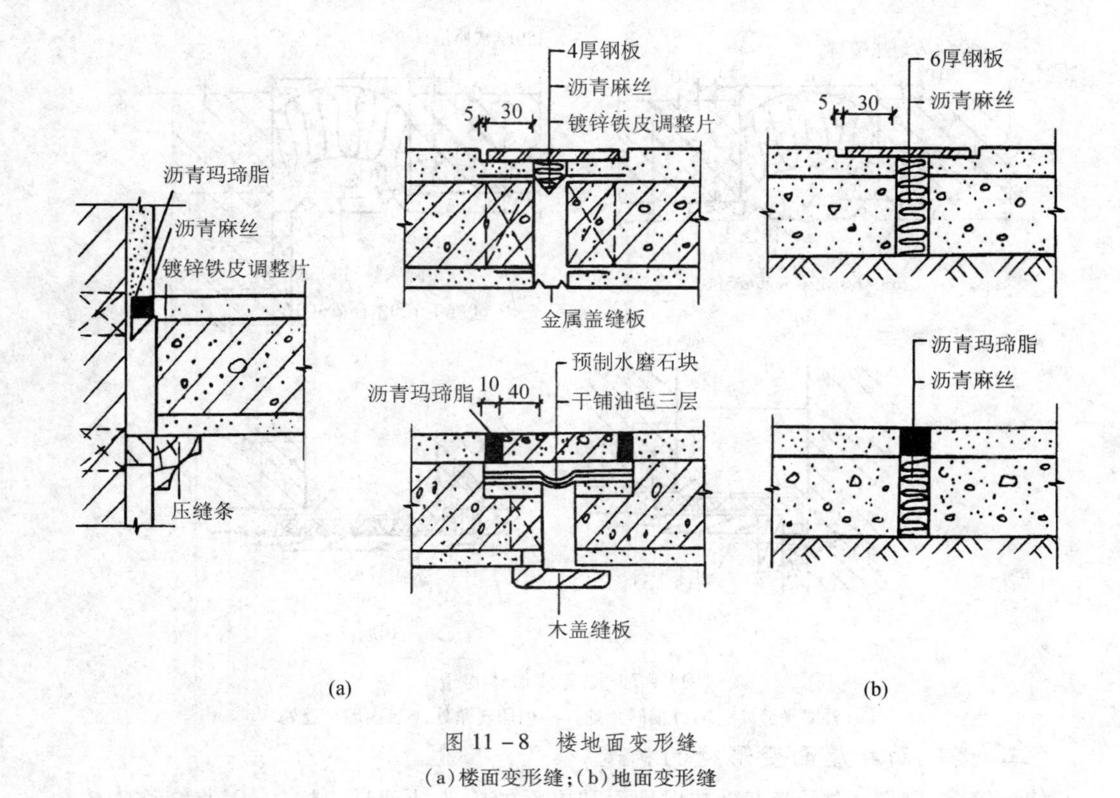

图 11－8　楼地面变形缝

(a)楼面变形缝;(b)地面变形缝

2. 屋顶变形缝破坏了屋面防水层的整体性,留下了雨水渗漏的隐患,所以必须加强屋顶变形缝处的处理。屋顶在变形缝处的构造分为等高屋面变形缝和不等高屋面变形缝两种。

(1)等高屋面变形缝

等高屋面变形缝的构造分为上人屋面变形缝和不上人屋面变形缝。

①上人屋面变形缝

屋面上需考虑人活动的方便,变形缝处在保证不渗漏、满足变形需求时,应保证平整,以利于行走,如图 11－9(a)所示。

②不上人屋面变形缝

屋面上不考虑人的活动,从有利于防水考虑,变形缝的两侧应避免因积水而导致渗漏。一般构造为:在缝两侧的屋面板上砌筑半砖矮墙,高度应高出屋面至少 250 mm,屋面与矮墙之间按泛水处理,矮墙的顶部用镀锌铁皮或混凝土压顶进行盖缝,如图 11－9(b)所示。

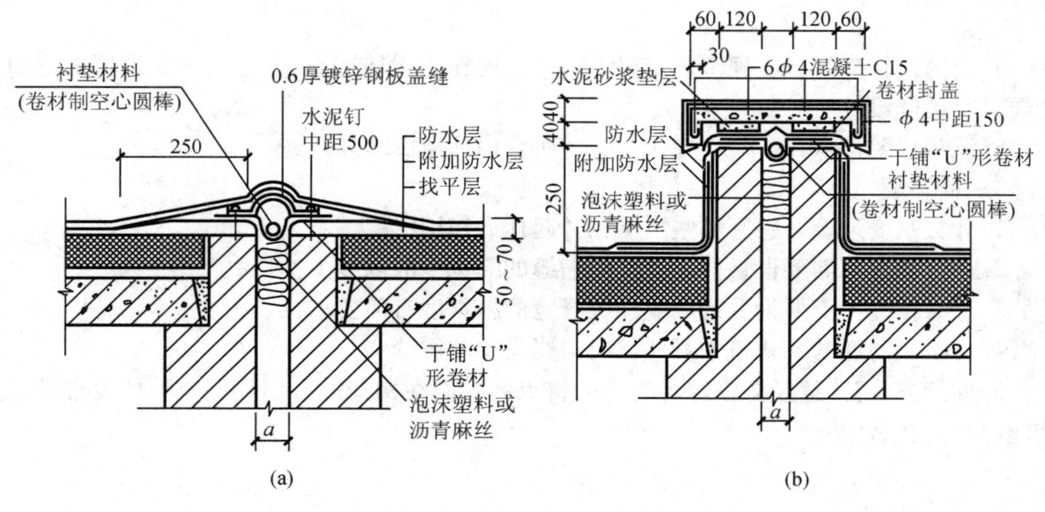

图 11－9　等高屋面变形缝

（2）不等高屋面变形缝

不等高屋面变形缝，应在低侧屋面板上砌筑半砖矮墙，与高侧墙体之间留出变形缝。矮墙与低侧屋面之间做好泛水，变形缝上部用由高侧墙体挑出的钢筋混凝土板或在高侧墙体上固定镀锌钢板进行盖缝，如图 11－10 所示。

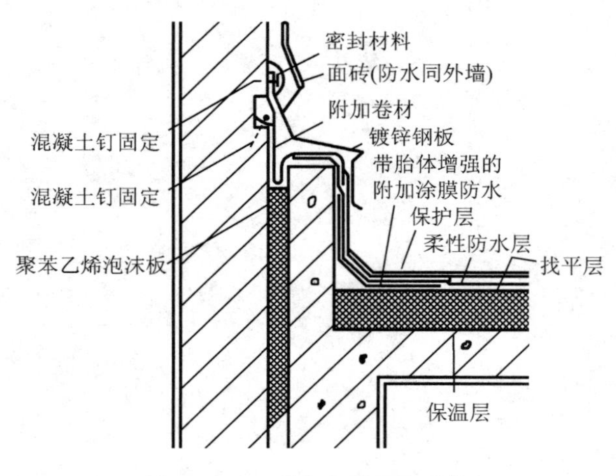

图 11－10　不等高屋面变形缝

思考题

一、填空题

1. 变形缝包括________、________和________。

2. 伸缩缝要求将建筑物从________分开；当既设伸缩缝又设防震缝时，缝宽按________处理。

3. 伸缩缝的缝宽一般为________；沉降缝的缝宽为________；防震缝的缝宽一般取

________。

4. 我国现行建筑抗震规范规定以________度作为设防起点，________度地区的建筑物要进行抗震设计。

5. 沉降缝要求从________到________所有构件需设缝分开。

二、简答题

1. 什么是变形缝？它有哪些类型？各起什么作用？

2. 什么情况下需要设置伸缩缝？伸缩缝的缝宽一般取多少？

3. 什么情况下需要设置沉降缝？沉降缝的缝宽度有何要求？

4. 什么是防震缝？建筑中哪些情况需要设置防震缝？

5. 伸缩缝、沉降缝及防震缝各有什么特点？它们在构造上有何异同？哪些变形缝之间能够相互代替？

第十二章　建筑防火构造措施

第一节　建筑防火的基本知识

建筑防火设计的目的就是要防止火灾的发生和建筑物一旦发生火灾后能有效地控制火势蔓延,争取灭火和逃生的时间,减少火灾所造成的损失。建筑防火设计必须遵循国家的有关方针政策,从全局出发,统筹兼顾,正确处理生产和安全、重点和一般的关系,积极采用行之有效的先进防火技术,做到促进生产、保障安全、方便使用、经济合理。

我国《建筑设计防火规范》和《高层民用建筑设计防火规范》对各种建筑物的防火设计都做了明确的规定。

一、建筑物的耐火等级

划分建筑物耐火等级是建筑设计防火规范中规定的防火技术措施中最基本的措施。它要求建筑物在火灾高温的持续作用下,墙、柱、梁、楼板、屋盖、吊顶等基本建筑构件能在一定时间内不破坏,不传播火灾,从而起到延缓和阻止火灾蔓延的作用,并为人员疏散、抢救物资和扑灭火灾及为火灾后的结构修复创造条件。建筑物的耐火等级取决于房屋的主要构件的燃烧性能和耐火极限。

(一)建筑构件的燃烧性能

建筑构件的燃烧性能反映了建筑构件遇火烧或高温作用时的燃烧特点,它由制成建筑构件的材料的燃烧性能而定。不同燃烧性能的建筑材料制成的建筑构件可分为三类。

1. 不燃烧体

不燃烧体是用不燃材料做成的建筑构件。不燃烧材料系在空气中受到火烧或高温作用时不起火、不微燃、不炭化的材料,如建筑中采用的金属材料和天然或人工的无机矿物材料。

2. 难燃烧体

难燃烧体是用难燃材料做成的建筑构件或用可燃材料做成而用不燃材料做保护层的建筑构件。难燃烧材料系在空气中受到火烧或高温作用时难起火、难微燃、难炭化,当火源移走后燃烧或微燃立即停止的材料,如沥青混凝土、经过防火处理的木材、用有机物填充的混凝土和水泥刨花板等。

3. 燃烧体

燃烧体是用可燃材料做成的建筑构件。燃烧材料系在空气中受到火烧或高温作用时立即起火或微燃，且火源移走后仍继续燃烧或微燃的材料，如木材等。

（二）建筑构件的耐火极限

建筑构件的耐火极限是指在标准耐火试验条件下，建筑构件、配件或结构从受到火的作用时起，到失去稳定性、完整性或隔热性时止的这段时间，用小时表示。

建筑构件的耐火极限是划分建筑耐火等级的基础数据，也是进行建筑物构造防火设计和火灾后制定建筑物修复方案的科学依据。

常用的建筑构件的燃烧性能和耐火极限见表 12－1 所示。

表 12－1　常用的建筑构件的燃烧性能和耐火极限

序号	构件名称	结构厚度或截面最小尺寸（mm）	耐火极限（h）	燃烧性能
一	承重墙			
1	普通黏土砖、硅酸盐砖，混凝土、钢筋混凝土实体墙	120 180 240 370	2.50 3.50 5.50 10.50	不燃烧体 不燃烧体 不燃烧体 不燃烧体
2	加气混凝土砌块墙	100	2.00	不燃烧体
3	轻质混凝土砌块、天然石料的墙	120 240 370	1.50 3.50 5.50	不燃烧体 不燃烧体 不燃烧体
二	非承重墙			
1	普通黏土砖墙 （1）不包括双面抹灰 （2）不包括双面抹灰 （3）包括双面抹灰 （4）包括双面抹灰	60 120 180 240	1.50 3.00 5.00 8.00	不燃烧体 不燃烧体 不燃烧体 不燃烧体
2	黏土空心砖墙 （1）七孔砖墙（不包括墙中空 120 mm） （2）双面抹灰七孔黏土砖墙（不包括墙中空 120 mm）	120 140	8.00 9.00	不燃烧体 不燃烧体
3	粉煤灰硅酸盐砌块墙	200	4.00	不燃烧体

续表

序号	构件名称	结构厚度或截面最小尺寸(mm)	耐火极限(h)	燃烧性能
4	轻质混凝土墙			
	(1)加气混凝土砌块墙	75	2.50	不燃烧体
	(2)钢筋加气混凝土垂直墙板墙	150	3.00	不燃烧体
	(3)粉煤灰加气混凝土砌块墙	100	3.40	不燃烧体
	(4)加气混凝土砌块墙	100	6.00	不燃烧体
		200	8.00	不燃烧体
	(5)充气混凝土砌块墙	150	7.50	不燃烧体
5	木龙骨两面钉下列材料的隔墙			
	(1)钢丝网(板)抹灰	—	0.85	难燃烧体
	(2)石膏板	—	0.30	难燃烧体
	(3)板条抹灰	—	0.85	难燃烧体
	(4)水泥刨花板	—	0.30	难燃烧体
	(5)板条抹隔热灰浆	—	1.25	难燃烧体
	(6)苇箔抹灰	—	0.85	难燃烧体
三	柱			
1	钢筋混凝土柱	180×240	1.20	不燃烧体
		200×200	1.40	不燃烧体
		240×240	2.00	不燃烧体
		300×300	3.00	不燃烧体
		200×400	2.70	不燃烧体
		200×500	3.00	不燃烧体
		300×500	3.50	不燃烧体
		370×370	5.00	不燃烧体
2	普通黏土砖柱	370×370	5.00	不燃烧体
3	钢筋混凝土圆柱	直径300	3.00	不燃烧体
		直径450	4.00	不燃烧体
四	梁			

续表

序号	构件名称	结构厚度或截面最小尺寸(mm)	耐火极限(h)	燃烧性能
1	简支的钢筋混凝土梁 (1)非预应力钢筋,保护层厚度(mm)为:			
	10	—	1.20	不燃烧体
	20	—	1.75	不燃烧体
	25	—	2.00	不燃烧体
	30	—	2.30	不燃烧体
	40	—	2.90	不燃烧体
	50	—	3.50	不燃烧体
	(2)预应力钢筋或高强度钢丝,保护层厚度(mm)为:			
	25	—	1.00	不燃烧体
	30	—	1.20	不燃烧体
	40	—	1.50	不燃烧体
	50	—	2.00	不燃烧体
	(3)有保护层的钢梁,保护层厚度为:			
	用LG防火隔热涂料,保护层厚度15 mm	—	1.50	不燃烧体
	用LY防火隔热涂料,保护层厚度20 mm	—	2.30	不燃烧体
五	楼板和屋顶承重构件			
1	简支的钢筋混凝土圆孔空心楼板 (1)非预应力钢筋,保护层厚度(mm)为:			
	10	—	0.90	不燃烧体
	20	—	1.25	不燃烧体
	30	—	1.50	不燃烧体
	(2)预应力钢筋混凝土圆孔楼板,保护层厚度(mm)为:			
	10	—	0.40	不燃烧体
	20	—	0.70	不燃烧体
	30	—	0.85	不燃烧体
2	四边简支的钢筋混凝土楼板,保护层厚度(mm)为:			
	10	70	1.40	不燃烧体
	15	80	1.45	不燃烧体
	20	80	1.50	不燃烧体
	30	90	1.85	不燃烧体

续表

序号	构件名称	结构厚度或截面最小尺寸(mm)	耐火极限(h)	燃烧性能
3	现浇的整体式梁板,保护层厚度(mm)为:			
	10	80	1.40	不燃烧体
	15	80	1.45	不燃烧体
	20	80	1.50	不燃烧体
	10	90	1.75	不燃烧体
	20	90	1.85	不燃烧体
	10	100	2.00	不燃烧体
	15	100	2.00	不燃烧体
	20	100	2.10	不燃烧体
	30	100	2.15	不燃烧体
	10	110	2.25	不燃烧体
	15	110	2.30	不燃烧体
	20	110	2.30	不燃烧体
	30	110	2.40	不燃烧体
	10	120	2.50	不燃烧体
	20	120	2.65	不燃烧体
六	吊顶			
1	木吊顶搁栅			
	(1)钢丝网抹灰、板条抹灰(厚15 mm)	—	0.25	难燃烧体
	(2)钢丝网抹灰、板条抹灰(1:4水泥石棉浆,厚20 mm)	—	0.50	难燃烧体
	(3)钉氧化镁锯末复合板(厚13 mm)	—	0.25	难燃烧体
	(4)钉石膏装饰板(厚10 mm)	—	0.25	难燃烧体
2	钢吊顶搁栅			
	(1)钢丝网(板)抹灰(厚15 mm)	—	0.25	不燃烧体
	(2)钉石棉板(厚10 mm)	—	0.85	不燃烧体
	(3)钉双层石膏板(厚10 mm)	—	0.30	不燃烧体
	(4)挂石棉型硅酸钙板(厚10 mm)	—	0.30	不燃烧体
	(5)挂薄钢板	—	0.40	不燃烧体

同一类构件在不同施工工艺和不同截面、不同组合、不同受力条件以及不同升温曲线等情况下的耐火极限是不一样的。设计时对于与表12－1中所列情况完全一样的构件可以直接采用。但实际使用时,往往存在较大变化,因此,对于某种构件的耐火极限一

般应根据理论计算和试验测试验证相结合的方法进行确定。

（三）耐火等级

各类建筑物由于使用性质、重要程度、规模大小、层数高低、火灾危险性等存在差异，故所要求的耐火程度也有所不同。

建筑物耐火等级是由组成建筑物的墙、柱、梁、楼板、屋顶承重构件和吊顶等主要建筑构件的燃烧性能和耐火极限决定的。按照我国建筑设计、施工及建筑结构的实际情况，并考虑到今后建筑的发展趋势，我国《建筑设计防火规范》和《高层民用建筑设计防火规范》将高层民用建筑物的耐火等级分为两级，其他建筑物的耐火等级分为四级。建筑物的耐火等级确定后，其构件的燃烧性能和耐火极限不应低于表12-2的规定。

表12-2　建筑物构件的燃烧性能和耐火极限

构件名称		耐火等级					
		除高层民用建筑外的其他民用建筑物				高层民用建筑物	
		一级	二级	三级	四级	一级	二级
墙	防火墙	不燃烧体 3.00	不燃烧体 3.00	不燃烧体 3.00	不燃烧体 3.00	不燃烧体 3.00	不燃烧体 3.00
	承重墙	不燃烧体 3.00	不燃烧体 2.50	不燃烧体 2.00	难燃烧体 0.50	不燃烧体 2.00	不燃烧体 2.00
	非承重外墙	不燃烧体 1.00	不燃烧体 1.00	不燃烧体 0.50	燃烧体	不燃烧体 1.00	不燃烧体 1.00
	楼梯间、电梯井和住宅单元之间的墙、住宅分户墙	不燃烧体 2.00	不燃烧体 2.00	不燃烧体 1.50	难燃烧体 0.50	不燃烧体 2.00	不燃烧体 2.00
	疏散走道两侧的隔墙	不燃烧体 1.00	不燃烧体 1.00	不燃烧体 0.50	难燃烧体 0.25	不燃烧体 1.00	不燃烧体 1.00
	房间隔墙	不燃烧体 0.75	不燃烧体 0.50	难燃烧体 0.50	难燃烧体 0.25	不燃烧体 0.75	不燃烧体 0.50
柱		不燃烧体 3.00	不燃烧体 2.50	不燃烧体 2.00	难燃烧体 0.50	不燃烧体 3.00	不燃烧体 2.50
梁		不燃烧体 2.00	不燃烧体 1.50	不燃烧体 1.00	难燃烧体 0.50	不燃烧体 2.00	不燃烧体 1.50
楼板		不燃烧体 1.50	不燃烧体 1.00	不燃烧体 0.50	燃烧体	不燃烧体 1.50	不燃烧体 1.00

续表

构件名称	耐火等级					
	除高层民用建筑外的其他民用建筑物				高层民用建筑物	
	一级	二级	三级	四级	一级	二级
屋顶承重构件	不燃烧体 1.50	不燃烧体 1.00	燃烧体	燃烧体	不燃烧体 1.50	不燃烧体 1.00
疏散楼梯	不燃烧体 1.50	不燃烧体 1.00	不燃烧体 0.50	燃烧体	不燃烧体 1.50	不燃烧体 1.00
吊顶(包括吊顶搁栅)	不燃烧体 0.25	难燃烧体 0.25	难燃烧体 0.15	燃烧体	不燃烧体 0.25	难燃烧体 0.25

在建筑结构中,楼板直接承受着人和物品等的荷载,并将之传给梁、墙、柱等构件,是一个最基本的承重构件。因此,在划分建筑物的耐火等级时选择楼板的耐火极限作基准,然后将其他建筑构件与楼板相比较。在建筑结构中所占的地位比楼板重要的构件,如梁、柱、承重墙等,其耐火极限比楼板高;比楼板次要的构件,如隔墙、吊顶等,其耐火极限比楼板低。

楼板耐火极限的选定是以我国火灾发生的实际情况和建筑构件的构造特点为依据的。我国95%的火灾延续在2 h以内,1 h内扑灭的火灾占80%,1.5 h内扑灭的火灾占90%。目前建筑物采用的钢筋混凝土楼板,保护层厚度为10 mm时,耐火极限为1 h;保护层为15 mm时,耐火极限为1.5 h以上。因此我国将一级耐火等级的建筑物,楼板的耐火极限定为1.5 h;二级耐火等级的建筑物,楼板的耐火极限定为1 h;三级耐火等级的建筑物,楼板的耐火极限定为0.5 h。其他建筑构件的耐火极限与楼板比较来确定。如在二级耐火等级的建筑物中,楼板的耐火极限为1 h;梁比楼板重要,其耐火极限应比楼板高,定为1.5 h;柱比梁更重要,其耐火极限应比梁高,定为2.5 h;隔墙比楼板次要,其耐火极限比楼板低,定为0.5 h。

各类建筑物除对构件的耐火极限有规定外,对构件组成材料的燃烧性能也有明确的规定:一级耐火等级建筑物的重要建筑构件,全部为不燃烧体;二级耐火等级建筑物除吊顶为难燃烧体外,其余为不燃烧体;三级耐火等级建筑物屋顶承重构件为燃烧体,其余为不燃烧体或难燃烧体;四级耐火等级建筑物除防火墙为不燃烧体外,其余构件为难燃烧体或燃烧体。

二、建筑物的防火分区和防烟分区

(一)防火分区

防火分区就是在建筑内部采用防火墙、耐火楼板及其他防火分隔设施分隔而成的,是能在一定时间内防止火灾向同一建筑的其余部分蔓延的局部空间。在建筑物内采取划分防火分区这一措施,可以在建筑物一旦发生火灾时,有效地把火势控制在一定的范围内,减少火灾损失,同时可以为人员安全疏散、消防扑救提供有利条件。

1. 防火分区的种类

防火分区按防止火灾向防火分区以外扩大蔓延的功能可分为两类,即水平防火分区和垂直防火分区。

(1)水平防火分区

水平防火分区是指在同一水平面上,利用防火墙、甲级防火门、水幕带等防火分隔物将建筑平面分为若干个防火区域或单元。

(2)垂直防火分区

垂直防火分区是指采用耐火楼板、上下楼层之间的窗间墙、封闭防烟楼梯间等防火分隔构件将上下层隔开。

2. 防火分区面积的影响因素

防火分区的划分,既要从限制火势蔓延、减少损失方面考虑,又要顾及到便于平时使用管理,以节省投资。从防火角度看,防火分区划分越小,越有利于保证建筑物的防火安全,但如果防火分区过小,势必会影响建筑物的使用功能,这样做显然是行不通的。防火分区面积大小的确定应考虑建筑物的使用性质、建筑物的重要性、火灾危险性、建筑物高度、消防扑救难度以及火势蔓延的速度等因素。

3. 防火分区的分隔设施

在划分防火分区时,常用的分隔设施有防火墙、防火间隔墙、防火门、防火窗和防火卷帘等。

防火墙是阻止火势蔓延的重要分隔物,它由不燃烧体构成,防火间隔墙是对防火墙的辅助和补充,一般采用不燃烧体,但有困难时也可以采用难燃烧体,它们的耐火极限根据使用要求确定;防火门、防火窗是指既具有一定的耐火能力,能构成防火分区,又具有交通、通风、采光功能的设施,防火门可由不燃烧体和难燃烧体构成,防火窗由不燃烧体构成,防火门、防火窗均分为甲、乙、丙三级,甲级耐火极限不低于1.2 h,乙级耐火极限不低于0.9 h,丙级耐火极限不低于0.6 h;防火卷帘是由铁皮、钢板或无机复合材料等制成,一般安装在不便设置固定防火分隔设施的地方,如商场的营业厅、展览楼的展览厅等,由于它们的面积过大,超过了防火分区最大允许面积的规定,考虑到使用上的需要,若按规定设置防火墙有困难时,可设置防火卷帘作为分隔设施,平时卷帘收拢,保持宽敞的场所,满足使用要求,发生火灾时,按控制程序下降,将火势控制在一个防火分区的范围之内。

(二)防烟分区

防烟分区是在建筑内部屋顶或顶板、吊顶下采用具有挡烟功能的构件进行分隔所形成的,具有一定蓄烟能力的空间。对于某些建筑物需用挡烟构件,如挡烟梁、挡烟垂壁等划分防烟分区,将烟气控制在一定范围内,以便用排烟设施将其排出,保证人员的安全疏散和便于消防扑救工作的顺利进行。

三、建筑物的防火间距

防火间距是指防止着火建筑的辐射热在一定时间内引燃相邻建筑,且便于消防扑救的间隔距离。防火间距能阻止火势蔓延,为人员的安全疏散和及时扑救火灾创造了有利条件。

在确定建筑物的防火间距时应考虑的因素很多,如外墙的燃烧性能、相邻建筑物的高度、建筑物的用途和消防扑救的需要以及节约用地等。

四、安全疏散

建筑物发生火灾时,为避免建筑物内人员由于火烧、烟熏中毒和房屋倒塌而遭到伤害,必须尽快撤离;室内的物质财富也要尽快抢救出来;以及便于消防能迅速接近起火部位扑救火灾,以减少火灾损失。为此,要求建筑物应有完善的安全疏散设施,为安全疏散创造良好的条件。

主要的安全疏散设施有安全出口、疏散楼梯、走道和门等,辅助的安全疏散设施有疏散阳台、缓降器和救生袋等,高度超过 100 m 的公共建筑还设有避难层(间)、屋顶直升机停机坪等安全疏散设施。

五、建筑的防火构造

(一)防火墙

1. 防火墙应直接设置在建筑物的基础或钢筋混凝土框架、梁等承重结构上,轻质防火墙体可不受此限。

2. 紧靠防火墙两侧的门、窗洞口之间最近边缘的水平距离不应小于 2 m;但装有固定窗扇或火灾时可自动关闭的乙级防火门、窗时,该距离可不限。

3. 建筑物内的防火墙不宜设置在转角处。如设置在转角附近,内转角两侧墙上的门、窗洞口之间最近边缘的水平距离不应小于 4 m。

4. 防火墙上不应开设门、窗洞口,当必须开设时,应设置固定的或火灾时能自行关闭的甲级防火门、窗。

5. 可燃气体和甲、乙、丙类液体的管道严禁穿过防火墙。其他管道也不宜穿过防火墙,当必须穿过时,应采用防火封堵材料将墙与管道之间的空隙紧密填实;当管道为难燃及可燃材质时,应在防火墙两侧的管道上采取防火措施。

防火墙上不应设置排气道。

(二)防火间隔墙

建筑内的隔墙应从楼地面基层隔断至顶板底面基层。住宅分户墙和单元之间的墙应砌至屋面板底部,屋面板的耐火极限不应低于 0.5 h。

(三)防火门

防火门的设置应符合以下规定。

1. 防火门应具有自闭功能。双扇防火门应具有按顺序关闭的功能。

2. 常开防火门应能在火灾时自行关闭,并应具有信号反馈的功能。

3. 防火门内外两侧应能手动开启。

4. 当防火门设置在变形缝处附近时,防火门开启后,其门扇不应跨越变形缝,故应设置在楼层较多的一侧。

(四)防火卷帘

1. 在设置防火墙确有困难的场所,可采用防火卷帘作防火分区分隔。当采用包括背火面温升作耐火极限判定条件的防火卷帘时,其耐火极限不应低于3 h。

2. 防火卷帘应具有防烟性能,与楼板、梁、墙、柱之间的空隙应采用防火封堵材料封堵。

3. 设在疏散走道上的防火卷帘应在卷帘的两侧设置启闭装置,并应具有自动、手动和机械控制的功能。

第二节　民用建筑防火

本节中民用建筑是指9层及9层以下的居住建筑(包括设置商业服务网点的居住建筑)、建筑高度小于等于24 m的公共建筑;建筑高度大于24 m的单层公共建筑及地下、半地下建筑(包括建筑附属的地下室、半地下室)。

一、民用建筑的耐火等级、最多允许层数和防火分区最大允许建筑面积

不同耐火等级的民用建筑,其最多允许层数和防火分区最大允许建筑面积的规定也不同。

(一)建筑层数的限制

对于不同耐火等级的民用建筑,其最多允许层数限制是不一样的。耐火等级越高的建筑物,其最多允许层数越多;反之,则越少。具体见表12-3所示。

(二)防火分区建筑面积的限制

对于耐火等级高,着火后倒塌的可能性小的建筑物,如一级耐火等级建筑物,重要建筑构件全部为不燃烧体,其对限制火势蔓延、安全疏散和扑救火灾有利,建筑物的防火分区最大允许建筑面积可大些;反之,耐火等级低的建筑物,如四级耐火等级建筑物,屋顶、墙体等多为燃烧体材料,其燃烧速度快,所以建筑物的防火分区最大允许建筑面积要小些。具体见表12-3所示。

表12-3　民用建筑的耐火等级、最多允许层数和防火分区的最大允许建筑面积

耐火等级	最多允许层数	防火分区的最大允许建筑面积(m^2)	备注
一、二级	本节中所指的民用建筑	2 500	1. 体育馆、剧院的观众厅、展览建筑的展厅,其防火分区最大允许建筑面积可适当放宽 2. 托儿所、幼儿园的儿童用房和儿童游乐厅等儿童活动场所不应超过3层或设置在4层及4层以上楼层或地下、半地下建筑(室)内

续表

耐火等级	最多允许层数	防火分区的最大允许建筑面积(m^2)	备注
三级	5层	1200	1. 托儿所、幼儿园的儿童用房和儿童游乐厅等儿童活动场所，老年人建筑和医院、疗养院的住院部分不应超过2层或设置在3层及3层以上楼层或地下、半地下建筑(室)内 2. 商店、学校、电影院、剧院、礼堂、食堂、菜市场不应超过2层或设置在3层及3层以上楼层
四级	2层	600	学校、食堂、菜市场、托儿所、幼儿园、老年人建筑、医院等不应设置在2层
地下、半地下建筑(室)		500	—

二、民用建筑的防火间距

民用建筑之间的防火间距，不应小于表12－4的规定。

表12－4　民用建筑之间的防火间距　(m)

耐火等级	一、二级	三级	四级
一、二级	6	7	9
三级	7	8	10
四级	9	10	12

目前城市用地很紧，一般民用建筑占地面积不大，当两座住宅建筑占地面积仅为数百平方米时，合并在一起不要防火间距，而分开后却要6 m间距，不够合理。所以《建筑设计防火规范》规定数座一、二级耐火等级且不超过6层的住宅，如占地面积的总和不超过2 500 m^2时，可成组布置，但组内建筑之间的间距不宜小于4 m(这是考虑必要的消防车道和卫生、安全等要求，也是最低的间距要求)。组与组或组与相邻建筑之间的防火间距仍不应小于表12－4的规定。

三、民用建筑的安全疏散

(一)安全出口的数量和宽度

1. 安全出口的数量

公共建筑和通廊式非住宅类居住建筑中各房间疏散门的数量应经计算确定，且不应

少于2个,当符合下列条件之一时,可设置1个:

(1)房间位于两个安全出口之间,且建筑面积小于等于120 m^2,疏散门的净宽度不小于0.9 m;

(2)除托儿所、幼儿园、老年人建筑外,房间应位于走道尽端,且房间内任一点到疏散门的直线距离小于等于15 m,其疏散门的净宽度不小于1.4 m;

(3)歌舞娱乐放映游艺场所内建筑面积小于等于50 m^2 的房间;

(4)符合表12-5的要求时,可设1个疏散楼梯。

表12-5 公共建筑、通廊式非住宅类居住建筑可设置1个疏散楼梯的条件

耐火等级	最多层数	每层最大建筑面积(m^2)	人数
一、二级	3层	500	第2层和第3层的人数之和不超过100人
三级	3层	200	第2层和第3层的人数之和不超过50人
四级	2层	200	第2层人数不超过30人

2. 安全出口的宽度

(1)剧院、电影院、礼堂、体育馆等人员密集的公共场所,其观众厅内的疏散走道的净宽度应按其通过人数每100人不小于0.6 m计算,且不应小于1 m,边走道不宜小于0.8 m。其观众厅的疏散门以及观众厅外的疏散外门、楼梯和走道的各自宽度,均应按不小于表12-6的规定计算。

表12-6 疏散宽度指标 (米/百人)

建筑类别		剧院、电影院、礼堂等		体育馆		
观众厅座位数(个)		≤2 500	≤1 200	3 000~5 000	5 001~10 000	10 001~20 000
耐火等级		一、二级	三级	一、二级	一、二级	一、二级
门和走道	平坡地面	0.65	0.85	0.43	0.37	0.32
	阶梯地面	0.75	1.00	0.50	0.43	0.37
楼梯		0.75	1.00	0.50	0.43	0.37

注:剧院、电影院、礼堂等有等场需要的入场门,不应作为观众厅的疏散门;对于体育馆,表中较大座位数档次按规定指标计算出来的疏散总宽度不应小于相邻较小座位数档次按其最多座位数计算出来的疏散总宽度

(2)学校、商店、办公楼、候车(船)室、民航候机厅、展览厅及歌舞娱乐放映游艺场所等民用建筑中的疏散走道、安全出口、疏散楼梯以及房间疏散门的各自总宽度,均应根据疏散人数,按不小于表12-7规定的净宽度指标计算。

表 12-7　疏散走道、安全出口、疏散楼梯以及房间疏散门每 100 人的净宽度　(m)

层数	耐火等级		
	一、二级	三级	四级
一、二层	0.65	0.75	1.00
三层	0.75	1.00	—
≥四层	1.00	1.25	—

(3)安全出口、房间疏散门的净宽度不应小于 0.9 m,疏散走道和疏散楼梯的净宽度不应小于 1.1 m,不超过 6 层的单元式住宅,当疏散楼梯一边设有栏杆时,最小净宽度不宜小于 1 m。人员密集的公共场所、观众厅的疏散门不应设置门槛,其净宽度不应小于 1.4 m,且紧靠门口内外各 1.4 m 的范围内不应设置踏步。人员密集的公共场所的室外疏散小巷的净宽度不应小于 3 m,并应直接通向宽敞地带。

(二)安全疏散距离

民用建筑的安全疏散距离,应符合下列要求:

1. 直接通向疏散走道的房间疏散门至最近安全出口的距离,应符合表 12-8 的规定。

2. 直接通向疏散走道的房间疏散门至最近非封闭楼梯间的距离,当房间位于两个楼梯间之间时,应按表 12-8 的规定减少 5 m;当房间位于袋形走道两侧或尽端时,应按表 12-8 的规定减少 2 m。

3. 楼梯间的首层应设置直通室外的安全出口或在首层采用扩大封闭楼梯间。当层数不超过 4 层时,可将直通室外的安全出口设置在离楼梯间小于等于 15 m 处。

4. 房间内任一点到该房间直接通向疏散走道的疏散门的距离,不应大于表 12-8 中规定的袋形走道两侧或尽端的疏散门至安全出口的最大距离。

表 12-8　直接通向疏散走道的房间疏散门至最近安全出口的最大距离　(m)

名称	位于两个安全出口之间的疏散门			位于袋形走道两侧或尽端的疏散门		
	耐火等级			耐火等级		
	一、二级	三级	四级	一、二级	三级	四级
托儿所、幼儿园	25	20	—	20	15	—
医院、疗养院	35	30	—	20	15	—
学校	35	30	—	22	20	—
其他民用建筑	40	35	25	22	20	15

(三)疏散用门

民用建筑的疏散用门应向疏散方向开启。人数不超过 60 人的房间且每樘门的平均疏散人数不超过 30 人时,其门的开启方向不限。疏散用门应采用平开门,不应采用推拉门、卷帘门、吊门、转门。

第三节 高层民用建筑防火

高层民用建筑是指10层及10层以上的居住建筑(包括首层设置商业服务网点的住宅)和建筑高度超过24 m的公共建筑,不包括单层主体建筑高度超过24 m的体育馆、会堂、剧院等公共建筑。

一、高层民用建筑的分类和耐火等级

(一)高层民用建筑的分类

为了针对不同类别的高层建筑在耐火等级、防火间距、防火分区、安全疏散、消防给水、防烟排烟等方面提出的不同要求,对高层建筑根据其使用性质、火灾危险性、疏散和扑救难度等进行分类,并宜符合表12-9的规定。

分类表中的高级住宅是指建筑装修标准高和设有空调系统的住宅;高级旅馆是指具备星级条件的且设有空调系统的旅馆;重要的办公楼、科研楼、档案楼是指性质重要、建筑标准高、设备资料贵重,发生火灾后损失大的建筑物。

对于表中未列出的高层民用建筑,可参照表12-9划分类别的基本标准确定其相应类别。

表12-9 建筑分类

名称	一类	二类
居住建筑	19层及19层以上的普通住宅	10层至18层的普通住宅
公共建筑	1. 医院 2. 高级旅馆 3. 建筑高度超过50 m或每层的建筑面积超过1 000 m^2的商业楼、展览楼、综合楼、电信楼、财贸金融楼 4. 建筑高度超过50 m或每层的建筑面积超过1 500 m^2的商住楼 5. 中央级和省级(含计划单列市)广播电视楼 6. 网局级和省级(含计划单列市)电力调度楼 7. 省级(含计划单列市)邮政楼、防灾指挥调度楼 8. 藏书超过100万册的图书馆、书库 9. 重要的办公楼、科研楼、档案楼 10. 建筑高度超过50 m的教学楼和普通的旅馆、办公楼、科研楼、档案楼等	1. 除一类建筑以外的商业楼、展览楼、综合楼、电信楼、财贸金融楼、商住楼、图书馆、书库 2. 省级以下的邮政楼、防灾指挥调度楼、广播电视楼、电力调度楼 3. 建筑高度不超过50 m的教学楼和普通的旅馆、办公楼、科研楼、档案楼等

（二）高层民用建筑的耐火等级

根据高层民用建筑功能复杂，起火因素多，发生火灾时，火势蔓延途径多、速度快，安全疏散困难，扑救难度大等特点，将高层建筑的耐火等级分为一、二两级，其建筑构件的燃烧性能和耐火极限不应低于表 12－2 的规定。各类建筑构件的燃烧性能和耐火极限可按表 12－1 确定。

一类高层民用建筑，如：医院病房楼、大型商业楼、电信楼、大型的藏书楼等，不仅规模大，而且性质重要、设备贵重、功能复杂，风道、空调等竖向管井多；有的还使用大量的可燃性装修材料，防火分隔处理不好，往往成为火灾蔓延的途径；有的住有行动不便的老人、孩子和病人等，紧急疏散十分困难。这类建筑一旦发生火灾，火势蔓延快，疏散和扑救都很困难，容易造成重大损失和伤亡事故。因此，对此类建筑物的耐火等级应比二类建筑物高一些，故规定一类高层民用建筑的耐火等级为一级，二类高层民用建筑的耐火等级不应低于二级。

考虑到高层主体建筑及与其相连的裙房，在重要性和扑救、疏散难度等方面有所差别，对其耐火要求不应一刀切，但裙房的耐火能力也不能太低，故规定与高层民用建筑相连的裙房的耐火等级不应低于二级。

地下室空气流通不像在地上那样可以直接排到室外，地下室发生火灾时，热量不易散失，温度高，烟雾大，疏散和扑救都非常困难，为了有利于防止火灾向地面以上部分和其他部位蔓延，规定地下室的耐火等级应为一级。

二、高层民用建筑的防火间距

综合考虑满足消防扑救需要和防止火势向邻近建筑蔓延以及节约用地等几个因素，高层建筑之间及高层建筑与其他民用建筑之间的防火间距不应小于表 12－10 的规定。

表 12－10　高层建筑之间及高层建筑与其他民用建筑之间的防火间距　（m）

建筑类别	高层建筑	裙房	其他民用建筑		
			耐火等级		
			一、二级	三级	四级
高层建筑	13	9	9	11	14
裙房	9	6	6	7	9

两座高层建筑或高层建筑与不低于二级耐火等级的单层、多层民用建筑相邻，当较高一面外墙为防火墙或比相邻较低一座建筑屋面高 15 m 及以下范围内的墙为不开设门、窗洞口的防火墙时，其防火间距可不限；当较低一座的屋顶不设天窗，屋顶承重构件的耐火极限不低于 1 h，且相邻较低一面外墙为防火墙时，其防火间距可适当减小，但不宜小于 4 m；当相邻较高一面外墙耐火极限不低于 2 h，墙上开口部位设有甲级防火门、窗或防火卷帘时，其防火间距可适当减小，但不宜小于 4 m。

三、高层民用建筑的防火分区和防烟分区

在高层建筑设计时,防火和防烟分区的划分是极其重要的。有的高层建筑规模大、空间大,尤其是商业楼、展览楼、综合大楼,用途广,可燃物量大,一旦起火,火势蔓延迅速,温度高,烟气也会迅速扩散,必然造成重大的经济损失和人身伤亡。因此,除应减少建筑物内部可燃物的数量,对装修陈设尽量采用不燃或难燃材料以及设置自动灭火系统之外,最有效的办法是划分防火和防烟分区。

(一)防火分区

高层建筑内应采用防火墙等划分防火分区。

对一类高层建筑,如高级旅馆、商业楼、展览楼、图书馆以及高度超过 50 m 的普通旅馆、办公楼等,其内部装修、陈设等可燃物多,且有贵重设备,并且设有空调系统等,一旦失火,容易蔓延,危险性比二类建筑大。对于二类高层建筑,如普通旅馆、住宅和办公楼等建筑,内部装修、陈设等相对少些,火灾危险性也会比一类建筑相对少些,因此,一类建筑的防火分区最大允许建筑面积比二类建筑的防火分区最大允许建筑面积要求严格。地下室一般是无窗房间,其出口的楼梯既是疏散口,又是排烟口,同时又是消防扑救口。火灾发生时,人员交叉混乱,不仅造成疏散困难,而且威胁地上建筑物的安全,因此,对地下室防火分区的面积要求更严格。高层建筑每个防火分区的最大允许建筑面积,不应超过表 12 - 11 的规定。

表 12 - 11　高层建筑防火分区最大允许建筑面积

建筑类别		每个防火分区建筑面积(m^2)		备注
		无自动灭火系统	有自动灭火系统	
一类建筑		1 000	2 000	一类建筑的电信楼可增加 50%
二类建筑		1 500	3 000	—
地下室		500	1 000	—
裙房		2 500	5 000	高层建筑与其裙房之间设有防火墙等防火分隔设施
高层建筑内的商业营业厅、展览厅等	地上部分	—	4 000	应具备下列条件: 1. 设有火灾自动报警系统 2. 采用不燃或难燃材料装修
	地下部分	—	2 000	

高层建筑中庭及高层建筑内设有上下层相连通的走廊、敞开楼梯、自动扶梯、传送带等开口部位,应按上下连通层作为一个防火分区。其最大允许建筑面积之和不应超过表 12 - 11 的规定。

（二）防烟分区

设置排烟设施的走道、净高不超过 6 m 的房间，应采用挡烟垂壁或从顶棚下突出不小于 0.5 m 的梁划分防烟分区。

高层建筑多用垂直排烟道排烟，一般是在每个防烟区设 1 个垂直烟道。如防烟区面积过小，使垂直排烟道数量增多，会占用较大的有效空间，提高建筑造价。如防烟分区的面积过大，使高温的烟气波及面积加大，会使受灾面积增加，不利于安全疏散和扑救。故规定每个防烟分区的建筑面积不宜超过 500 m^2，且防烟分区不应跨越防火分区。

四、高层民用建筑的安全疏散

（一）安全出口的数量和宽度

1. 安全出口的数量

高层建筑每个防火分区的安全出口不应少于 2 个。当符合下列条件之一的，可设 1 个安全出口：

（1）18 层及 18 层以下，每层不超过 8 户、建筑面积不超过 650 m^2，且设有一座防烟楼梯间和消防电梯的塔式住宅。

（2）18 层及 18 层以下每个单元设有一座通向屋顶的疏散楼梯，单元之间的楼梯通过屋顶连通，单元与单元之间设有防火墙，户门为甲级防火门，窗间墙宽度、窗槛墙高度大于 1.2 m，且为不燃烧体墙的单元式住宅。

超过 18 层，每个单元设有一座通向屋顶的疏散楼梯，18 层以上部分每层相邻单元楼梯通过阳台或凹廊连通（屋顶可以不连通），18 层及 18 层以下部分单元与单元之间设有防火墙，且户门为甲级防火门，窗间墙宽度、窗槛墙高度大于 1.2 m，且为不燃烧体墙的单元式住宅。

（3）除地下室外，相邻 2 个防火分区之间的防火墙上有防火门连通时，且相邻 2 个防火分区的建筑面积之和不超过表 12－12 规定的公共建筑。

（4）公共建筑中位于 2 个安全出口之间的房间，当其建筑面积不超过 60 m^2 时，可设置 1 个门，门的净宽不应小于 0.9 m。公共建筑中位于走道尽端的房间，当其建筑面积不超过 75 m^2 时，可设置 1 个门，门的净宽不应小于 1.4 m。

（5）高层建筑地下室、半地下室，有 2 个或 2 个以上的防火分区，且相邻防火分区之间的防火墙上设有防火门时，每个防火分区可分别设 1 个直通室外的安全出口；房间面积不超过 50 m^2，且经常停留人数不超过 15 人的房间。

考虑到在同一建筑中如果安全出口集中、距离太近，会使人流疏散不均匀而造成拥挤，还会因出口同时被烟堵住，使人员不能脱离危险地区而造成人员的重大伤亡事故，故规定安全出口应分散布置，两个安全出口之间的距离不应小于 5 m。

2. 安全出口的宽度

（1）高层建筑内走道的净宽，应按通过人数每 100 人不小于 1 m 计算；高层建筑首层疏散外门的总宽度，应按人数最多的一层每 100 人不小于 1 m 计算。首层疏散外门和走道的净宽不应小于表 12－12 的规定。

表 12－12　首层疏散外门和走道的净宽　(m)

高层建筑	每个外门的净宽	走道净宽	
		单面布房	双面布房
医院	1.30	1.40	1.50
居住建筑	1.10	1.20	1.30
其他	1.20	1.30	1.40

(2)疏散楼梯间及其前室的门的净宽应按通过人数每 100 人不小于 1 m 计算,但最小净宽不应小于 0.9 m。单面布置房间的住宅,其走道出垛处的最小净宽不应小于 0.9 m。

(3)高层建筑内设有固定座位的观众厅、会议厅等人员密集场所,厅内的疏散走道的净宽应按通过人数每 100 人不小于 0.8 m 计算,且不宜小于 1 m;边走道的最小净宽不宜小于 0.8 m;厅的疏散出口和厅外疏散走道的总宽度,平坡地面应分别按通过人数每 100 人不小于 0.65 m 计算,阶梯地面应分别按通过人数每 100 人不小于 0.8 m 计算,疏散出口和疏散走道的最小净宽均不应小于 1.4 m。

(4)高层建筑地下室、半地下室中人员密集的厅、室疏散出口的总宽度,应按其通过人数每 100 人不小于 1 m 计算。

(二)安全疏散距离

考虑到人员在允许的疏散时间内,通过走道迅速疏散,并能透过烟雾看到安全出口或疏散标志,安全疏散距离应符合表 12－13 的规定。

表 12－13　安全疏散距离

高层建筑		房间门或住宅户门至最近的外部出口或楼梯间的最大距离(m)	
		位于两个安全出口之间的房间	位于袋形走道两侧或尽端的房间
医院	病房部分	24	12
	其他部分	30	15
旅馆、展览楼、教学楼		30	15
其他		40	20

高层建筑内的观众厅、展览厅、多功能厅、餐厅、营业厅和阅览室等,其室内任何一点至最近的疏散出口的直线距离,不宜超过 30 m;其他房间内最远一点至房门的直线距离不宜超过 15 m。

（三）疏散用门、疏散楼梯和消防电梯

1. 疏散用门

高层建筑的公共疏散门均应向疏散方向开启，且不应采用侧拉门、吊门和转门。人员密集场所防止外部人员随意进入的疏散用门，应设置火灾时不需使用钥匙等任何器具即能迅速开启的装置，并应在明显位置设置使用提示。高层建筑内设有固定座位的观众厅、会议厅的疏散门应采用推闩式外开门。

高层居住建筑的户门不应直接开向前室，当确有困难时，部分开向前室的户门均应为乙级防火门。

2. 疏散楼梯

（1）疏散楼梯的设置

商住楼中住宅的疏散楼梯应独立设置。单元式住宅每个单元的疏散楼梯均应通至屋顶。

疏散楼梯间的设置应符合表 12－14 的规定。

表 12－14　疏散楼梯间的设置

设置封闭楼梯间	设置防烟楼梯间
裙房、12～18 层的单元式住宅、11 层及 11 层以下的通廊式住宅、除单元式和通廊式住宅外的建筑高度不超过 32 m 的二类建筑	一类建筑、塔式住宅、19 层及 19 层以上的单元式住宅、超过 11 层的通廊式住宅、除单元式和通廊式住宅外的建筑高度超过 32 m 的二类建筑

（2）疏散楼梯的宽度

每层疏散楼梯总宽度应按其通过人数每 100 人不小于 1 m 计算，各层人数不相等时，其总宽度可分段计算，下层疏散楼梯总宽度应按其上层人数最多的一层计算，疏散楼梯的最小净宽度不应小于表 12－15 的规定。

表 12－15　疏散楼梯的最小净宽度

高层建筑	疏散楼梯的最小净宽度（m）
医院病房楼	1.30
居住建筑	1.10
其他建筑	1.20

3. 消防电梯

下列高层建筑应设消防电梯：一类公共建筑、塔式住宅、12 层及 12 层以上的单元式住宅和通廊式住宅以及高度超过 32 m 的其他二类公共建筑。

高层建筑消防电梯的设置数量应符合表 12－16 的规定。

表 12－16　消防电梯的设置

每层建筑面积(m^2)	设置数量(台)
不大于 1 500	1
大于 1 500,但不大于 4 500	2
大于 4 500	3

思考题

1. 什么是燃烧性能？建筑构件按燃烧性能分几类？

2. 何为耐火极限？

3. 确定建筑物耐火等级时以什么构件做基准？原因是什么？

4. 何为防火分区？划分防火分区有什么意义？

5. 安全疏散设施有哪些？

6. 何为防火间距？设置防火间距的作用是什么？

7. 高层民用建筑的火灾特点有哪些？在耐火等级上,高层民用建筑与其他建筑相比,有哪些异同？